职业教育“十三五”
数字媒体应用人才培养规划教材

Photoshop+CorelDRAW 平面设计实例教程

第5版 | 微课版

薛志红 吴冠辰 / 主编
郑丽伟 李圣海 胥可家 / 副主编

人民邮电出版社
北京

图书在版编目（CIP）数据

Photoshop+CorelDRAW平面设计实例教程 ：微课版 / 薛志红，吴冠辰主编. -- 5版. -- 北京 ：人民邮电出版社，2020.4（2023.3重印）
职业教育"十三五"数字媒体应用人才培养规划教材
ISBN 978-7-115-52065-4

Ⅰ. ①P… Ⅱ. ①薛… ②吴… Ⅲ. ①平面设计－图象处理软件－职业教育－教材 Ⅳ. ①TP391.413

中国版本图书馆CIP数据核字(2019)第205392号

内 容 提 要

Photoshop 和 CorelDRAW 是当今流行的图像处理和矢量图形设计软件，被广泛应用于平面设计的诸多领域。

本书共分为 13 章，分别详细讲解了平面设计的基础知识、标志设计、卡片设计、电商设计、宣传单设计、广告设计、海报设计、杂志设计、书籍装帧设计、包装设计、网页设计、UI 设计和 VI 设计等内容。

本书适合作为职业院校"数字媒体艺术"专业课程的教材，也可以供 Photoshop 和 CorelDRAW 的初学者及有一定平面设计经验的读者参考学习，同时适合培训班选作 Photoshop 和 CorelDRAW 平面设计课程的教材。

◆ 主　　编　薛志红　吴冠辰
　副 主 编　郑丽伟　李圣海　胥可家
　责任编辑　桑　珊
　责任印制　王　郁　马振武
◆ 人民邮电出版社出版发行　　北京市丰台区成寿寺路 11 号
　邮编　100164　　电子邮件　315@ptpress.com.cn
　网址　http://www.ptpress.com.cn
　三河市君旺印务有限公司印刷
◆ 开本：787×1092　1/16
　印张：13.75　　　　　　2020 年 4 月第 5 版
　字数：346 千字　　　　　2023 年 3 月河北第 5 次印刷

定价：49.80 元

读者服务热线：(010)81055256　印装质量热线：(010)81055316
反盗版热线：(010)81055315
广告经营许可证：京东市监广登字 20170147 号

前言 第5版

FOREWORD

Photoshop 和 CorelDRAW 自推出之日起就深受平面设计人员的喜爱，分别是当今流行的图像处理和矢量图形设计软件。Photoshop 和 CorelDRAW 广泛应用于平面设计的诸多领域。在实际的平面设计和制作工作中，设计人员是很少用单一软件来完成工作任务的，要想出色地完成一件平面设计作品，需利用不同软件各自的优势，并将其巧妙地结合起来使用。

本书根据职业院校教师和学生的实际需求，以平面设计的典型应用为主线，通过多个精彩实用的案例，全面细致地讲解如何利用 Photoshop 和 CorelDRAW 来完成专业的平面设计项目。

本书基于专业平面设计公司的商业案例，详细地讲解了运用 Photoshop 和 CorelDRAW 制作这些案例的流程和技法，并在此过程中融入了实践经验以及相关知识。本书努力做到操作步骤清晰准确，学生通过本书的学习，能够在掌握软件功能和制作技巧的基础上，获得设计灵感，开拓设计思路，提高设计能力。

本书配备了所有案例的素材及效果文件、详尽的操作视频、PPT 课件、教学教案、大纲等丰富的教学资源，任课教师可到人邮教育社区（www.ryjiaoyu.com）免费下载使用。本书的参考学时为 68 学时，其中实训环节为 24 学时，各章的参考学时参见下面的学时分配表。

前言 第5版

章	课程内容	学时分配	
		讲授（学时）	实训（学时）
第 1 章	平面设计的基础知识	2	
第 2 章	标志设计	2	2
第 3 章	卡片设计	3	2
第 4 章	电商设计	3	2
第 5 章	宣传单设计	3	2
第 6 章	广告设计	3	2
第 7 章	海报设计	3	2
第 8 章	杂志设计	4	2
第 9 章	书籍装帧设计	4	2
第 10 章	包装设计	3	2
第 11 章	网页设计	4	2
第 12 章	UI 设计	4	2
第 13 章	VI 设计	6	2
学时总计		44	24

由于编者水平有限，书中难免存在不妥之处，敬请广大读者批评指正。

编　者

2020 年 1 月

教学辅助资源

素材类型	名称或数量	素材类型	名称或数量
教学大纲	1套	课堂实例	16个
电子教案	13单元	课后实例	12个
PPT课件	13个	课后答案	12个

配套视频列表

章	视频微课
第2章　标志设计	鲸鱼汉堡标志设计
	电影公司标志设计
第3章　卡片设计	新年贺卡正面设计
	新年贺卡背面设计
	圣诞节贺卡设计
第4章　电商设计	女鞋banner设计
	榨汁机banner设计
第5章　宣传单设计	商场宣传单设计
	钻戒宣传单设计
第6章　广告设计	汽车广告设计
	红酒广告设计
第7章　海报设计	茶艺海报设计
	夏日派对海报设计
第8章　杂志设计	杂志封面设计
	杂志栏目设计
	化妆品栏目设计
	旅游栏目设计
第9章　书籍装帧设计	美食书籍封面设计
	探秘宇宙书籍封面设计
第10章　包装设计	薯片包装设计
	糖果包装设计
第11章　网页设计	家庭厨卫网页设计
	慕斯网页设计
第12章　UI设计	UI界面设计
	手机UI界面设计
第13章　VI设计	企业VI设计A部分
	企业VI设计B部分
	电影公司VI设计

目录

CONTENTS

目录

CONTENTS

扩展知识扫码阅读

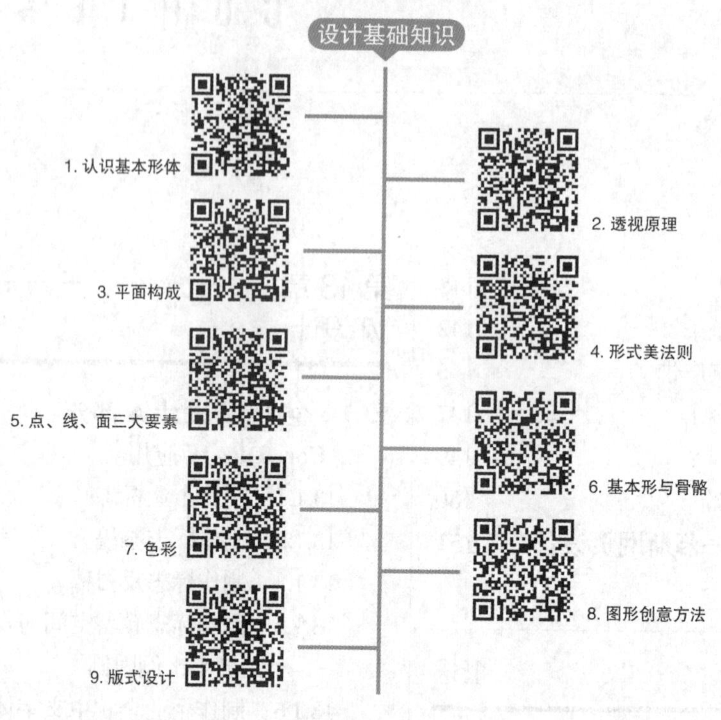
设计基础知识
1. 认识基本形体
2. 透视原理
3. 平面构成
4. 形式美法则
5. 点、线、面三大要素
6. 基本形与骨骼
7. 色彩
8. 图形创意方法
9. 版式设计

设计应用知识
1. 图标设计
图标的概念
图标的设计流程
图标的设计原则
图标的设计规范
图标的风格类型
2. APP 界面设计
APP 的概念
APP 设计的流程
APP 设计的原则
iOS 系统设计规范
Android 设计规范
APP 常用界面类型
3. 招贴广告设计
4. 电商网店设计
Photoshop 在电商中的应用
淘宝店铺各模块图片尺寸及具体要求
网店首页各元素的设计
商品详情页面各元素设计
5. 书籍设计
6. 包装设计
7. 网页设计

01

第1章 平面设计的基础知识

本章介绍

本章主要介绍了平面设计的基础知识，其中包括位图和矢量图、分辨率、色彩模式、文件格式、页面设置、图片大小、出血、文字转换、印前检查和小样等内容。通过本章的学习，读者可以快速掌握平面设计的基本概念和基础知识，可以更好地开始平面设计的学习和实践。

学习目标

- ✔ 了解位图、矢量图、分辨率和色彩模式。
- ✔ 掌握常用的图像文件格式。
- ✔ 掌握图像的页面、大小、出血等设置。

技能目标

- ✱ 掌握文字的转换方法。
- ✱ 掌握印前的常规检查。
- ✱ 掌握电子文件的导出方法。

1.1 位图和矢量图

图像文件可以分为两大类：位图图像和矢量图形。在绘图或处理图像的过程中，这两种类型的图像可以相互交叉使用。

1.1.1 位图

位图图像也称为点阵图像，它是由许多单独的小方块组成的，这些小方块又称为像素点，每个像素点都有特定的位置和颜色值。位图图像的显示效果与像素点是紧密联系在一起的，不同排列和着色的像素点在一起组成了一幅幅色彩丰富的图像。像素点越多，图像的分辨率越高，图像所需的存储空间也会随之增大。

图1-1

图1-2

图像的原始效果如图1-1所示。使用放大工具放大后，可以清晰地看到像素的小方块形状与不同的颜色，效果如图1-2所示。

位图与分辨率有关，如果在屏幕上以较大的倍数放大显示图像，或以低于创建时的分辨率打印图像，图像就会出现锯齿状的边缘，并且会丢失细节。

1.1.2 矢量图

矢量图也称为向量图，它是一种基于图形几何特性的图像。矢量图中的各种图形元素称为对象，每一个对象都是独立的个体，都具有大小、颜色、形状和轮廓等特性。

矢量图与分辨率无关，可以将它缩放到任意大小，其清晰度不变，也不会出现锯齿状的边缘。在任何分辨率下显示或打印矢量图都不会损失细节。图形的原始效果如图1-3所示。使用放大工具放大后，其清晰度不变，效果如图1-4所示。

图1-3

图1-4

矢量图文件所占的内存容量较小，但这种图形的缺点是不易制作色调丰富的图像，而且绘制出来的图形无法像位图那样精确地描绘各种绚丽的景象。

1.2 分辨率

分辨率是描述图像文件信息的术语。分辨率分为图像分辨率、屏幕分辨率和输出分辨率。下面将分别进行讲解。

1.2.1 图像分辨率

在Photoshop中，图像中每单位长度上的像素数目称为图像的分辨率，其单位为像素/英寸或

像素 / 厘米。

在相同尺寸的两幅图像中，高分辨率的图像包含的像素比低分辨率的图像包含的像素多。例如，一幅尺寸为 1 英寸 ×1 英寸的图像，其分辨率为 72 像素 / 英寸，这幅图像包含 5184 个像素（72×72 = 5184）。同样尺寸，分辨率为 300 像素 / 英寸的图像，包含 90000 个像素。在相同尺寸下，分辨率为 72 像素 / 英寸的图像效果如图 1-5 所示；分辨率为 300 像素 / 英寸的图像效果如图 1-6 所示。由此可见，在相同尺寸下，高分辨率的图像将能更清晰地表现图像内容。

图 1-5

图 1-6

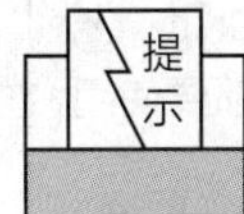

提示

如果一幅图像所包含的像素是固定的，那么增加图像尺寸，就会降低图像的分辨率。

1.2.2 屏幕分辨率

屏幕分辨率是显示器上每单位长度显示的像素数目。屏幕分辨率取决于显示器大小以及显示器的像素设置。PC（Personal Computer，个人计算机）显示器的分辨率一般约为 96 像素 / 英寸，Mac intosh（简称 Mac）显示器的分辨率一般约为 72 像素 / 英寸。在 Photoshop 中，图像像素被直接转换成显示器像素，当图像分辨率高于显示器分辨率时，屏幕中显示出的图像比实际尺寸大。

1.2.3 输出分辨率

输出分辨率是照排机或打印机等输出设备产生的每英寸的油墨点数（dpi）。打印机的分辨率在 720 dpi 以上时，可以使图像获得比较好的效果。

1.3 色彩模式

Photoshop 和 CorelDRAW 提供了多种色彩模式，这些色彩模式正是作品能够在屏幕和印刷品上成功表现的重要保障。在这里重点介绍几种经常使用到的色彩模式，包括 CMYK 模式、RGB 模式、灰度模式及 Lab 模式。每种色彩模式都有不同的色域，并且各个模式之间可以相互转换。

1.3.1 CMYK 模式

CMYK 代表了印刷上用的 4 种油墨色：C 代表青色，M 代表洋红色，Y 代表黄色，K 代表黑色。CMYK 模式在印刷时应用了色彩学中的减法混合原理，即减色色彩模式，它是图片、插图和其他作品中最常用的一种印刷方式。这是因为在印刷中通常都要进行四色分色，出四色胶片，然后再进行印刷。

在 Photoshop 中，CMYK 颜色控制面板如图 1-7 所示，可以在颜色控制面板中设置 CMYK 颜色。在 CorelDRAW 的“均匀填充”对话框中选择 CMYK 色彩模式，可以设置 CMYK 颜色，如图 1-8 所示。

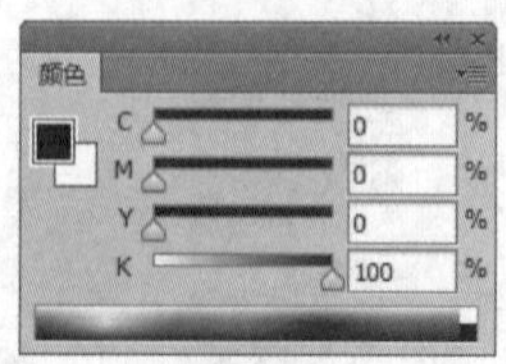
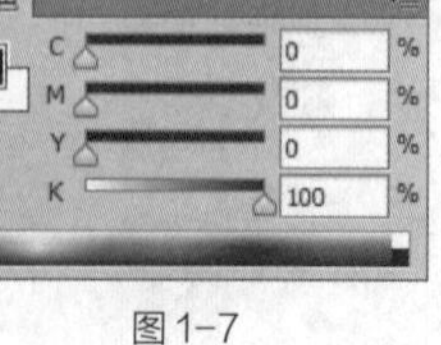

图 1-7

图 1-8

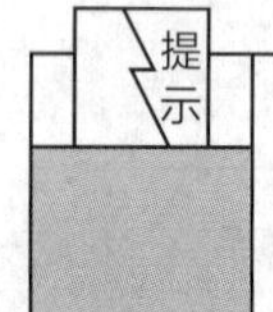

提示

在 Photoshop 中制作平面设计作品时，一般会把图像文件的色彩模式设置为 CMYK 模式。在 CorelDRAW 中制作平面设计作品时，绘制的矢量图形和制作的文字都要使用 CMYK 颜色。

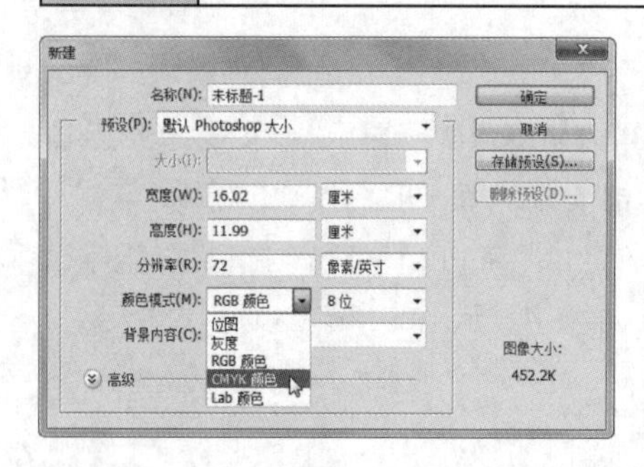

图 1-9

可以在建立一个新的 Photoshop 图像文件时就选择 CMYK 四色印刷模式，如图 1-9 所示。

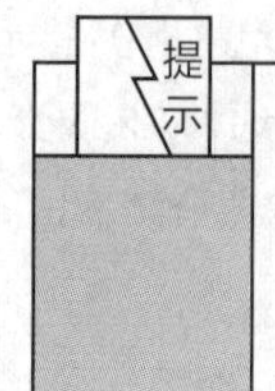

提示

在建立新的 Photoshop 文件时就应该选择 CMYK 四色印刷模式。这种方式的优点是防止最后的颜色失真，因为在整个作品的制作过程中，所制作的图像都应在可印刷的色域中。

在制作过程中，可以选择“图像 > 模式 > CMYK 颜色”命令，将图像转换成 CMYK 模式。但是一定要注意，在图像转换为 CMYK 模式后，就无法再回到原来图像的 RGB 色彩模式了。因为 RGB 的色彩模式在转换成 CMYK 模式时，色域外的颜色会变暗，这样才会使整个色彩成为可以印刷的文件。因此，在将 RGB 模式转换成 CMYK 模式之前，可以选择“视图 > 校样设置 > 工作中的 CMYK”命令，预览一下转换成 CMYK 模式后的图像效果，如果不满意 CMYK 模式的效果，还可以根据需要对图像进行调整。

1.3.2 RGB 模式

RGB 模式是一种加色模式，它通过红、绿、蓝 3 种色光相叠加而形成更多的颜色。RGB 是色光的彩色模式，一幅 24 位色彩范围的 RGB 图像有 3 个色彩信息通道：红色（R）、绿色（G）和蓝色（B）。在 Photoshop 中，RGB 颜色控制面板如图 1-10 所示。在 CorelDRAW 的“均匀填充”对话框中选择 RGB 色彩模式，可以设置 RGB 颜色，如图 1-11 所示。

每个通道都有 8 位的色彩信息，即一个 0 ~ 255 的亮度值色域。也就是说，每一种色彩都有 256 个亮度水平级。3 种色彩相叠加，可以有 256 × 256 × 256 ≈ 1670 万种可能的颜色。这 1670 多万种颜色足以表现出绚丽多彩的世界。

在 Photoshop CS6 中编辑图像时，RGB 色彩模式应是最佳的选择。因为它可以提供全屏幕的多达 24 位的色彩范围，一些计算机领域的色彩专家将其称为真彩（True Color）显示。

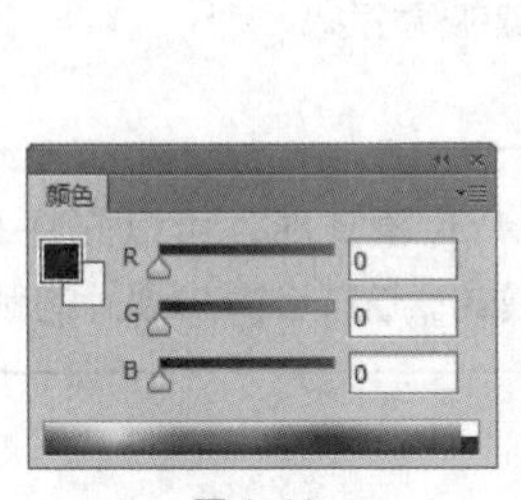

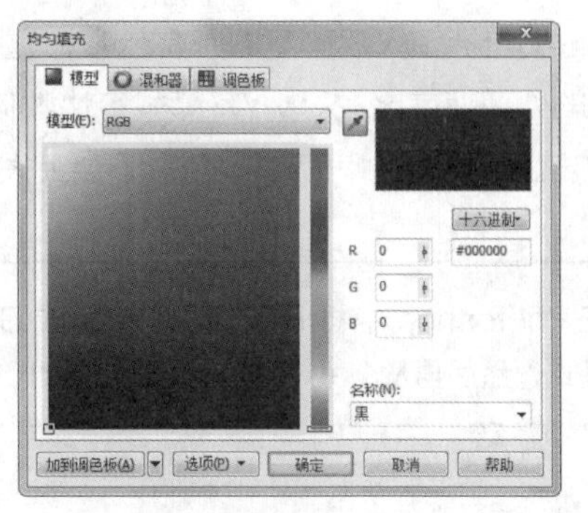

图 1-10　　　　图 1-11

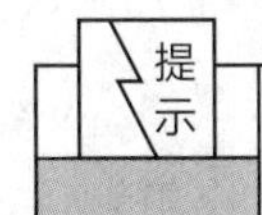

一般在视频编辑和设计过程中，使用 RGB 模式来编辑和处理图像。

1.3.3　灰度模式

灰度模式，灰度图又称为 8 位深度图。每个像素用 8 个二进制数表示，能产生 2 的 8 次方即 256 级灰色调。当一个彩色文件被转换为灰度模式文件时，所有的颜色信息都将从文件中丢失。尽管 Photoshop 允许将一个灰度文件转换为彩色模式文件，但不可能将原来的颜色完全还原。所以，当要转换灰度模式时，应先做好图像的备份。

像黑白照片一样，一个灰度模式的图像只有明暗值，没有色相和饱和度这两种颜色信息。0% 代表白，100% 代表黑，其中 K 值用于衡量黑色油墨用量。在 Photoshop 中，灰度模式颜色控制面板如图 1-12 所示。在 CorelDRAW 中的“均匀填充”对话框中选择灰度色彩模式，可以设置灰度颜色，如图 1-13 所示。

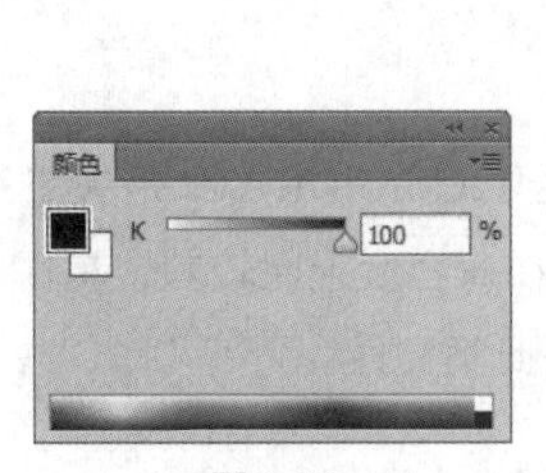

图 1-12　　　　图 1-13

1.3.4　Lab 模式

Lab 模式是 Photoshop 中的一种国际色彩标准模式，它由 3 个通道组成：一个通道是透明度，即 L；其他两个通道是色彩通道，即色相和饱和度，分别用 a 和 b 表示。a 通道包括的颜色值从深绿到灰，再到亮粉红色；b 通道是从亮蓝色到灰，再到焦黄色。这种色彩混合后将产生明亮的色彩。Lab 颜色控制面板如图 1-14 所示。

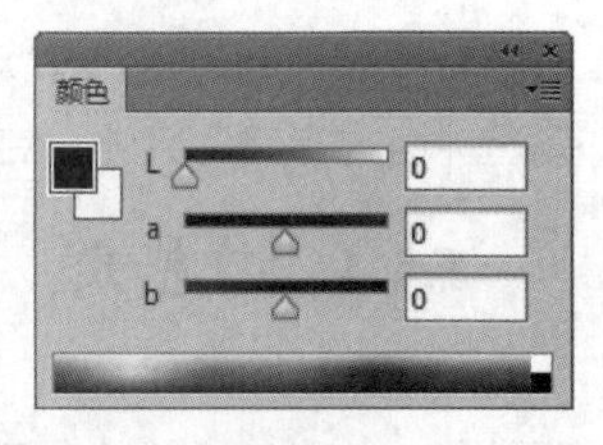

图 1-14

Lab 模式在理论上包括了人眼可见的所有色彩，它弥补了 CMYK 模式和 RGB 模式的不足。在这种模式下，图像的处理速度比在 CMYK 模式下快数倍，与在 RGB 模式下的速度相仿。在把 Lab 模式转换成 CMYK 模式的过程中，所有的色彩不会丢失或被替换。

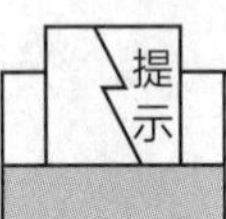

在 Photoshop 中将 RGB 模式转换成 CMYK 模式时，可以先将 RGB 模式转换成 Lab 模式，然后再从 Lab 模式转换成 CMYK 模式。这样会减少图片的颜色损失。

1.4 文件格式

当平面设计作品制作完成后需要进行存储时，选择一种合适的文件格式就显得十分重要。在 Photoshop 和 CorelDRAW 中有 20 多种文件格式可供选择。在这些文件格式中，既有 Photoshop 和 CorelDRAW 的专用格式，也有用于应用程序交换的文件格式，还有一些比较特殊的格式。下面重点讲解几种平面设计中常用的文件存储格式。

1.4.1 TIF（TIFF）格式

TIF 也称为 TIFF，是标签图像格式。TIF 格式对于色彩通道图像来说具有很强的可移植性，它可以用于 PC、Mac 和 UNIX 工作站三大平台，是这三大平台上使用最广泛的绘图格式。

用 TIF 格式存储时应考虑到文件的大小，因为 TIF 格式的结构要比其他格式更大、更复杂。但 TIF 格式支持 24 个通道，能存储多于 4 个通道的文件。TIF 格式还允许使用 Photoshop 中的复杂工具和滤镜特效。

TIF 格式非常适合于印刷和输出。在 Photoshop 中编辑处理完成的图片文件一般都会存储为 TIF 格式，然后将其导入 CorelDRAW 的平面设计文件中再进行编辑处理。

1.4.2 CDR 格式

CDR 格式是 CorelDRAW 的专用图形文件格式。由于 CorelDRAW 是矢量图形绘制软件，所以 CDR 可以记录文件的属性、位置、分页等信息。但它在兼容度上比较差，其在所有 CorelDRAW 应用程序中均能够使用，而其他图像编辑软件却无法打开此类文件。

1.4.3 PSD 格式

PSD 格式是 Photoshop 软件的专用文件格式，PSD 格式能够保存图像数据的细小部分，如图层、蒙版、通道等 Photoshop 对图像进行特殊处理的信息。在没有最终决定图像的存储格式前，最好先以这种格式存储。另外，使用 Photoshop 打开和存储这种格式的文件比其他格式更快。

1.4.4 AI 格式

AI 是一种矢量图片格式，是 Adobe 公司的 Illustrator 软件的专用格式。它的兼容度比较高，可以在 CorelDRAW 中打开，也可以将 CDR 格式的文件导出为 AI 格式。

1.4.5 JPEG 格式

JPEG 是 Joint Photographic Experts Group 的首字母缩写，译为联合图片专家组。JPEG 格式既是 Photoshop 支持的一种文件格式，也是一种压缩方案。它是 Mac 上常用的一种存储类型。JPEG 格式是压缩格式中的“佼佼者”，与 TIF 文件格式采用的 LIW 无损失压缩相比，它的压缩比例更大。但它使用的有损失压缩会丢失部分数据。用户可以在存储前选择图像的最后质量，这样就能控制数据的损失程度。

在 Photoshop 中，可以选择低、中、高和最高 4 种图像压缩品质。以高质量保存图像比其他质量的保存形式会占用更大的磁盘空间，而选择低质量保存图像则损失的数据较多，但占用的磁盘空间较少。

1.4.6 PNG 格式

PNG 格式是用于无损压缩和在 Web 上显示图像的文件格式，是 GIF 格式的无专利替代品，它支持 24 位图像且能产生无锯齿状边缘的背景透明度；它还支持无 Alpha 通道的 RGB、索引颜色、灰度和位图模式的图像。某些 Web 浏览器不支持 PNG 图像。

1.5 页面设置

在设计制作平面作品之前，要根据客户任务的要求在 Photoshop 或 CorelDRAW 中设置页面文件的尺寸。下面讲解如何根据制作标准或客户要求来设置页面文件的尺寸。

1.5.1 在 Photoshop 中设置页面

选择“文件 > 新建”命令，弹出“新建”对话框，如图 1-15 所示。在对话框中，可以在“名称”选项后的文本框中输入新建图像的文件名；“预设”选项后的下拉列表用于自定义或选择其他固定格式的文件；在“大小”选项后的下拉列表选择预设大小的文件格式；在“宽度”和“高度”选项后的数值框中可以输入需要设置的宽度和高度的数值；在“分辨率”选项后的数值框中可以输入需要设置的分辨率。

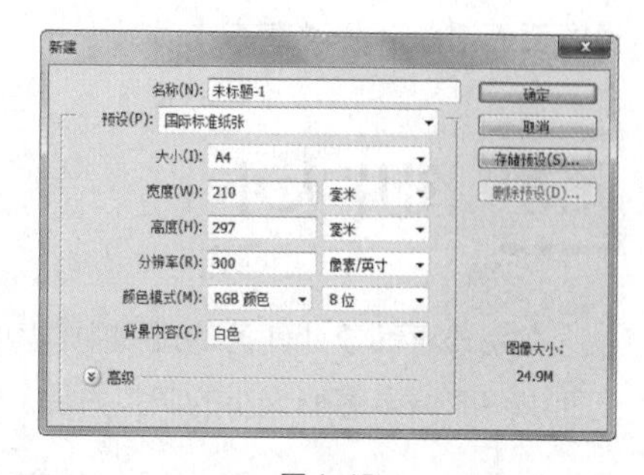

图 1-15

图像的宽度和高度可以设定为像素或厘米，单击“宽度”和“高度”选项下拉列表框右边的黑色三角按钮，弹出计量单位下拉列表，可以选择计量单位。

“分辨率”选项可以设定每英寸的像素数或每厘米的像素数，一般在进行屏幕练习时将其设定为 72 像素 / 英寸；在进行平面设计时，将其设定为输出设备的半调网屏频率的 1.5 ~ 2 倍，一般为 300 像素 / 英寸。单击“确定”按钮，新建页面。

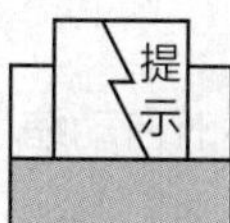

每英寸像素数越多，图像的效果越好，但图像的文件也越大。应根据需要设置合适的分辨率。

1.5.2 在 CorelDRAW 中设置页面

在实际工作中，往往要利用像 CorelDRAW 这样的优秀平面设计软件来完成印前的制作任务，随后才是出胶片、送印厂这些环节。这就要求我们在设计、制作前设置好作品的尺寸。为了方便广大用户使用，CorelDRAW X6 预设了 50 多种页面样式供用户选择。

在新建的 CorelDRAW 文档窗口中，属性栏可以设置纸张的类型大小、纸张的高度和宽度、纸张的放置方向等，如图 1-16 所示。

图 1-16

选择“布局 > 页面设置”命令，弹出“选项”对话框，如图 1-17 所示，在这里可以进行更多的设置。

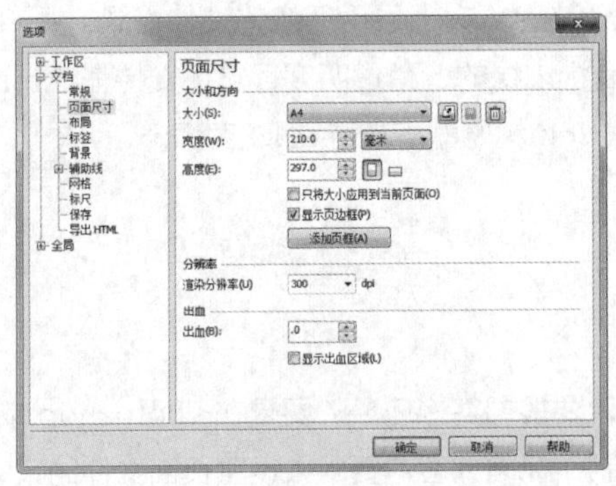

图 1-17

在页面“页面尺寸”的选项框中，除了可对版面纸张类型大小、放置方向等进行设置外，还可设置页面出血、分辨率等选项。

1.6 图片大小

在完成平面设计任务的过程中，为了更好地编辑图像或图形，经常需要调整图像或者图形的大小。下面讲解图像或图形大小的调整方法。

1.6.1 在 Photoshop 中调整图像大小

按 Ctrl+O 组合键，打开云盘中的“Ch01 > 素材 > 04.jpg”文件，如图 1-18 所示。选择“图像 > 图像大小”命令，弹出“图像大小”对话框，如图 1-19 所示。

像素大小：通过改变“宽度”和“高度”选项的数值，可改变图像在屏幕上显示的大小，图像的尺寸也相应改变。

文档大小：通过改变“宽度”“高度”和“分辨率”选项的数值，可改变图像的文档大小，图像的尺寸也相应改变。

缩放样式：若对文档中的图层添加了图层样式，勾选此复选框后，可在调整图像大小时自动缩放样式效果。

约束比例：勾选此复选框，在“宽度”和“高度”选项右侧出现锁链标志，表示改变其中一项设置时，另一项会成比例地同时改变。

重定图像像素：不勾选此复选框，像素的数值将不能单独设置，“文档大小”选项组中的“宽度”“高度”和“分辨率”选项右侧将出现锁链标志，改变数值时这3项会同时改变，如图1-20所示。

图1-18

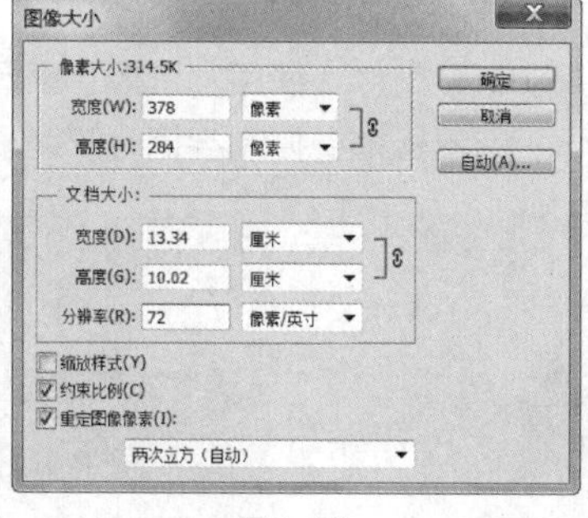

图1-19

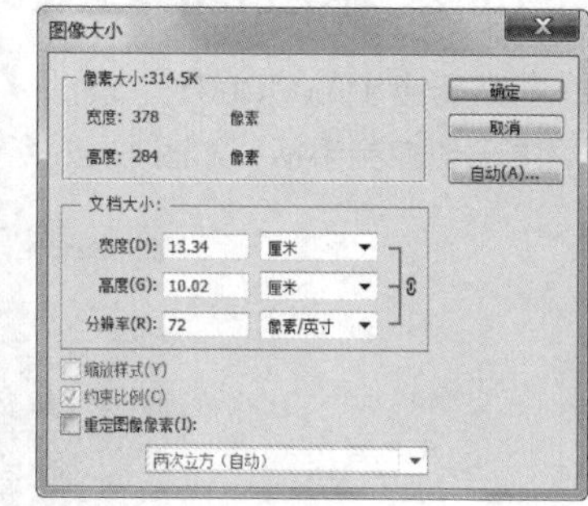

图1-20

在“图像大小”对话框中可以改变选项数值的计量单位，在选项右侧的下拉列表中进行选择，如图1-21所示。单击“自动”按钮，弹出“自动分辨率”对话框，系统将自动调整图像的分辨率和品质效果，如图1-22所示。

在“图像大小”对话框中，改变“文档大小”选项组中的宽度数值，如图1-23所示；图像将变小，效果如图1-24所示。

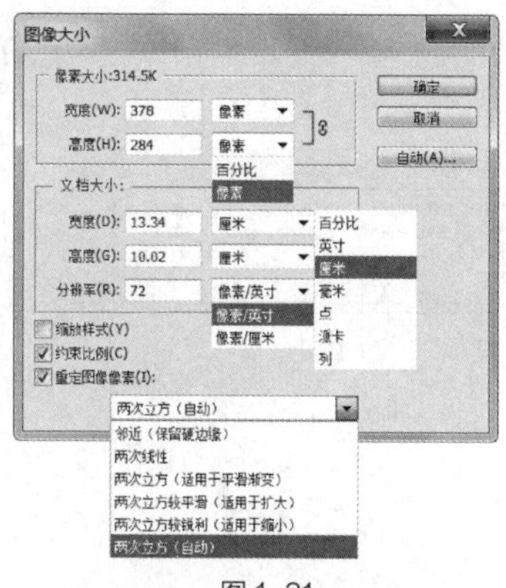

图1-21

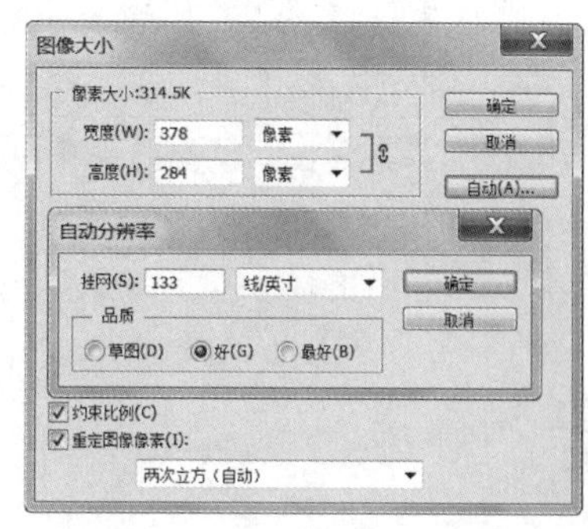

图1-22

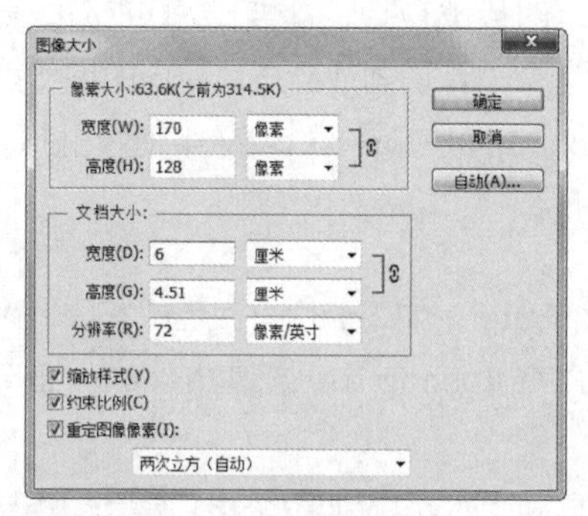

图1-23

图1-24

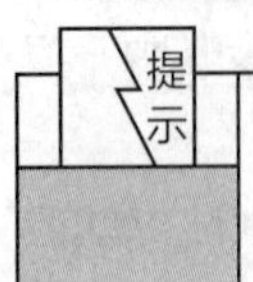

在设计制作的过程中，位图的分辨率一般为 300 像素 / 英寸，编辑位图的尺寸可以从大尺寸图调整到小尺寸图，这样没有图像品质的损失。如果从小尺寸图调整到大尺寸图，就会造成图像品质的损失，如图片模糊等。

1.6.2 在 CorelDRAW 中调整图像大小

打开云盘中的“Ch01 > 素材 > 05.cdr”文件。使用“选择”工具，选取要缩放的对象，对象的周围出现控制手柄，如图 1-25 所示。用鼠标拖曳控制手柄可以缩小或放大对象，如图 1-26 所示。

图 1-25

图 1-26

选择“选择”工具，选取要缩放的对象，对象的周围出现控制手柄，如图 1-27 所示，这时的属性栏如图 1-28 所示。在属性栏的“对象大小”选项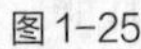中根据设计需要调整宽度和高度的数值，如图 1-29 所示，按 Enter 键确定操作，完成对象的缩放，效果如图 1-30 所示。

图 1-27

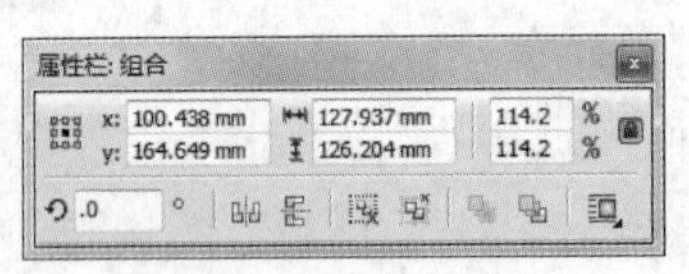

图 1-28

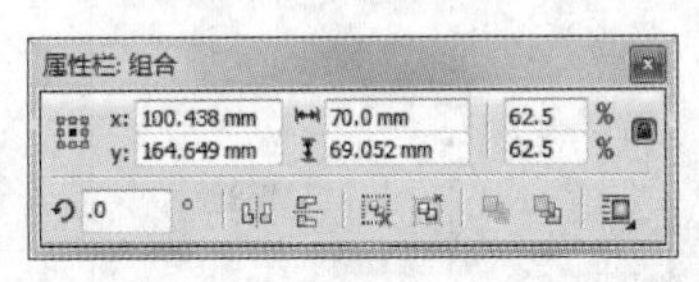

图 1-29

图 1-30

1.7 出血

印刷装订工艺要求接触到页面边缘的线条、图片或色块，需要跨出页面边缘的成品裁切线 3mm，跨出来的这部分就称为出血。出血是为防止裁刀裁切到成品尺寸里面的图文或出现白边。下面将以体验卡的制作为例，详细讲解如何在 Photoshop 或 CorelDRAW 中设置出血。

1.7.1 在 Photoshop 中设置出血

（1）要求制作的卡片的成品尺寸是 90mm × 55mm，如果卡片有底色或花纹，则需要将底色或花纹跨出页面边缘的成品裁切线 3mm。因此，在 Photoshop 中，新建文件的页面尺寸需要设置为 96mm × 61mm。

（2）按 Ctrl+N 组合键，弹出“新建”对话框，选项的设置如图 1-31 所示；单击“确定”按钮，新建文件，效果如图 1-32 所示。

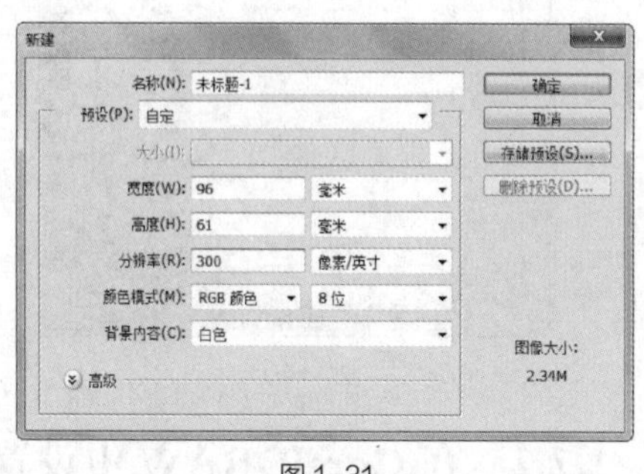

图 1-31

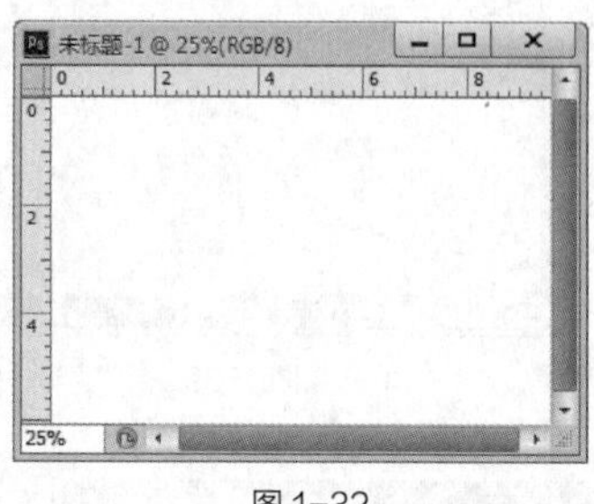

图 1-32

（3）选择“视图 > 新建参考线”命令，弹出“新建参考线”对话框，设置如图 1-33 所示；单击“确定”按钮，在 3mm 处新建一条水平参考线如图 1-34 所示。用相同的方法，在 58mm 处新建一条水平参考线，如图 1-35 所示。

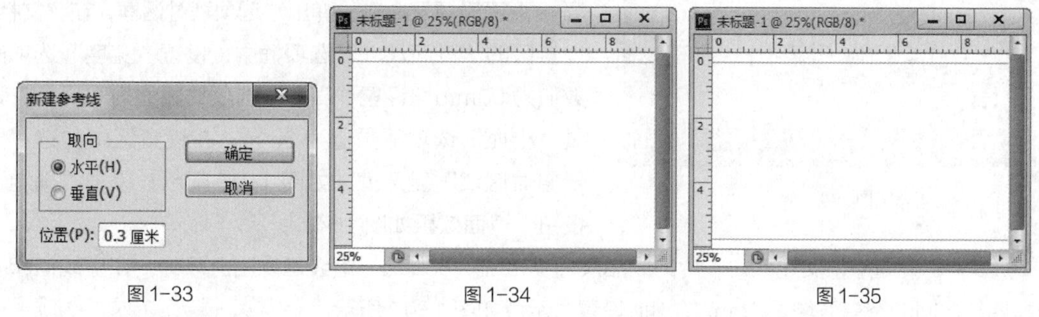

图 1-33　　图 1-34　　图 1-35

（4）选择“视图 > 新建参考线”命令，弹出“新建参考线”对话框，设置如图 1-36 所示；单击“确定”按钮，在 3mm 处新建一条垂直参考线如图 1-37 所示。用相同的方法，在 93mm 处新建一条垂直参考线，如图 1-38 所示。

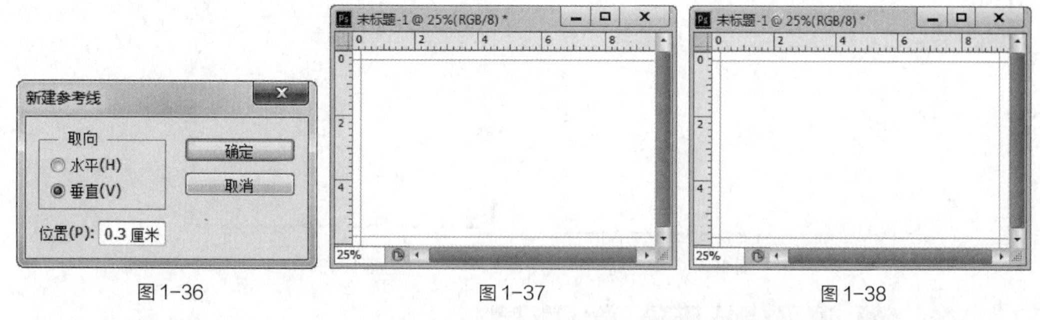

图 1-36　　图 1-37　　图 1-38

（5）将前景色设为浅黄色（其 R、G、B 值分别为 254、236、208）。按 Alt+Delete 组合键，用前景色填充“背景”图层，效果如图 1-39 所示。按 Ctrl+O 组合键，打开云盘中的“Ch01 > 素材 > 06.png”文件，选择“移动”工具，将其拖曳到新建的“未标题 -1”文件窗口中，如图 1-40 所示；在“图层”控制面板中生成新的图层“图层 1”。

（6）按 Ctrl+E 组合键，合并可见图层。按 Ctrl+S 组合键，弹出“存储为”对话框，将其命名为“贵宾卡背景”，保存为 TIFF 格式。单击“保存”按钮，弹出“TIFF 选项”对话框，再单击“确定”按钮将图像保存。

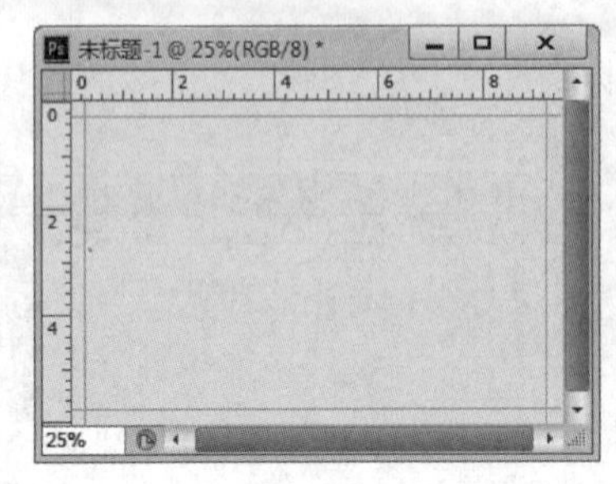

图 1-39

图 1-40

图 1-41

1.7.2 在 CorelDRAW 中设置出血

（1）要求制作卡片的成品尺寸是 90mm × 55mm，需要设置的出血是 3mm。

（2）按 Ctrl+N 组合键，新建一个文档。选择“布局 > 页面设置”命令，弹出“选项”对话框，在“文档”设置区的“页面尺寸”选项框中，设置“宽度”选项的数值为 90mm，设置“高度”选项的数值为 55mm，设置“出血”选项的数值为 3mm，在设置区中勾选“显示出血区域”复选框，如图 1-41 所示；单击“确定”按钮，页面效果如图 1-42 所示。

（3）在页面中，实线框为卡片的成品尺寸 90mm × 55mm，虚线框为出血尺寸，在虚线框和实线框四边之间的空白区域是 3mm 的出血设置，示意如图 1-43 所示。

（4）按 Ctrl+I 组合键，弹出“导入”对话框，打开云盘中的“Ch01 > 效果 > 贵宾卡背景 .tif”文件，如图 1-44 所示，并单击“导入”按钮。在页面中单击导入的图片，按 P 键，使图片与页面居中对齐，效果如图 1-45 所示。

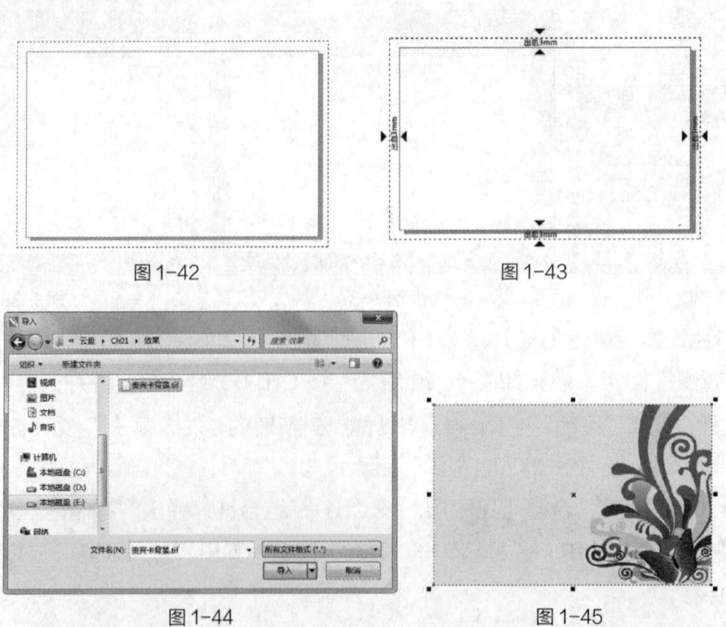
图 1-42 图 1-43

图 1-44 图 1-45

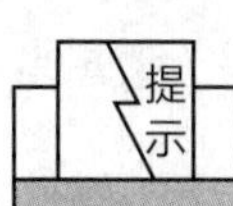

导入的图像是位图，所以导入图像之后，页边框被图像遮挡在下面，不能显示。

（5）按Ctrl+I组合键，弹出“导入”对话框，打开云盘中的“Ch01 > 素材 > 07.png”文件，单击“导入”按钮。在页面中单击导入的图片，选择“选择”工具，将其拖曳到适当的位置，效果如图1-46所示。选择“文本”工具，在页面中分别输入需要的文字。选择“选择”工具，在属性栏中分别选择合适的字体并设置文字大小，分别填充适当的颜色，效果如图1-47所示。选择“视图 > 显示 > 出血”命令，将出血线隐藏。

图1-46

图1-47

（6）选择“文件 > 打印预览”命令，单击“启用分色”按钮，在窗口中可以观察到贵宾卡将来出胶片的效果，还有4个角上的裁切线、4个边中间的套准线和测控条。单击页面分色按钮，可以切换显示各分色的胶片效果，如图1-48所示。

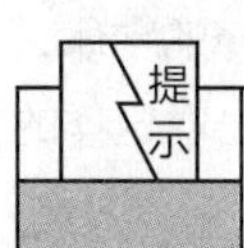

最后完成的设计作品，都要送到专业的输出中心，在输出中心把作品输出成印刷用的胶片。一般我们使用CMYK四色模式制作的作品会出4张胶片，分别是青色、洋红色、黄色和黑色四色胶片。

青色胶片

洋红胶片

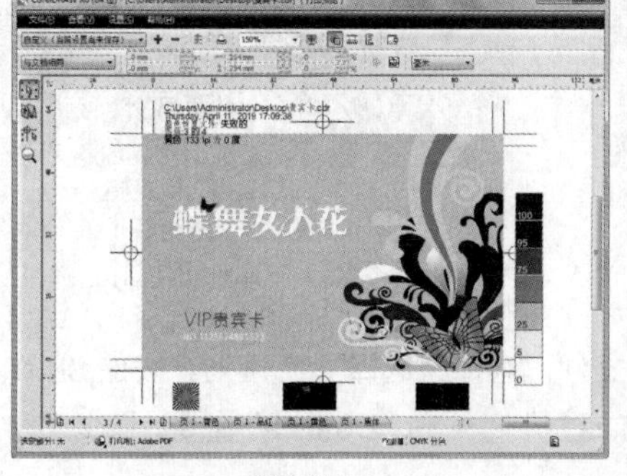

黄色胶片

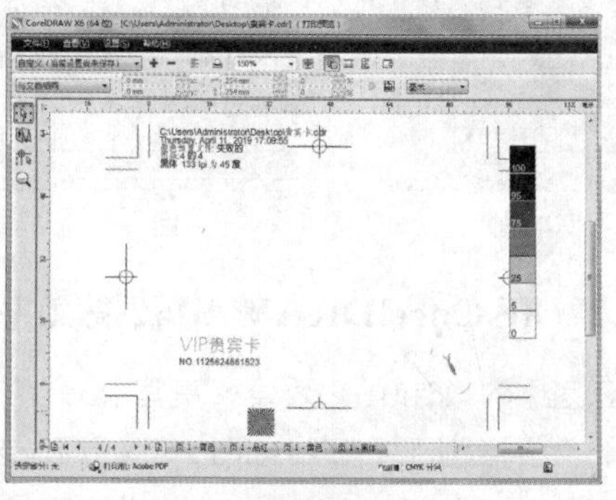

黑色胶片

图1-48

（7）最后制作完成的设计作品效果如图 1-49 所示。按 Ctrl+S 组合键，弹出“保存图形”对话框，将其命名为“贵宾卡”，保存为 CDR 格式，单击“保存”按钮将图像保存。

图 1-49

1.8 文字转换

在 Photoshop 和 CorelDRAW 中输入文字时，都需要选择文字的字体。文字的字体安装在计算机、打印机或照排机的系统中。字体就是文字的外在形态，当设计师选择的字体与输出中心的字体不匹配时，或者根本就没有设计师选择的字体时，所输出的胶片上的文字就不是设计师选择的字体，也可能出现乱码。下面讲解如何在 Photoshop 和 CorelDRAW 中进行文字转换来避免出现这样的问题。

1.8.1 在 Photoshop 中转换文字

按 Ctrl+O 组合键，打开云盘中的“Ch01 > 素材 > 08.psd”文件，在“图层”控制面板中选中需要的文字图层，单击鼠标右键，在弹出的菜单中选择“栅格化文字”命令，如图 1-50 所示。将文字图层转换为普通图层，也就是将文字转换为图像，如图 1-51 所示。在图像窗口中的文字效果如图 1-52 所示。转换为普通图层后，出片文件将不会出现字体不匹配的问题。

图 1-50

图 1-51

图 1-52

1.8.2 在 CorelDRAW 中转换文字

打开云盘中的“Ch01 > 效果 > 贵宾卡 .cdr”文件。选择“选择”工具，按住 Shift 键的同时，单击输入的文字将其同时选取，如图 1-53 所示。选择“排列 > 转换为曲线”命令，将文字转换为曲线，如图 1-54 所示。按 Ctrl+S 组合键，将文件保存。

图1-53

图1-54

将文字转换为曲线，就是将文字转换为图形。这样，在输出中心就不会出现文字不匹配的问题，在胶片上也不会形成乱码。

1.9 印前检查

在CorelDRAW中，可以对设计制作好的名片进行印前的常规检查。

按Ctrl+O组合键，打开云盘中的"Ch01 > 效果 > 贵宾卡.cdr"文件，效果如图1-55所示。选择"文件 > 文档属性"命令，在弹出的对话框中可查看文件、文档、颜色、图形对象、文本统计、位图对象、样式、效果、填充、轮廓等多方面的信息，如图1-56所示（图中只显示部分信息，下拉左侧的滚动条可显示全部信息）。

图1-55

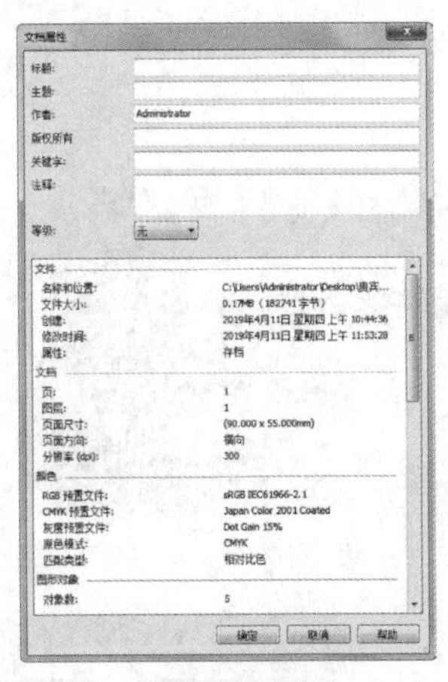
图1-56

在"文件"信息组中可查看文件的名称和位置、大小、创建和修改时间、属性等信息。

在"文档"信息组中可查看文件的页码、图层、页面尺寸和方向、分辨率等信息。

在"颜色"信息组中可以查看RGB预置文件、CMYK预置文件、灰度预置文件、原色模式和匹配类型等信息。

在"图形对象"信息组中可查看对象的数目、点数、曲线、矩形、椭圆等信息。

在"文本统计"信息组中可查看文档中的文本对象信息。

在"位图对象"信息组中可查看文档中导入位图的色彩模式、文件大小等信息。

在“样式”信息组中可查看文档中图形的样式等信息。

在“效果”信息组中可查看文档中图形的效果等信息。

在“填充”信息组中可查看未填充、均匀、对象、颜色模型等信息。

在“轮廓”信息组中可查看有无轮廓、均匀、按图像大小缩放、对象、颜色模型等信息。

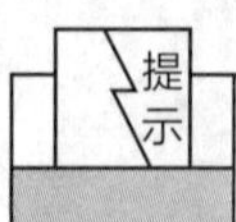

如果在 CorelDRAW 中，已经将设计作品中的文字转成曲线，那么在“文本统计”信息组中，将显示“文档中无文本对象”信息。

1.10 小样

在 CorelDRAW 中按客户的要求设计制作完作品后，可以方便地为客户展示设计完成稿的小样。下面讲解小样电子文件的导出方法。

1.10.1 带出血的小样

（1）打开云盘中的“Ch01 > 效果 > 贵宾卡 .cdr”文件，效果如图 1-57 所示。选择“文件 > 导出”命令，弹出“导出”对话框，将其命名为“贵宾卡”，导出为 JPEG 格式，如图 1-58 所示。单击“导出”按钮，弹出“导出到 JPEG”对话框，选项的设置如图 1-59 所示，单击“确定”按钮导出图形。

图 1-57

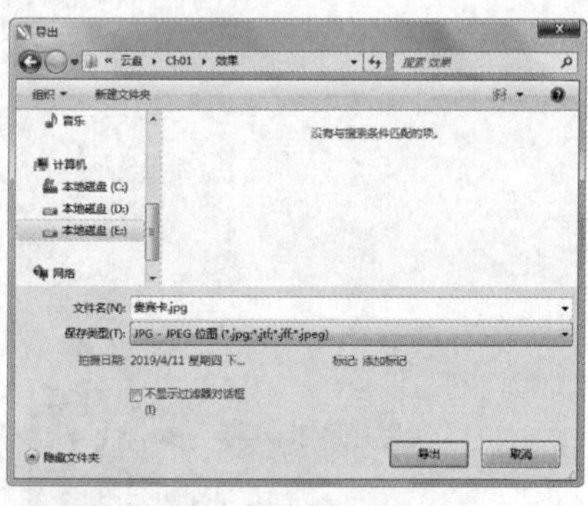

图 1-58

图 1-59

（2）导出图形在桌面上的图标如图 1-60 所示。可以通过电子邮件的方式把导出的 JPEG 格式小样发给客户，客户可以在看图软件中打开观看，效果如图 1-61 所示。

图 1-60

图 1-61

一般给客户观看的作品小样都导出为 JPEG 格式，JPEG 格式的图像压缩比例大，文件量小。有利于通过电子邮件的方式发给客户。

1.10.2　成品尺寸的小样

（1）打开云盘中的“Ch01 > 效果 > 贵宾卡 .cdr”文件，效果如图 1-62 所示。双击“选择”工具，将页面中的所有图形同时选取，如图 1-63 所示。按 Ctrl+G 组合键，将其群组，效果如图 1-64 所示。

（2）双击“矩形”工具，系统自动绘制一个与页面大小相等的矩形，绘制的矩形大小就是名片成品尺寸的大小。按 Shift+PageUp 组合键，将其置于最上层，效果如图 1-65 所示。

图 1-62

图 1-63

图 1-64

图 1-65

（3）选择“选择”工具，选取群组后的图形，如图 1-66 所示。选择“效果 > 图框精确剪裁 > 置于图文框内部”命令，鼠标指针变为黑色箭头形状，在矩形框上单击，如图 1-67 所示。

（4）将名片置入矩形中，效果如图 1-68 所示。在“CMYK 调色板”中的“无填充”按钮☒上单击鼠标右键，去掉矩形的轮廓线，效果如图 1-69 所示。

图 1-66

图 1-67

图 1-68

图 1-69

（5）名片的成品尺寸效果如图1-70所示。选择“文件 > 导出”命令，弹出“导出”对话框，将其命名为“贵宾卡－成品尺寸”，导出为JPEG格式，如图1-71所示。

图1-70

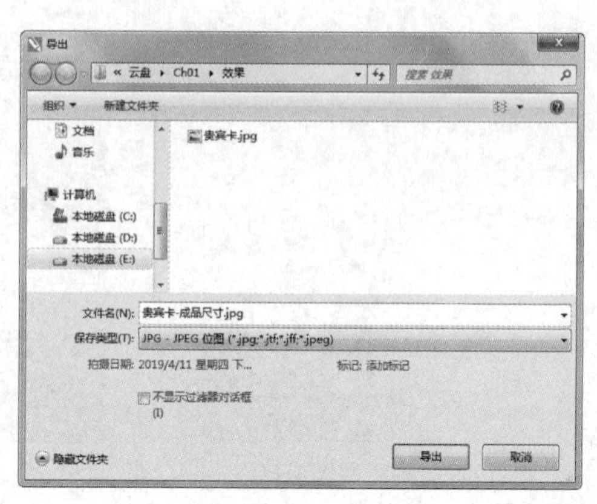

图1-71

（6）单击“导出”按钮，弹出“导出到JPEG”对话框，选项的设置如图1-72所示，单击“确定”按钮，导出成品尺寸的名片图像。可以通过电子邮件的方式把导出的JPEG格式小样发给客户，客户可以在看图软件中打开观看，效果如图1-73所示。

图1-72

图1-73

02

第2章 标志设计

本章介绍

标志是一种传达事物特征的特定视觉符号，它代表着企业的形象和文化。企业的服务水平、管理机制及综合实力都可以通过标志来体现。在企业视觉战略推广的过程中，标志起着举足轻重的作用。本章以鲸鱼汉堡标志设计为例，讲解标志的设计方法和制作技巧。

学习目标

- 掌握标志的设计思路和过程。
- 掌握标志的制作方法和技巧。

技能目标

- 掌握“鲸鱼汉堡标志”的制作方法。
- 掌握“电影公司标志”的制作方法。

2.1 鲸鱼汉堡标志设计

扫码观看
扩展案例

案例学习目标

在CorelDRAW中，学习使用多种绘图工具、移除前面对象按钮、合并按钮、形状工具制作标志，使用文本工具、填充工具制作标准字；在Photoshop中，学习使用多种添加图层样式命令为标志添加立体效果。

案例知识要点

在CorelDRAW中，使用矩形工具、圆角半径选项制作面包图形，使用矩形工具、椭圆形工具、移除前面对象按钮、贝塞尔工具、合并按钮和填充工具制作鲸鱼图形，使用手绘工具、形状工具添加并编辑曲线节点，使用文本工具、垂直居中对齐命令、椭圆形工具添加并编辑标准字；在Photoshop中，使用图案叠加命令为背景添加图案叠加效果，使用置入命令、斜面和浮雕命令、内阴影命令和投影命令制作标志图形的立体效果。

效果所在位置

云盘/Ch02/效果/鲸鱼汉堡标志设计/鲸鱼汉堡标志.tif，如图2-1所示。

图2-1

CorelDRAW 应用

2.1.1 制作面包图形

扫码观看
本案例视频

（1）打开CorelDRAW X6软件，按Ctrl+N组合键，新建一个A4页面。单击属性栏中的“横向”按钮，显示为横向页面。

（2）选择“矩形”工具，在页面中适当的位置绘制一个矩形，如图2-2所示。选择“选择”工具，选取矩形，按数字键盘上的+键，复制矩形。按住Shift键的同时，垂直向上拖曳复制的矩形到适当的位置，效果如图2-3所示。

（3）保持图形选取状态。向下拖曳矩形中间的控制手柄到适当的位置，调整其大小，效果如图2-4所示。用相同的方法再复制一个矩形，并调整其大小，效果如图2-5所示。

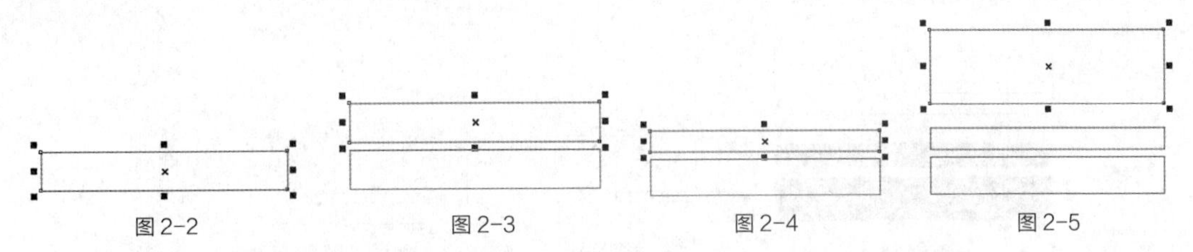

图2-2　图2-3　图2-4　图2-5

（4）选择“选择”工具，选取最下方的矩形，在属性栏中将“圆角半径”选项设为12.3mm，如图2-6所示，按Enter键，效果如图2-7所示。设置图形颜色的CMYK值为0、87、100、0，填充图形，并去除图形的轮廓线，效果如图2-8所示。

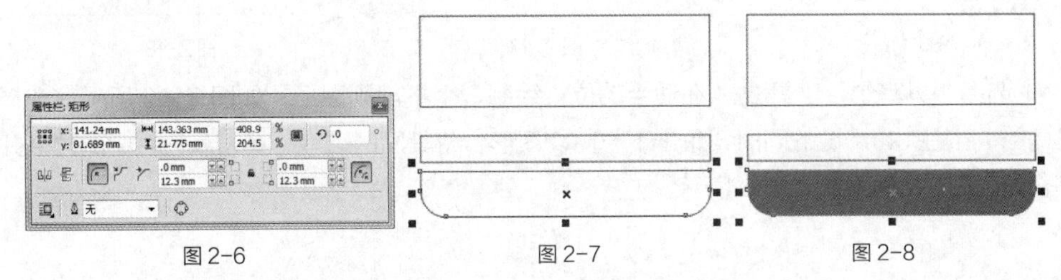

图2-6　图2-7　图2-8

（5）选取中间的矩形，在属性栏中将“圆角半径”选项均设为12.3mm，按Enter键，效果如图2-9所示。在“CMYK调色板”中的“红”色块上单击鼠标左键，填充图形，在“无填充”按钮☒上单击鼠标右键，去除图形的轮廓线，效果如图2-10所示。

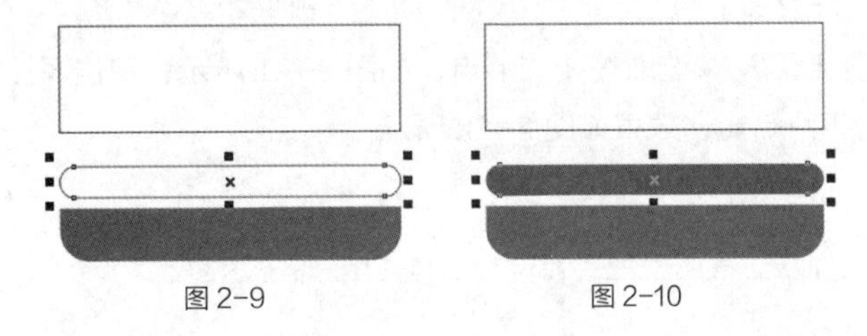

图2-9　图2-10

2.1.2　制作鲸鱼图形

（1）选取最上方的矩形，在属性栏中将“圆角半径”选项设为12.3mm，如图2-11所示，按Enter键，效果如图2-12所示。

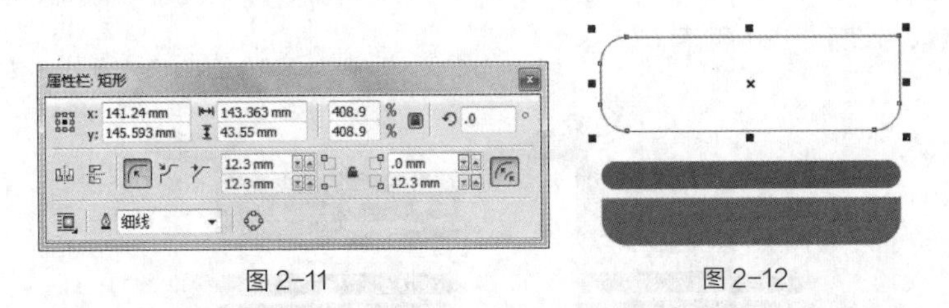

图2-11　图2-12

（2）选择“矩形”工具，在适当的位置分别绘制矩形，如图2-13所示。选择“选择”工具，用圈选的方法选取需要的矩形，再次单击选取的矩形，使其处于旋转状态，如图2-14所示，向右拖曳中间的控制手柄到适当的位置，倾斜矩形，效果如图2-15所示。

（3）选择“椭圆形”工具，按住Ctrl键的同时，在适当的位置绘制一个圆形，如图2-16所示。选择“选择”工具，用圈选的方法将所绘制的图形同时选取，如图2-17所示，单击属性栏中的“移除前面对象”按钮，将多个图形剪切为一个图形，效果如图2-18所示。

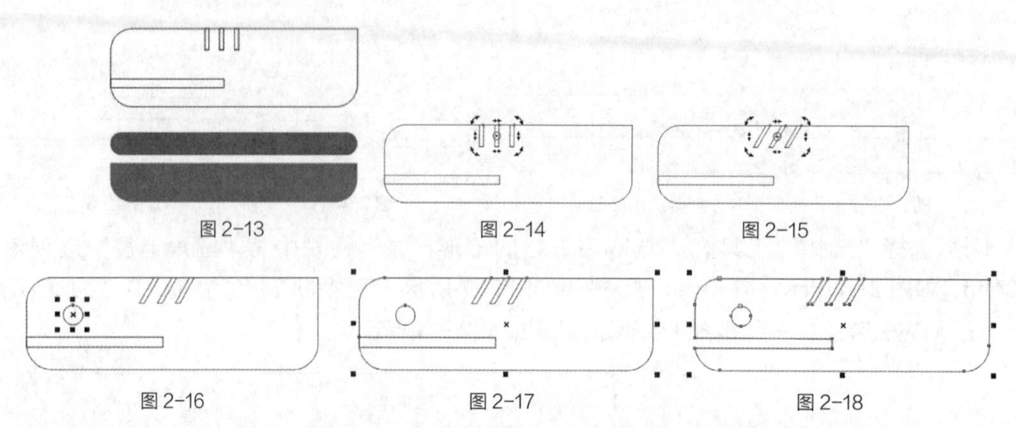

图2-13　图2-14　图2-15

图2-16　图2-17　图2-18

（4）选择“贝塞尔”工具，在适当的位置绘制一个不规则图形，如图2-19所示，选择“选择”工具，按住Shift键的同时，单击下方剪切图形，将其同时选取，单击属性栏中的“合并”按钮，合并图形，效果如图2-20所示。

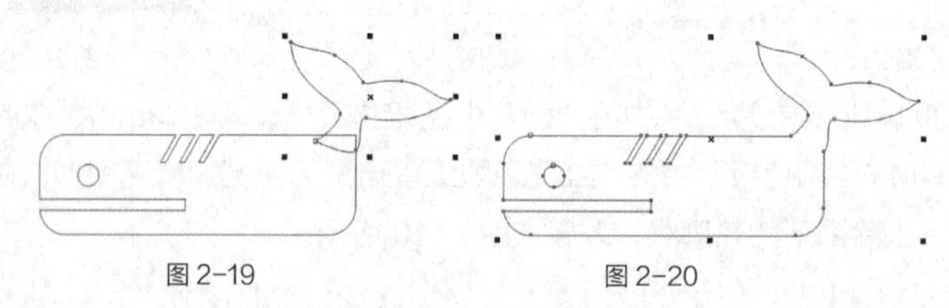

图2-19　图2-20

（5）选择“形状”工具，选取需要的节点，如图2-21所示，单击属性栏中的“平滑节点”按钮，将节点转换为平滑节点，效果如图2-22所示。

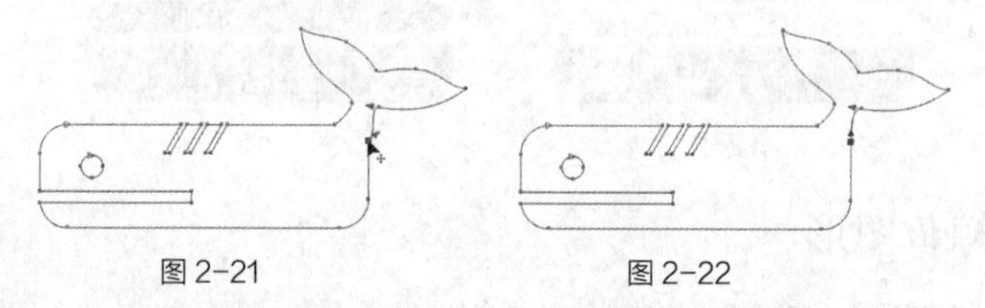

图2-21　图2-22

（6）选择“选择”工具，选取图形，设置图形颜色的CMYK值为0、87、100、0，填充图形，并去除图形的轮廓线，效果如图2-23所示。选择“手绘”工具，按住Ctrl键的同时，在适当的位置绘制一条直线，如图2-24所示。

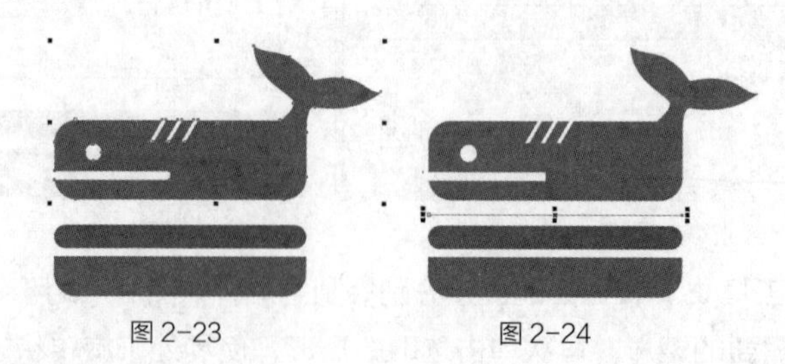

图2-23　图2-24

2.1.3 编辑曲线节点

扫码观看
本案例视频

（1）选择“形状”工具，在直线中间位置双击鼠标添加一个节点，如图2-25所示。连续3次单击属性栏中的“添加节点”按钮，在直线上添加多个节点，如图2-26所示。

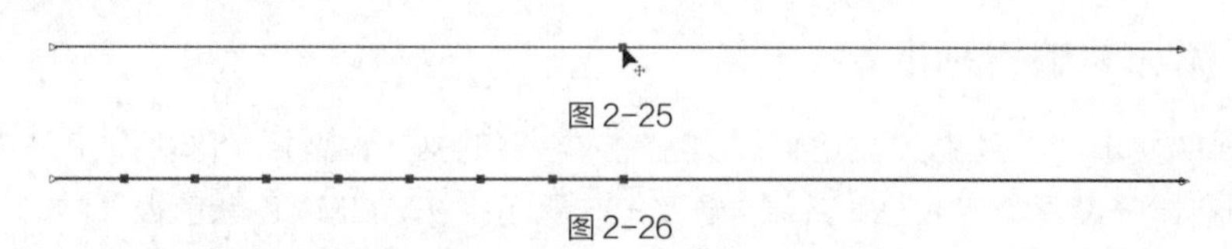

图2-25

图2-26

（2）选择“形状”工具，选取最后一个节点，如图2-27所示。连续3次单击属性栏中的“添加节点”按钮，在直线上添加多个节点，如图2-28所示。

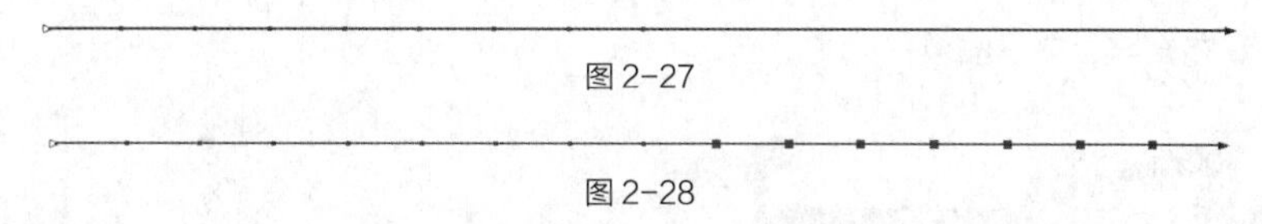

图2-27

图2-28

（3）选择“形状”工具，按住Shift键的同时，依次单击选取需要的节点，如图2-29所示。向上拖曳节点到适当的位置，如图2-30所示。

（4）在属性栏中单击“转换为曲线”按钮，将线段转换为曲线；再单击“平滑节点”按钮，将节点转换为平滑节点，效果如图2-31所示。

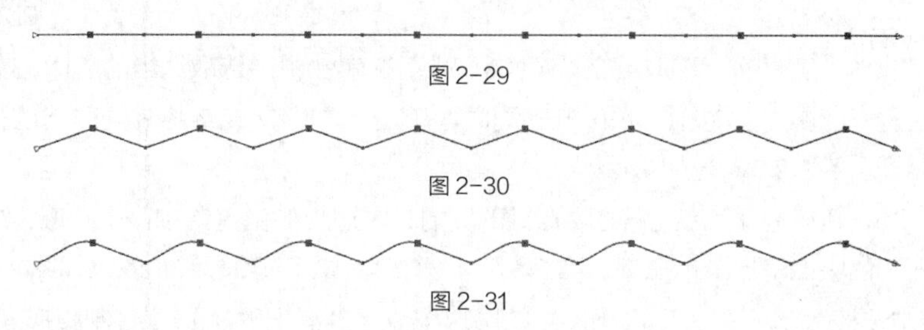

图2-29

图2-30

图2-31

（5）选择“形状”工具，按住Shift键的同时，依次单击选取需要的节点，如图2-32所示。在属性栏中单击“转换为曲线”按钮，将线段转换为曲线。再次单击“平滑节点”按钮，将节点转换为平滑节点，效果如图2-33所示。

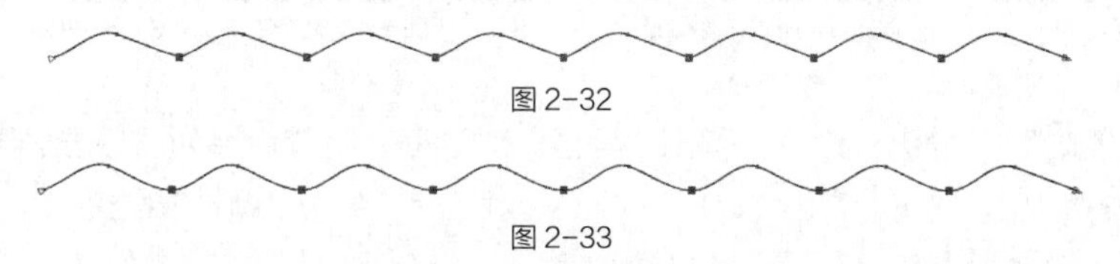

图2-32

图2-33

（6）选择“选择”工具，选取直线，按F12键，弹出“轮廓笔”对话框，在“颜色”选项中设置轮廓线颜色的CMYK值为0、87、100、0，其他选项的设置如图2-34所示。单击“确定”按钮，效果如图2-35所示。

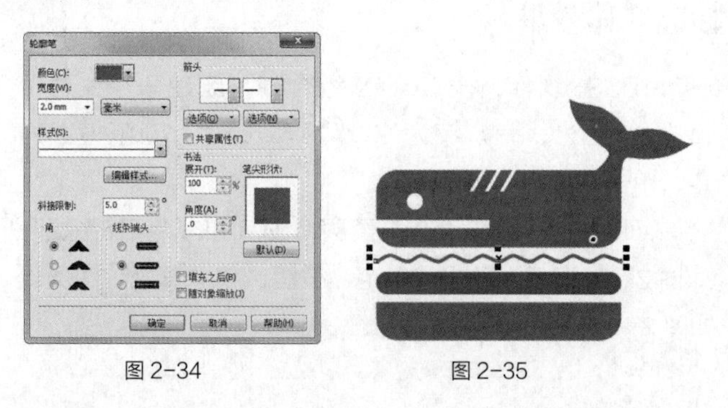

图2-34　　图2-35

2.1.4 添加并编辑标准字

（1）选择“文本”工具，在适当的位置输入需要的文字，选择“选择”工具，在属性栏中选取适当的字体并设置文字大小，效果如图 2-36 所示。在“CMYK 调色板”中的“红”色块上单击鼠标左键，填充文字，效果如图 2-37 所示。

（2）选择“文本”工具，在适当的位置输入需要的文字，选择“选择”工具，选取文字在属性栏中选取适当的字体并设置文字大小，效果如图 2-38 所示。设置文字颜色的 CMYK 值为 0、87、100、0，填充文字，效果如图 2-39 所示。

图 2-36　图 2-37　图 2-38　图 2-39

（3）选择“文本”工具，选取英文“WHALE”，在属性栏中选取适当的字体，效果如图 2-40 所示。选择“选择”工具，按住 Shift 键的同时，单击上方中文文字将其同时选取，按 C 键，将文字垂直居中对齐，效果如图 2-41 所示。

（4）选择“椭圆形”工具，按住 Ctrl 键的同时，在适当的位置绘制一个圆形，在“CMYK 调色板”中的“红”色块上单击鼠标左键，填充图形，并去除图形的轮廓线，效果如图 2-42 所示。

（5）选择“选择”工具，选取刚绘制的圆形按数字键盘上的 + 键，复制圆形。按住 Shift 键的同时，水平向右拖曳复制的圆形到适当的位置，效果如图 2-43 所示。鲸鱼汉堡标志制作完成。

鲸鱼汉堡 WHALE HAMBURGER　鲸鱼汉堡 WHALE HAMBURGER　鲸鱼汉堡 WHALE HAMBURGER　鲸鱼汉堡 • WHALE HAMBURGER •

图 2-40　图 2-41　图 2-42　图 2-43

（6）选择“文件 > 导出”命令，弹出“导出”对话框，将其命名为“标志导出图”，保存为 PNG 格式。单击“导出”按钮，弹出“导出到 PNG”对话框，单击“确定”按钮，导出为 PNG 格式。

Photoshop 应用

2.1.5 制作标志立体效果

扫码观看
本案例视频

（1）打开 Photoshop CS6 软件，按 Ctrl+N 组合键，新建一个文件，宽度为 30 厘米，高度为 30 厘米，分辨率为 150 像素 / 英寸，颜色模式为 RGB，背景内容为白色，单击“确定”按钮。

（2）在“图层”控制面板中，双击“背景”图层，在弹出的“新建图层”对话框中进行设置，如图 2-44 所示，单击“确定”按钮，将“背景”图层转换为“图案”图层，如图 2-45 所示。

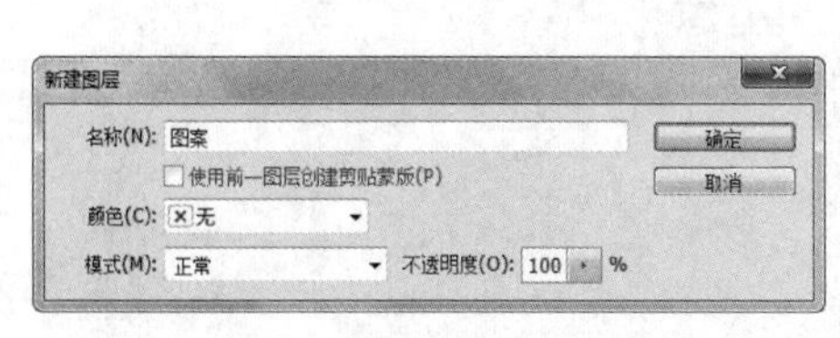

图 2-44

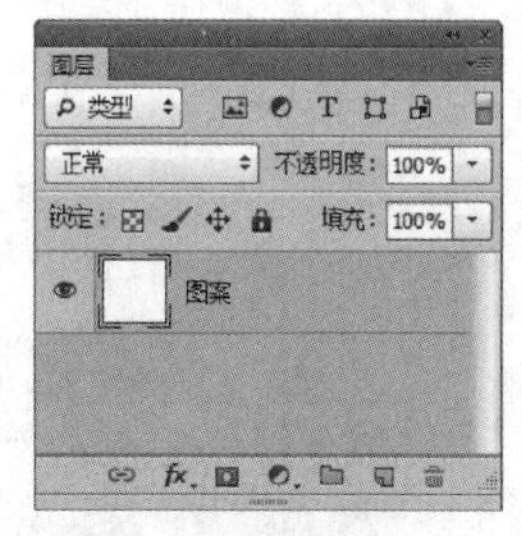

图 2-45

（3）单击“图层”控制面板下方的“添加图层样式”按钮，在弹出的菜单中选择“图案叠加”命令，弹出“图层样式”对话框。单击“图案”选项右侧的按钮，弹出图案选择面板，单击面板右上方的图标，在弹出的菜单中选择“彩色纸”命令，弹出提示对话框，单击“追加”按钮。在图案选择面板中选择“描图纸”图案，如图 2-46 所示。返回到“图案叠加”面板，其他选项的设置如图 2-47 所示。单击“确定”按钮，效果如图 2-48 所示。

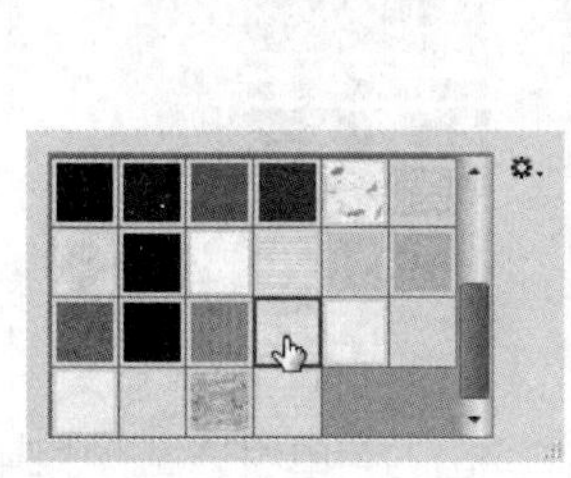

图 2-46

图 2-47

图 2-48

（4）选择“文件 > 置入”命令，弹出“置入”对话框，选择云盘中的“Ch02 > 效果 > 鲸鱼汉堡标志设计 > 标志导出图 .png”文件，单击“置入”按钮，置入图片。并将其拖曳到适当的位置，调整其大小，效果如图 2-49 所示。

（5）单击“图层”控制面板下方的“添加图层样式”按钮，在弹出的菜单中选择“斜面和浮雕”命令，在弹出的对话框中进行设置，如图 2-50 所示。选择对话框左侧的“等高线”选项，切换到相应的面板，单击“等高线”选项右侧的按钮，在弹出的面板中选择“环形 – 双”等高线，如图 2-51 所示。返回到“等高线”面板，其他选项的设置如图 2-52 所示。

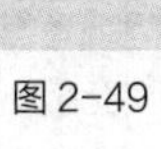

图 2-49

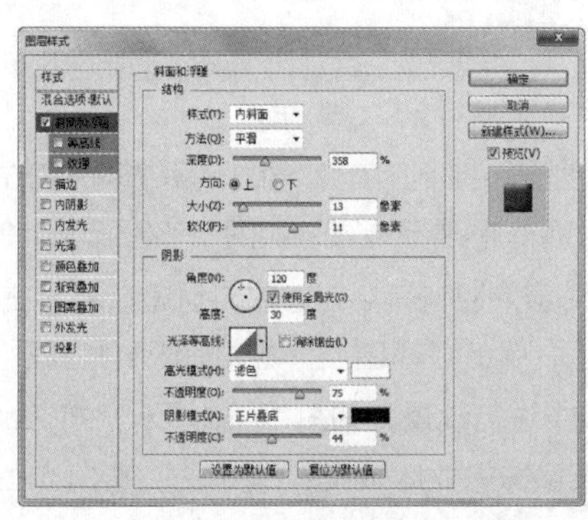

图 2-50

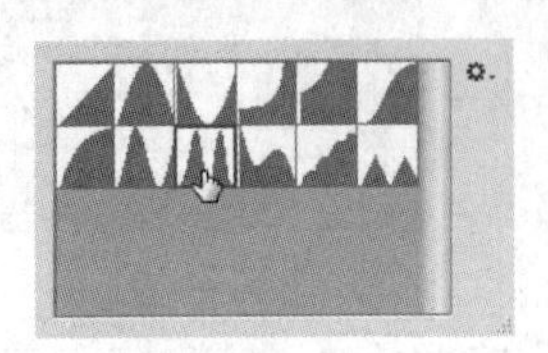
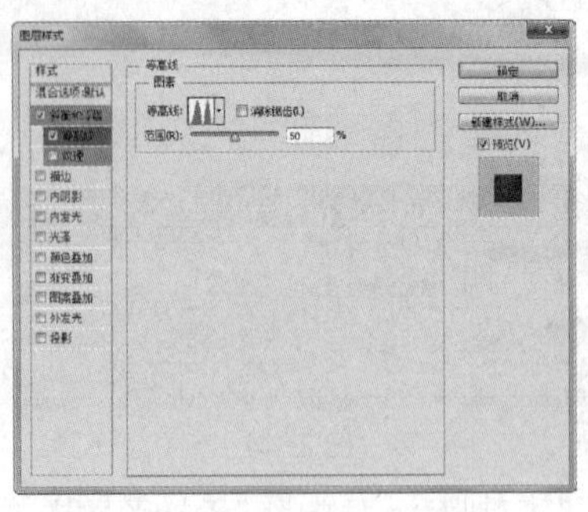

图 2-51　　　　图 2-52

（6）选择对话框左侧的“纹理”选项，切换到相应的面板，单击“图案”选项右侧的按钮▌，在弹出的图案选择面板中选择“白色斜条纹纸”图案，如图 2-53 所示。返回到“纹理”面板，其他选项的设置如图 2-54 所示。单击“确定”按钮，效果如图 2-55 所示。

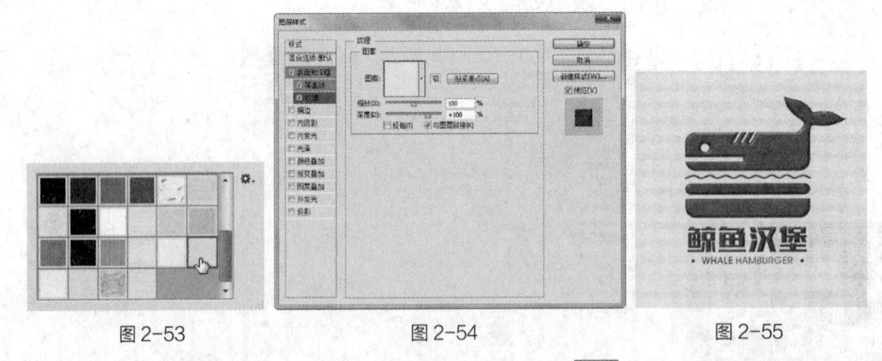

图 2-53　　　　图 2-54　　　　图 2-55

（7）单击“图层”控制面板下方的“添加图层样式”按钮 fx.，在弹出的菜单中选择“内阴影”命令，在弹出的对话框中进行设置，如图 2-56 所示，单击“确定”按钮，效果如图 2-57 所示。

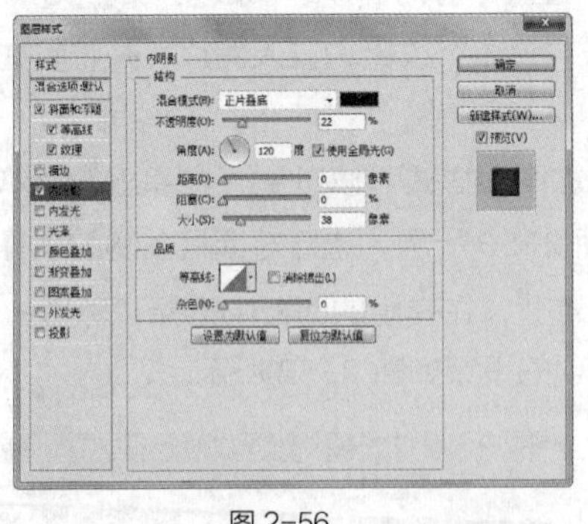

图 2-56　　　　图 2-57

（8）单击“图层”控制面板下方的“添加图层样式”按钮 fx.，在弹出的菜单中选择“投影”命令，在弹出的对话框中进行设置，如图 2-58 所示，单击“确定”按钮，效果如图 2-59 所示。

（9）单击“图层”控制面板下方的“创建新的填充或调整图层”按钮 ◐.，在弹出的菜单中选择“色相 / 饱和度”命令，在“图层”控制面板中生成“色相 / 饱和度 1”图层，同时在弹出的“色相 / 饱和度”面板中进行设置，如图 2-60 所示，按 Enter 键确认操作，图像效果如图 2-61 所示。

（10）鲸鱼汉堡标志立体效果制作完成。按 Ctrl+S 组合键，弹出“存储为”对话框，将制作好的图像命名为“鲸鱼汉堡标志”，保存为 TIFF 格式，单击“保存”按钮，将图像保存。

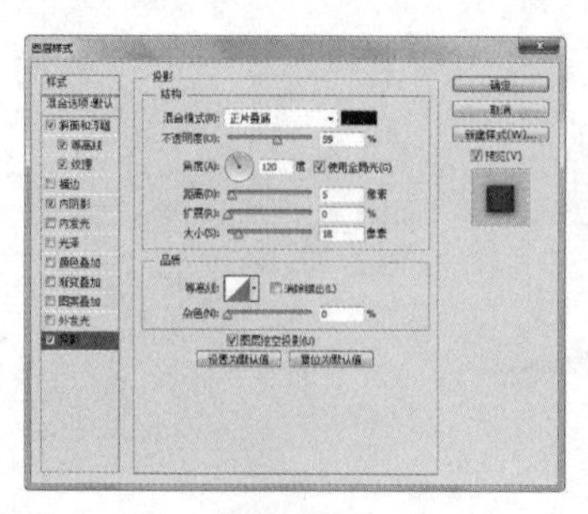

图2-58

图2-59

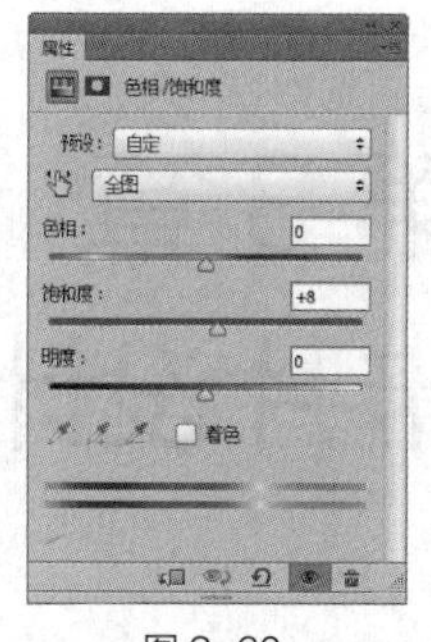

图2-60

图2-61

2.2 课后习题——电影公司标志设计

习题知识要点

在 CorelDRAW 中，使用选项命令添加水平和垂直辅助线，使用矩形工具、转换为曲线命令、调整节点工具和编辑填充面板制作标志图形，使用文本工具和对象属性泊坞窗制作标准字；在 Photoshop 中，使用变换命令和图层样式命令制作标志图形的立体效果。

素材所在位置

云盘 /Ch02/ 素材 / 电影公司标志设计 /01.jpg。

效果所在位置

云盘 /Ch02/ 效果 / 电影公司标志设计 / 电影公司标志 .tif，如图 2-62 所示。

图2-62

03

第3章 卡片设计

本章介绍

卡片是增进人们之间交流的一种载体，是传递信息、交流情感的一种方式。卡片的种类繁多，有邀请卡、祝福卡、生日卡、圣诞卡、新年贺卡等。本章以新年贺卡设计为例，讲解贺卡正面和背面的设计方法和制作技巧。

学习目标

- 掌握卡片的设计思路和过程。
- 掌握卡片的制作方法和技巧。

技能目标

- 掌握“新年贺卡正面”的制作方法。
- 掌握“新年贺卡背面”的制作方法。
- 掌握“圣诞节贺卡”的制作方法。

3.1 新年贺卡正面设计

扫码观看
扩展案例

案例学习目标

在 Photoshop 中，学习使用移动工具、图层控制面板和图层样式添加贺卡装饰图片制作贺卡正面底图；在 CorelDRAW 中，学习使用文本工具、形状工具和交互式工具添加标题及祝福性文字。

案例知识要点

在 Photoshop 中，使用图层混合模式和不透明度选项制作底图纹理，使用移动工具和图层样式添加图片和纹理；在 CorelDRAW 中，使用导入命令导入底图，使用文本工具、形状工具添加并编辑标题文字，使用轮廓图工具为文字添加轮廓化效果，使用阴影工具为文字添加阴影效果，使用椭圆形工具、文本工具添加祝福性文字。

效果所在位置

云盘 /Ch03/ 效果 / 新年贺卡正面设计 / 新年贺卡正面 .cdr，如图 3-1 所示。

图 3-1

Photoshop 应用

3.1.1 绘制贺卡正面底图

扫码观看
本案例视频

（1）打开 Photoshop CS6 软件，按 Ctrl ＋ N 组合键，新建一个文件，宽度为 20 厘米，高度为 10 厘米，分辨率为 150 像素 / 英寸，颜色模式为 RGB，背景内容为白色，单击“确定”按钮。

（2）按 Ctrl+O 组合键，打开云盘中的“Ch03 > 素材 > 新年贺卡正面设计 > 01.png”文件。选择“移动”工具，将“01”图片拖曳到新建文件适当的位置，效果如图 3-2 所示，在“图层”控制面板中生成新的图层并将其命名为“祥云”。

图 3-2

（3）在“图层”控制面板上方，将“祥云”图层的混合模式选项设为“正片叠底”，“不透明度”选项设为 20%，如图 3-3 所示，按 Enter

键确认操作，效果如图 3-4 所示。

图 3-3

图 3-4

（4）按 Ctrl+O 组合键，打开云盘中的“Ch03 > 素材 > 新年贺卡正面设计 > 02.png”文件。选择“移动”工具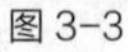，将“02”图片拖曳到新建文件的适当位置，并调整其大小，效果如图 3-5 所示，在“图层”控制面板中生成新的图层并将其命名为“红色祥云”。按住 Alt 键的同时，在图像窗口中将其拖曳到适当的位置，复制图像，效果如图 3-6 所示。

图 3-5　　图 3-6

（5）按 Ctrl+T 组合键，在图像周围出现变换框，在变换框中单击鼠标右键，在弹出的菜单中选择“垂直翻转”命令，翻转图像，按 Enter 键确认操作，效果如图 3-7 所示。

（6）按 Ctrl+O 组合键，打开云盘中的“Ch03 > 素材 > 新年贺卡正面设计 > 03.png”文件。选择“移动”工具，将“03”图片拖曳到新建文件的适当位置，并调整其大小，效果如图 3-8 所示，在“图层”控制面板中生成新的图层并将其命名为“红色灯笼”。

图 3-7　　图 3-8

（7）单击“图层”控制面板下方的“添加图层样式”按钮 fx，在弹出的菜单中选择“投影”命令，弹出对话框，将阴影颜色设为暗红色（其 R、G、B 的值分别为 76、14、16），其他选项的设置如图 3-9 所示，单击“确定”按钮，效果如图 3-10 所示。

（8）按 Ctrl+O 组合键，打开云盘中的“Ch03 > 素材 > 新年贺卡正面设计 > 04.png”文件。选择“移动”工具，将“04”图片拖曳到新建文件的适当位置，效果如图 3-11 所示，在“图层”控制面板中生成新的图层并将其命名为“桃花”。

（9）单击“图层”控制面板下方的“添加图层样式”按钮 fx，在弹出的菜单中选择“投影”命令，弹出对话框，将阴影颜色设为暗红色（其 R、G、B 的值分别为 76、14、16），其他选项的设置如图 3-12 所示，单击“确定”按钮，效果如图 3-13 所示。

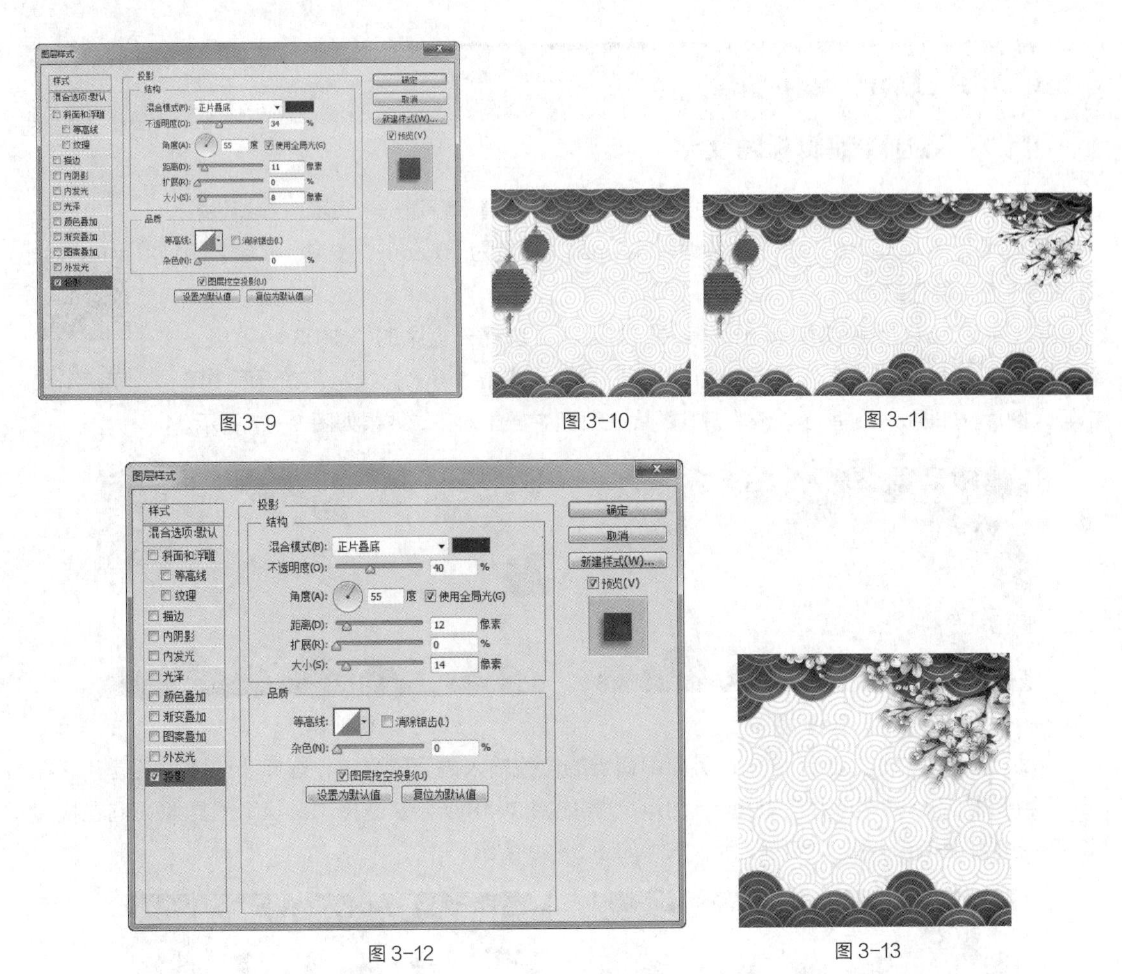

图 3-9　　图 3-10　　图 3-11

图 3-12　　图 3-13

（10）选择“移动”工具，按住 Alt 键的同时，在图像窗口中将其拖曳到适当的位置，复制图像，效果如图 3-14 所示。按 Ctrl+T 组合键，在图像周围出现变换框，在变换框中单击鼠标右键，在弹出的菜单中选择“水平翻转”命令，翻转图像，按 Enter 键确认操作，效果如图 3-15 所示。

图 3-14　　图 3-15

（11）新年贺卡正面底图制作完成。按 Shift+Ctrl+E 组合键，合并可见图层。按 Ctrl+S 组合键，弹出“存储为”对话框，将其命名为“新年贺卡正面底图”，保存为 JPEG 格式，单击“保存”按钮，弹出“JPEG 选项”对话框，单击“确定”按钮，将图像保存。

CorelDRAW 应用

3.1.2 添加并编辑标题文字

（1）打开 CorelDRAW X6 软件，按 Ctrl+N 组合键，新建一个页面。在属性栏中的“页面度量”选项中分别设置宽度为 200mm，高度为 100mm，按 Enter 键，页面尺寸显示为设置的大小。

扫码观看
本案例视频

（2）按 Ctrl+I 组合键，弹出“导入”对话框，选择云盘中的“Ch03 > 效果 > 新年贺卡正面设计 > 新年贺卡正面底图.jpg”文件，单击“导入”按钮，在页面中单击导入图片，如图 3-16 所示。按 P 键，图片在页面中居中对齐，效果如图 3-17 所示。

图 3-16　　图 3-17

（3）选择“文本”工具，在页面中适当的位置输入需要的文字，选择“选择”工具，在属性栏中选取适当的字体并设置文字大小，效果如图 3-18 所示。选择“形状”工具，向左拖曳文字下方的图标，调整文字的间距，效果如图 3-19 所示。

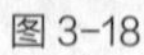

图 3-18

图 3-19

（4）选择“形状”工具，单击选取文字“年”的节点，在属性栏中进行设置，如图 3-20 所示，按 Enter 键，效果如图 3-21 所示。

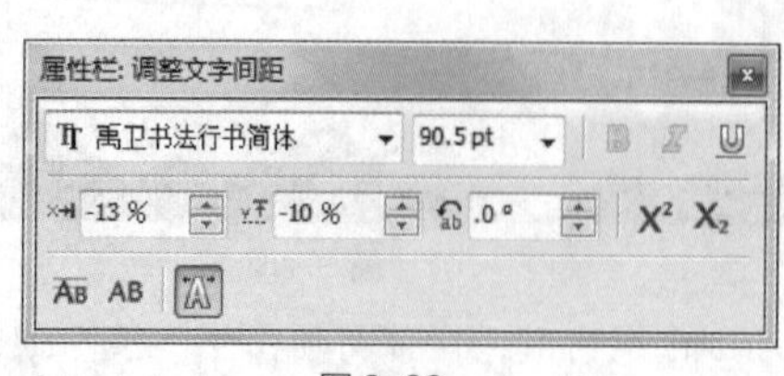

图 3-20

图 3-21

（5）按 Ctrl+K 组合键，将文字进行拆分，拆分完成后“恭”字呈选中状态，如图 3-22 所示。选择“选择”工具，选取文字“贺”，拖曳文字到适当的位置，并调整其大小，效果如图 3-23 所示。

（6）选择“选择”工具，用圈选的方法将输入的文字全部选取，按 Ctrl+G 组合键，将其群组，效果如图 3-24 所示。

图 3-22

图 3-23

图 3-24

（7）按 F11 键，弹出“渐变填充”对话框，点选“双色”单选项，将“从”选项颜色的 CMYK 值设为 0、100、100、38，“到”选项颜色的 CMYK 值设为 0、100、100、0，其他选项的设置如图 3-25 所示，单击“确定”按钮，填充文字，效果如图 3-26 所示。

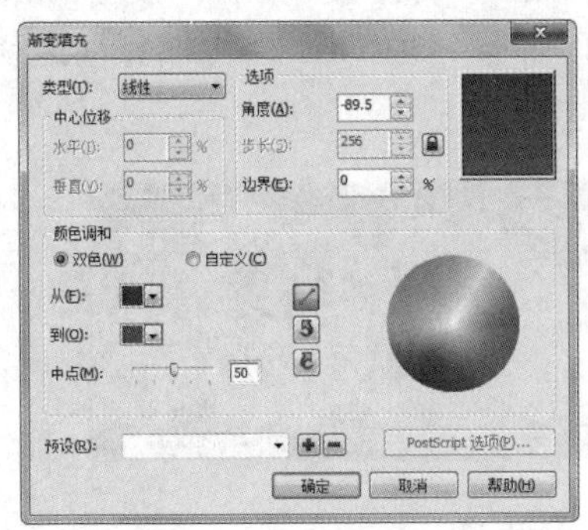

图 3-25

图 3-26

（8）选择“轮廓图”工具，在文字上拖曳光标，为文字对象添加轮廓化效果。在属性栏中将“填充色”选项颜色设为白色，其他选项的设置如图 3-27 所示，按 Enter 键确认操作，效果如图 3-28 所示。

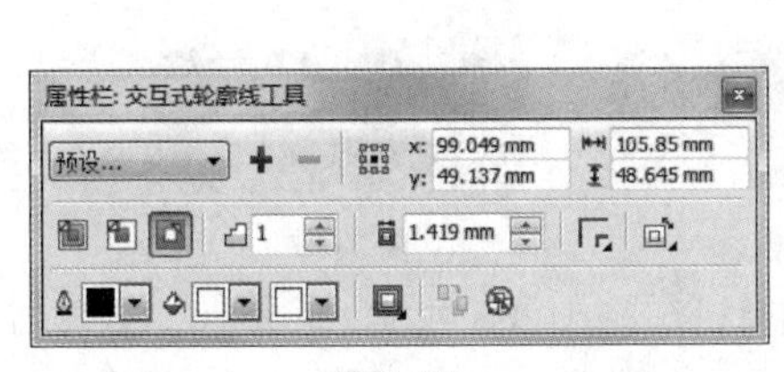

图 3-27

图 3-28

（9）选择“阴影”工具，在文字对象中由上至下拖曳光标，为图片添加阴影效果，在属性栏中的设置如图 3-29 所示，按 Enter 键，效果如图 3-30 所示。

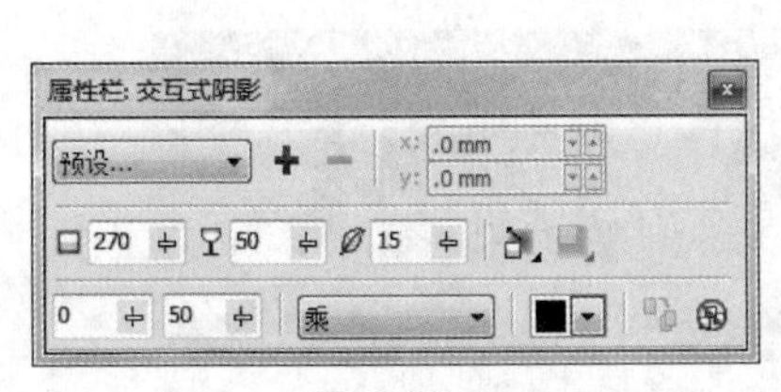

图 3-29

图 3-30

3.1.3 添加祝福性文字

（1）选择"椭圆形"工具，按住Ctrl键的同时，在适当的位置绘制一个圆形，如图3-31所示。在"CMYK调色板"中的"红"色块上单击鼠标左键，填充图形，并去除图形的轮廓线，效果如图3-32所示。

图3-31

图3-32

（2）选择"选择"工具，选取圆形，按数字键盘上的+键，复制圆形。按住Shift键的同时，水平向右拖曳复制的圆形到适当的位置，效果如图3-33所示。按住Ctrl键的同时，再连续点按D键，按需要再绘制出多个圆形，效果如图3-34所示。

图3-33

图3-34

（3）选择"文本"工具，在适当的位置输入需要的文字，选择"选择"工具，在属性栏中选取适当的字体并设置文字大小，填充文字为白色，效果如图3-35所示。选择"形状"工具，向右拖曳文字下方的图标，调整文字的间距，效果如图3-36所示。

（4）选择"文本"工具，在适当的位置分别输入需要的文字，选择"选择"工具，在属性栏中分别选取适当的字体并设置文字大小，效果如图3-37所示。

图3-35 图3-36 图3-37

（5）按Ctrl+I组合键，弹出"导入"对话框，选择云盘中的"Ch03 > 素材 > 新年贺卡正面设计 > 05.png"文件，单击"导入"按钮，在页面中单击导入图片，将其拖曳到适当的位置并调整其大小，效果如图3-38所示。

（6）新年贺卡正面制作完成，效果如图3-39所示。按Ctrl+S组合键，弹出"保存绘图"对话框，将制作好的图像命名为"新年贺卡正面"，保存为CDR格式，单击"保存"按钮，保存图像。

图3-38

图3-39

3.2 新年贺卡背面设计

案例学习目标

在 Photoshop 中，使用添加定义图案命令和图层控制面板制作贺卡背面底图；在 CorelDRAW 中，使用文本工具和调和工具添加并编辑文字制作祝福语。

案例知识要点

在 Photoshop 中，使用渐变工具绘制背景，使用移动工具、定义图案命令、图案填充调整层、图层混合模式和不透明度选项制作纹理；在 CorelDRAW 中，使用文本工具添加祝福语，使用阴影工具为文字添加阴影效果，使用手绘工具、轮廓笔对话框制作虚线效果。

效果所在位置

云盘 /Ch03/ 效果 / 新年贺卡背面设计 / 新年贺卡背面 .cdr，如图 3-40 所示。

图 3-40

Photoshop 应用

3.2.1 绘制贺卡背面底图

（1）打开 Photoshop CS6 软件，按 Ctrl + N 组合键，新建一个文件，宽度为 20 厘米，高度为 10 厘米，分辨率为 150 像素 / 英寸，颜色模式为 RGB，背景内容为白色，单击“确定”按钮。

（2）选择“渐变”工具，单击属性栏中的“点按可编辑渐变”按钮，弹出“渐变编辑器”对话框，在“位置”选项中分别输入 0、62 两个位置点，分别设置两个位置点颜色的 RGB 值为 0（255、0、0）、62（173、

0、0），如图 3-41 所示，单击“确定”按钮。选中属性栏中的“径向渐变”按钮，按住 Shift 键的同时，在图像窗口中从中心向右侧拖曳渐变色，松开鼠标，效果如图 3-42 所示。

（3）按 Ctrl+O 组合键，打开云盘中的“Ch03 > 素材 > 新年贺卡背面设计 > 01.png”文件。选择“移动”工具，将“01”图像拖曳到新建的文件中，效果如图 3-43 所示，在“图层”控制面板中生成新的图层。单击“背景”图层左侧的眼睛图标，隐藏该图层，如图 3-44 所示。

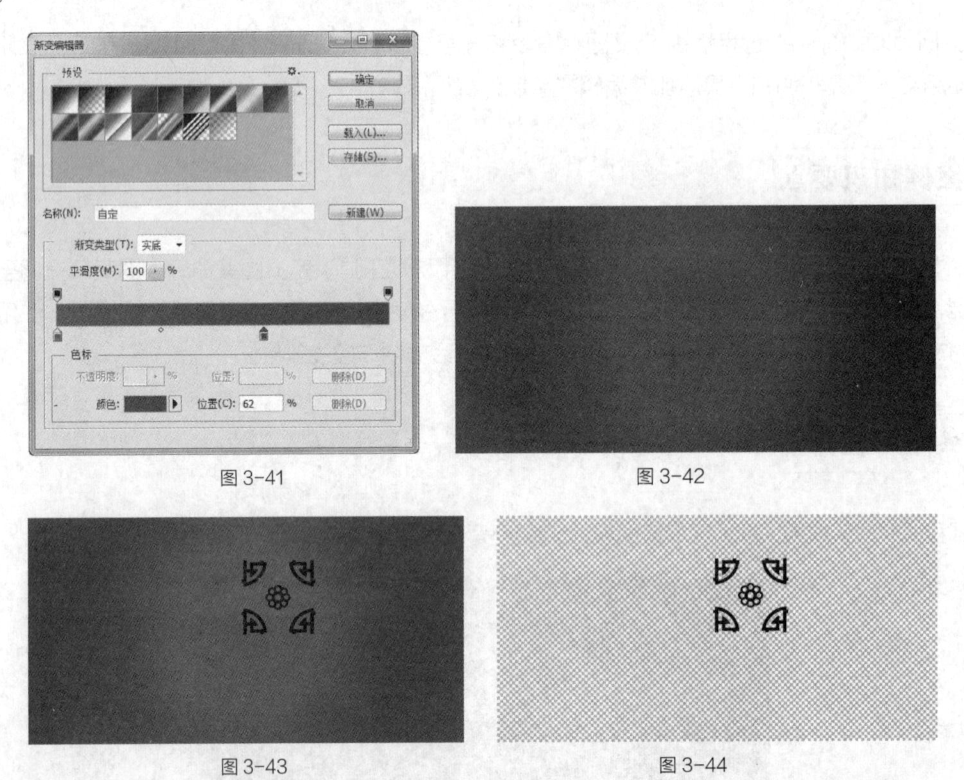

图 3-41　　图 3-42

图 3-43　　图 3-44

（4）选择“矩形选框”工具，在图像周围绘制选区，如图 3-45 所示。选择“编辑 > 定义图案”命令，在弹出的对话框中进行设置，如图 3-46 所示，单击“确定”按钮，定义图案。按 Delete 键，删除选区中的图像。按 Ctrl+D 组合键，取消选区。

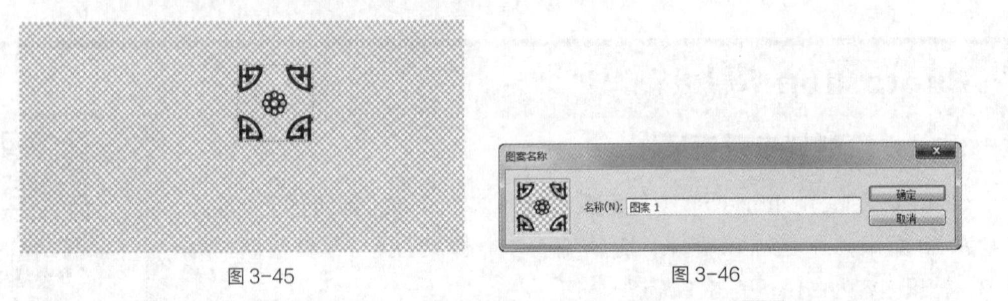

图 3-45　　图 3-46

（5）单击“图层”控制面板下方的“创建新的填充或调整图层”按钮，在弹出的菜单中选择“图案填充”命令，在“图层”控制面板中生成“图案填充 1”图层，同时弹出“图案填充”对话框，选择新定义的图案，设置如图 3-47 所示，单击“确定”按钮，效果如图 3-48 所示。

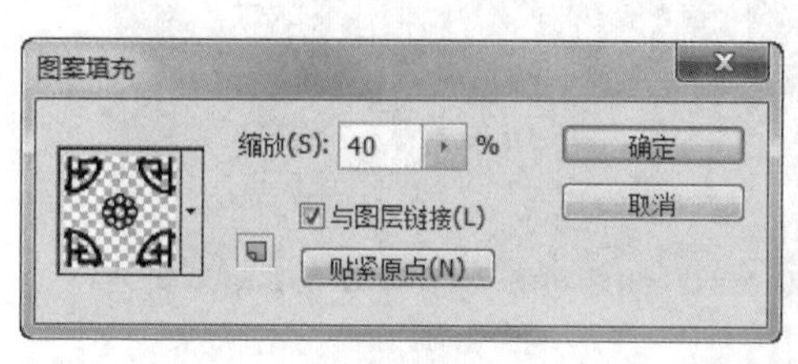

图 3-47

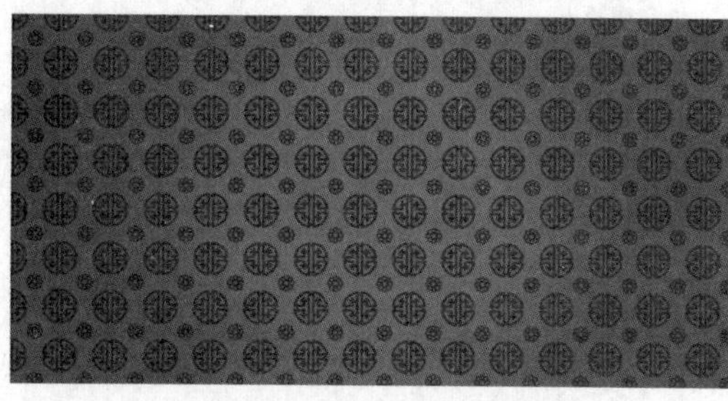

图 3-48

（6）在“图层”控制面板上方，将“图案填充 1”图层的混合模式选项设为“正片叠底”，“不透明度”选项设为 5%，如图 3-49 所示，按 Enter 键确认操作，效果如图 3-50 所示。

图 3-49

图 3-50

（7）新年贺卡背面底图制作完成。按 Shift+Ctrl+E 组合键，合并可见图层。按 Ctrl+S 组合键，弹出“存储为”对话框，将其命名为“新年贺卡背面底图”，保存为 JPEG 格式，单击“保存”按钮，弹出“JPEG 选项”对话框，单击“确定”按钮，将图像保存。

CorelDRAW 应用

3.2.2 添加并编辑祝福性文字

（1）打开 CorelDRAW X6 软件，按 Ctrl+N 组合键，新建一个页面。在属性栏中的“页面度量”选项中分别设置宽度为 200mm，高度为 100mm，按 Enter 键，页面尺寸显示为设置的大小。

（2）按 Ctrl+I 组合键，弹出“导入”对话框，选择云盘中的“Ch03 > 效果 > 新年贺卡背面设计 > 新年贺卡背面底图 .jpg”文件，单击“导入”按钮，在页面中单击导入图片，如图 3-51 所示。按 P 键，图片在页面中居中对齐，效果如图 3-52 所示。

（3）按 Ctrl+I 组合键，弹出“导入”对话框，选择云盘中的“Ch03 > 素材 > 新年贺卡背面设计 > 02.png”文件，单击“导入”按钮，在页面中单击导入图片，将其拖曳到适当的位置并调整其大小，效果如图 3-53 所示。选择“排列 > 对齐和分布 > 在页面水平居中”命令，图片在页面中水平居中对齐，效果如图 3-54 所示。

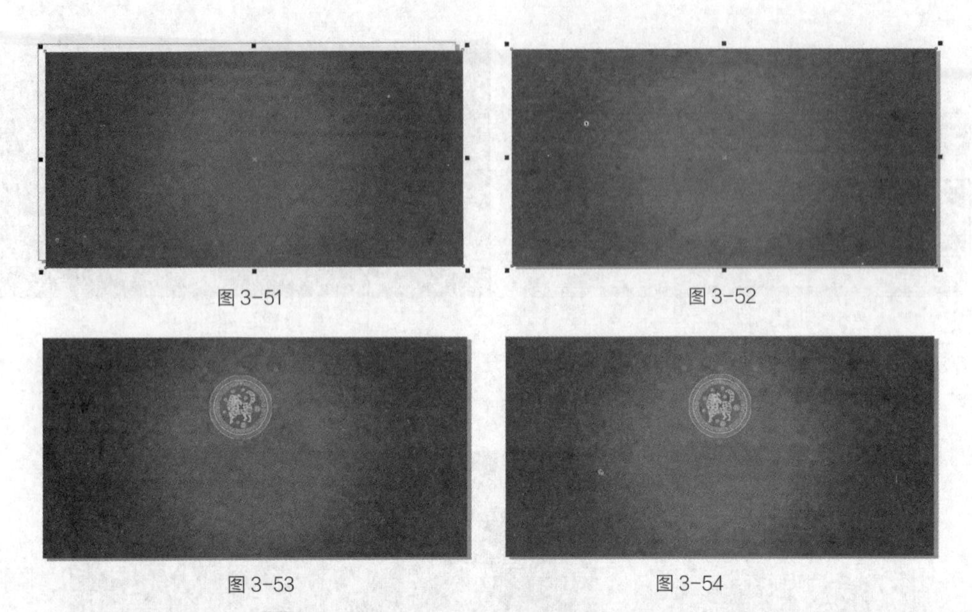

图 3-51　　图 3-52

图 3-53　　图 3-54

（4）选择“阴影”工具，在图片中由上至下拖曳光标，为图片添加阴影效果，在属性栏中的设置如图 3-55 所示，按 Enter 键，效果如图 3-56 所示。

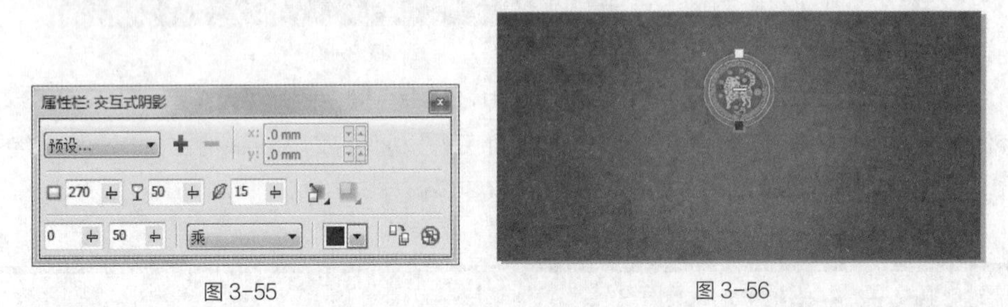

图 3-55　　图 3-56

（5）选择“文本”工具，在适当的位置分别输入需要的文字，选择“选择”工具，在属性栏中分别选取适当的字体并设置文字大小，效果如图 3-57 所示。用圈选的方法将输入的文字同时选取，选择“排列 > 对齐和分布 > 在页面水平居中”命令，文字在页面中水平居中对齐，效果如图 3-58 所示。

图 3-57　　图 3-58

（6）选择“选择”工具，按住 Shift 键的同时，选取需要的文字，设置文字颜色的 CMYK 值为 0、0、60、0，填充文字，效果如图 3-59 所示。按 Ctrl+G 组合键，将其群组，效果如图 3-60 所示。

（7）选择“阴影”工具，在文字对象中由上至下拖曳光标，为文字添加阴影效果，在属性栏中的设置如图 3-61 所示，按 Enter 键，效果如图 3-62 所示。

图 3-59

图 3-60

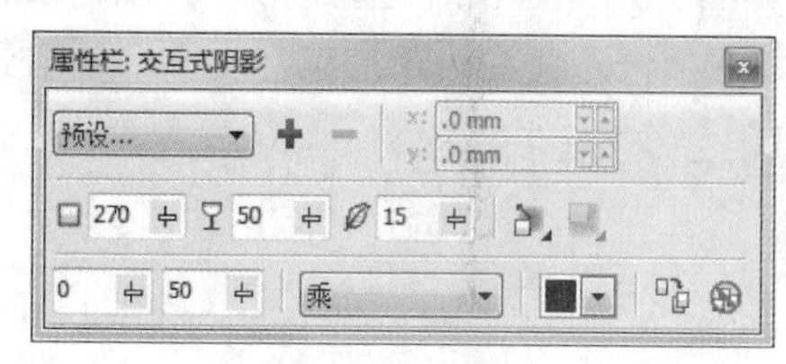

图 3-61

图 3-62

（8）选择“手绘”工具，按住 Ctrl 键的同时，在适当的位置绘制一条直线，如图 3-63 所示。按 F12 键，弹出“轮廓笔”对话框，在“颜色”选项中设置轮廓线颜色的 CMYK 值为 0、0、100、0，其他选项的设置如图 3-64 所示。单击“确定”按钮，效果如图 3-65 所示。

图 3-63

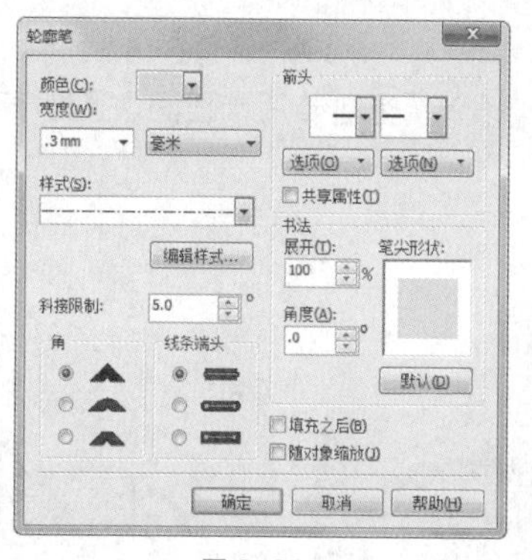

图 3-64

图 3-65

（9）新年贺卡背面制作完成，效果如图 3-66 所示。按 Ctrl+S 组合键，弹出“保存绘图”对话框，将制作好的图像命名为“新年贺卡背面”，保存为 CDR 格式，单击“保存”按钮，保存图像。

图 3-66

3.3 课后习题——圣诞节贺卡设计

习题知识要点

在 Photoshop 中，使用渐变工具制作背景效果，使用椭圆工具和高斯模糊命令制作月亮图形，使用椭圆工具和添加图层样式命令制作雪地，使用画笔工具制作雪花，使用椭圆工具和定义图案命令定义图案；在 CorelDRAW 中，使用贝塞尔工具、椭圆工具、星形工具、造形工具和调和工具制作雪人和圣诞老人，使用贝塞尔工具、文本工具和使文本适合路径命令添加路径文字，使用文本工具和形状工具添加祝福语，使用多边形工具、矩形工具和合并按钮制作松树。

素材所在位置

云盘 /Ch03/ 素材 / 圣诞节贺卡设计 /01~03。

效果所在位置

云盘 /Ch03/ 效果 / 圣诞节贺卡设计 / 圣诞节贺卡正面、圣诞节贺卡背面 .cdr，如图 3-67 所示。

图 3-67

04 第4章 电商设计

本章介绍

电商设计是平面设计和网页设计的结合体。电商设计目前更多的是对淘宝等店铺相关的设计，包括店面装修、产品详情页设计及 banner 设计等。店铺首页的 banner 相当于实体店铺中的橱窗展示，主要用于品牌宣传、新品上架、单品推广或者活动促销。banner 位于网店导航条下方，占用面积较大，视觉冲击力强，能够激发买家的购物欲望。本章以女鞋 banner 设计为例，讲解电商设计的方法和制作技巧。

学习目标

- ✔ 掌握 banner 的设计思路和过程。
- ✔ 掌握 banner 的制作方法和技巧。

技能目标

- ✱ 掌握“女鞋 banner”的制作方法。
- ✱ 掌握“榨汁机 banner”的制作方法。

4.1 女鞋 banner 设计

扫码观看
扩展案例

案例学习目标

在 Photoshop 中，学习使用图层控制面板、渐变工具、绘图工具和调整图层命令制作 banner 底图；在 CorelDRAW 中，学习使用文本工具、绘图工具和填充工具添加优惠信息。

案例知识要点

在 Photoshop 中，使用矩形工具绘制形状图形，使用添加图层蒙版按钮和渐变工具制作图片渐隐效果，使用亮度 / 对比度命令和色阶命令调整图片的色调；在 CorelDRAW 中，使用文本工具、文本属性面板和填充工具添加标题文字，使用椭圆形工具、矩形工具、合并命令和文本工具添加特惠标签，使用矩形工具、转角半径选项制作了解详情按钮。

效果所在位置

云盘 /Ch04/ 效果 / 女鞋 banner 设计 / 女鞋 banner.cdr，如图 4-1 所示。

图 4-1

Photoshop 应用

4.1.1 制作 banner 底图

扫码观看
本案例视频

（1）打开 Photoshop CS6 软件，按 Ctrl+O 组合键，打开云盘中的 “Ch04 > 素材 > 女鞋 banner 设计 > 01.jpg” 文件，效果如图 4-2 所示。

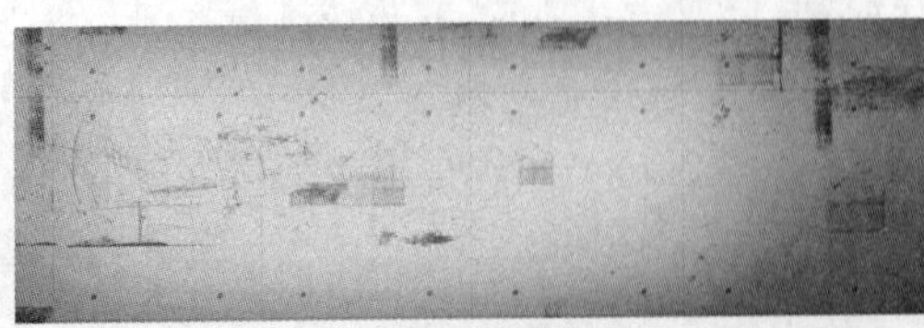

图 4-2

（2）选择“矩形”工具，在属性栏的“选择工具模式”选项中选择“形状”，将“填充”颜色设为灰色（其R、G、B的值分别为113、179、151），“描边”颜色设为无，在图像窗口中拖曳鼠标绘制一个矩形，效果如图4-3所示，在“图层”控制面板中生成新的形状图层并将其命名为“矩形1”。

（3）按Ctrl+O组合键，打开云盘中的“Ch04 > 素材 > 女鞋banner设计 > 02.png、03.png”文件。选择“移动”工具，分别将图片拖曳到图像窗口中适当的位置，效果如图4-4所示，在“图层”控制面板中分别生成新的图层并将其命名为“台子”“蓝色鞋”，如图4-5所示。

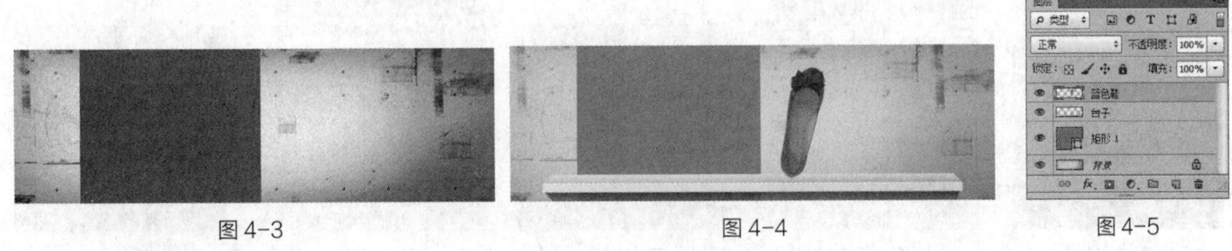

图4-3　　图4-4　　图4-5

（4）按住Ctrl键的同时，单击“蓝色鞋”图层的缩览图，图像周围生成选区，如图4-6所示。新建图层并将其命名为“剪影”。将前景色设为黑色。按Alt+Delete组合键，用前景色填充选区，按Ctrl+D组合键，取消选区，效果如图4-7所示。

（5）在“图层”控制面板上方，将“剪影”图层的“不透明度”选项设为50%，如图4-8所示，图像效果如图4-9所示。

（6）单击“图层”控制面板下方的“添加图层蒙版”按钮，为“剪影”图层添加图层蒙版，如图4-10所示。选择“渐变”工具，单击属性栏中的“点按可编辑渐变”按钮，弹出“渐变编辑器”对话框，将渐变色设为黑色到白色，单击“确定”按钮。在图像窗口中拖曳光标填充渐变色，松开鼠标左键，效果如图4-11所示。

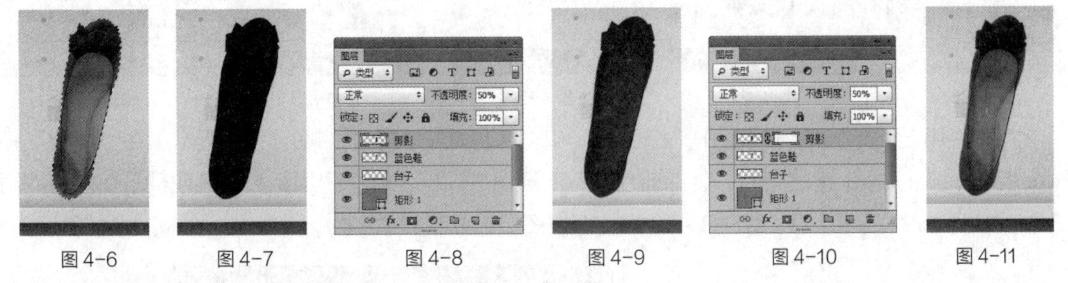

图4-6　　图4-7　　图4-8　　图4-9　　图4-10　　图4-11

（7）选择“椭圆选框”工具，在图像窗口中绘制椭圆选区，如图4-12所示。按Shift+F6组合键，弹出“羽化选区”对话框，选项的设置如图4-13所示，单击“确定”按钮，效果如图4-14所示。

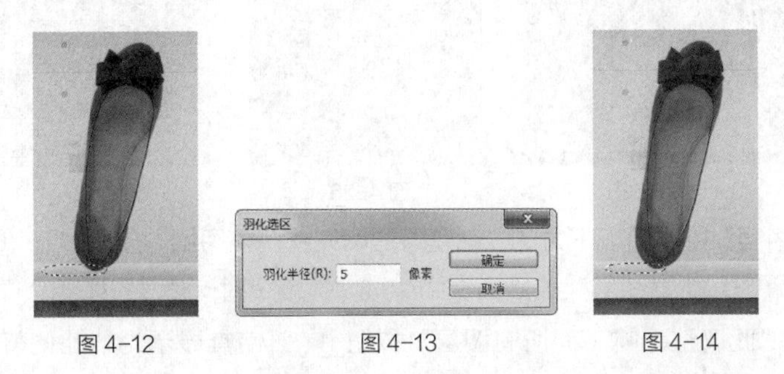

图4-12　　图4-13　　图4-14

（8）新建图层并将其命名为“阴影 1”。按 Alt+Delete 组合键，用前景色填充选区，按 Ctrl+D 组合键，取消选区，效果如图 4-15 所示。

（9）在“图层”控制面板上方，将“阴影 1”图层的“不透明度”选项设为 50%，如图 4-16 所示，图像效果如图 4-17 所示。

（10）单击“图层”控制面板下方的“添加图层蒙版”按钮，为“阴影 1”图层添加图层蒙版，如图 4-18 所示。选择“渐变”工具，在图像窗口中拖曳光标填充渐变色，松开鼠标左键，效果如图 4-19 所示。

图 4-15

图 4-16

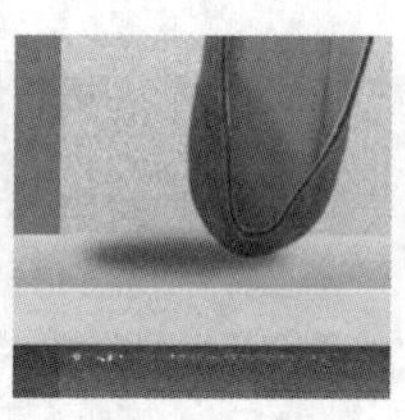
图 4-17

图 4-18

图 4-19

（11）在“图层”控制面板中，将“阴影 1”图层拖曳到“蓝色鞋”图层的下方，如图 4-20 所示，图像效果如图 4-21 所示。用相同的方法制作“阴影 2”，效果如图 4-22 所示。

（12）在“图层”控制面板中，按住 Shift 键的同时，将“剪影”图层和“阴影 1”图层及其之间的所有图层同时选取，如图 4-23 所示。按 Ctrl+G 组合键，编组图层并将其命名为“蓝色鞋”，如图 4-24 所示。

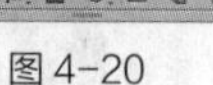
图 4-20

图 4-21

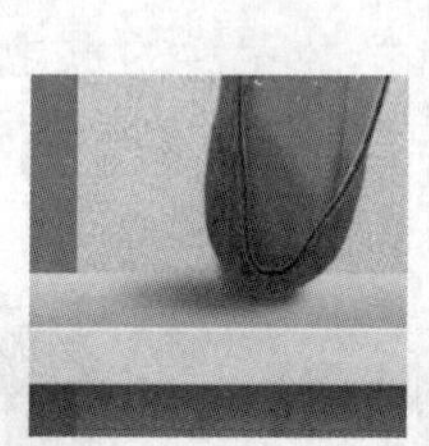
图 4-22

图 4-23

图 4-24

（13）用上述相同的方法制作“棕色鞋”和“红色鞋”，效果如图 4-25 所示。在“图层”控制面板中，按住 Shift 键的同时，将“蓝色鞋”图层组、“棕色鞋”图层组和“红色鞋”图层组同时选取，如图 4-26 所示。按 Ctrl+G 组合键，编组图层组并将其命名为“产品”，如图 4-27 所示。

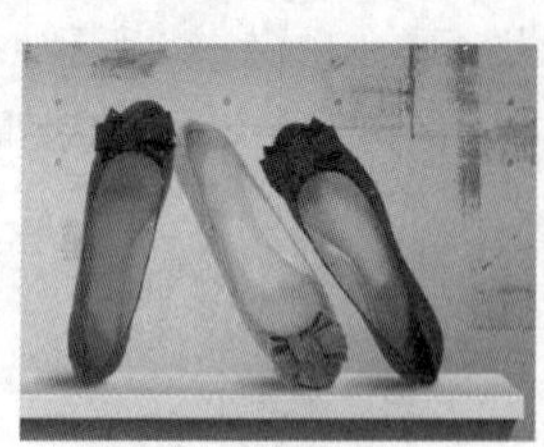
图 4-25

图 4-26

图 4-27

（14）单击“图层”控制面板下方的“创建新的填充或调整图层”按钮，在弹出的菜单中选择“亮度 / 对比度”命令，在“图层”控制面板中生成“亮度 / 对比度 1”图层，同时弹出“亮度 / 对比度”面板，单击“此调整影响下面所有图层”按钮，使其显示为“此调整剪切到此图层”按钮，其他选项设置如图 4–28 所示，按 Enter 键确定操作，图像效果如图 4–29 所示。

（15）单击“图层”控制面板下方的“创建新的填充或调整图层”按钮，在弹出的菜单中选择“色阶”命令，在“图层”控制面板中生成“色阶 1”图层，同时弹出“色阶”面板，单击“此调整影响下面所有图层”按钮，使其显示为“此调整剪切到此图层”按钮，其他选项设置如图 4–30 所示，按 Enter 键确定操作，图像效果如图 4–31 所示。

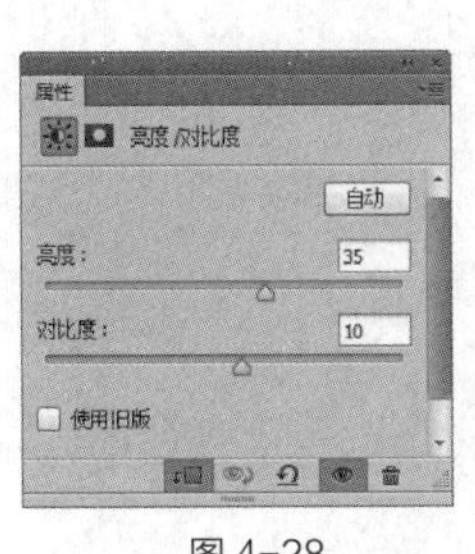

图 4–28

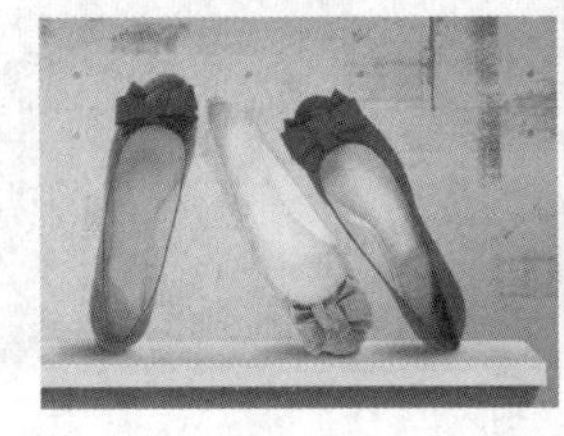

图 4–29

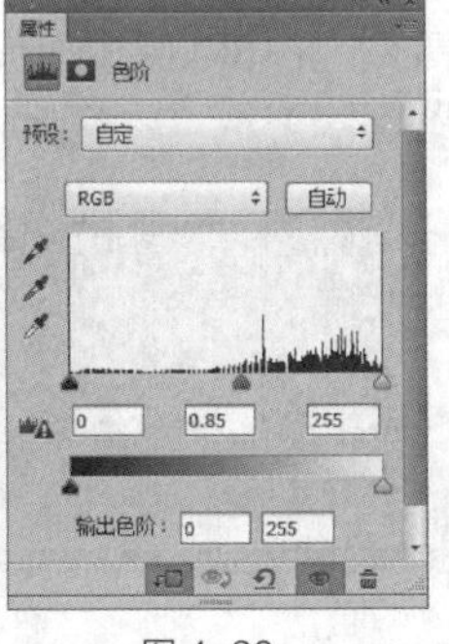

图 4–30

图 4–31

（16）按 Ctrl+O 组合键，打开云盘中的“Ch04 > 素材 > 女鞋 banner 设计 > 06.png”文件。选择“移动”工具，将图片拖曳到图像窗口中适当的位置，效果如图 4–32 所示，在“图层”控制面板中生成新的图层并将其命名为“装饰”。

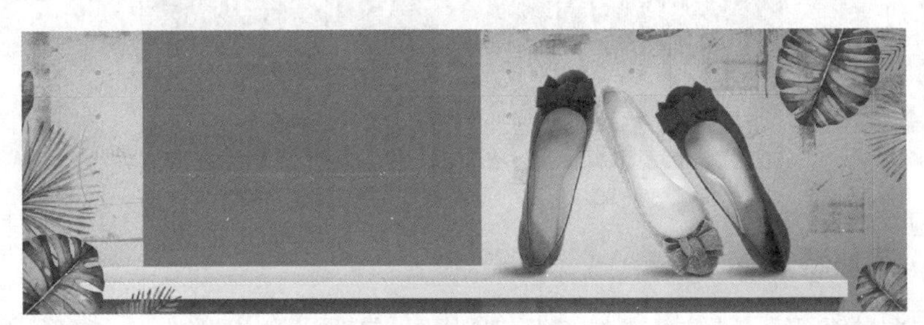

图 4–32

（17）按 Shift+Ctrl+E 组合键，合并可见图层。按 Ctrl+S 组合键，弹出“存储为”对话框，将其命名为“女鞋 banner 底图”，保存为 JPEG 格式，单击“保存”按钮，弹出“JPEG 选项”对话框，单击“确定”按钮，将图像保存。

CorelDRAW 应用

4.1.2 添加标题文字

扫码观看
本案例视频

（1）打开 CorelDRAW X6 软件，按 Ctrl+N 组合键，弹出“创建新文档”对话框，设置文档的宽度为 1920 像素，高度为 600 像素，原色模式为 RGB，单击“确定”按钮，新建一个文档。

（2）按 Ctrl+I 组合键，弹出“导入”对话框，选择云盘中的“Ch04 > 效果 > 女鞋 banner 设计 > 女鞋 banner 底图 .jpg”文件，单击“导入”按钮。在页面中单击导入图片，如图 4–33 所示。按 P 键，图片在页面中居中对齐，效果如图 4–34 所示。

图4-33　　图4-34

（3）选择“文本”工具字，在页面中分别输入需要的文字。选择“选择”工具，在属性栏中分别选择合适的字体并设置文字大小，填充文字为白色，效果如图4-35所示。

图4-35

（4）选择“文本”工具字，选取文字“精致女鞋”，在属性栏中选择合适的字体，效果如图4-36所示。设置文字颜色的RGB值为252、207、12，填充文字，效果如图4-37所示。

图4-36　　图4-37

4.1.3　添加特惠标签

（1）选择“椭圆形”工具，按住Ctrl键的同时，在适当的位置绘制一个圆形，如图4-38所示。选择“矩形”工具，在适当的位置绘制一个矩形，如图4-39所示。

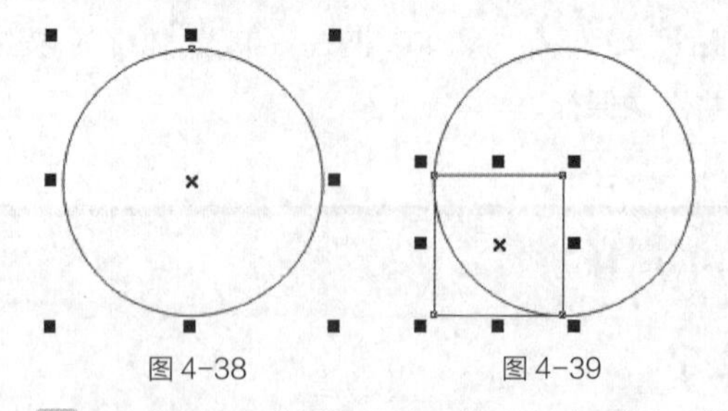

图4-38　　图4-39

扫码观看
本案例视频

（2）选择“选择”工具，按住Shift键的同时，单击下方圆形，将圆形与矩形同时选取，如图4-40所示，单击属性栏中的“合并”按钮，合并图形，效果如图4-41所示。设置图形颜色的RGB值为240、133、25，填充图形，并去除图形的轮廓线，效果如图4-42所示。

（3）按数字键盘上的+键，复制图形。选择“选择”工具，微调图形到适当的位置，设置图形颜色的RGB值为252、207、12，填充图形，效果如图4-43所示。

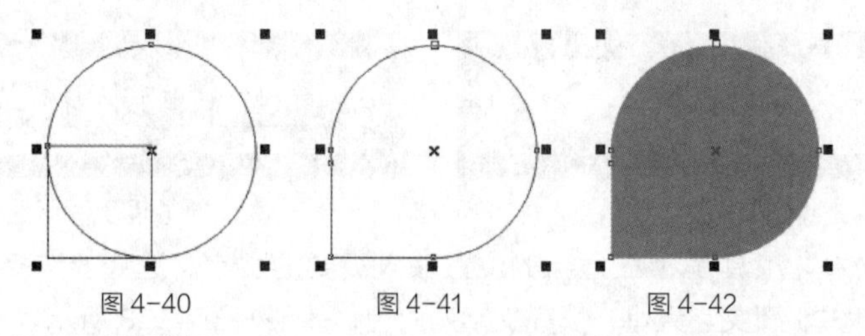

图 4-40　　图 4-41　　图 4-42

（4）选择“文本”工具字，在适当的位置分别输入需要的文字。选择“选择”工具，在属性栏中分别选择合适的字体并设置文字大小，效果如图 4-44 所示。按住 Shift 键的同时，将输入的文字同时选取，设置文字颜色的 RGB 值为 111、180、151，填充文字，效果如图 4-45 所示。

图 4-43　　图 4-44　　图 4-45

（5）选取文字“新品特惠中”，选择“文本 > 文本属性”命令，在弹出的“文本属性”面板中进行设置，如图 4-46 所示；按 Enter 键，效果如图 4-47 所示。选择“文本”工具字，选取文字“新品”，在属性栏中设置文字大小，效果如图 4-48 所示。

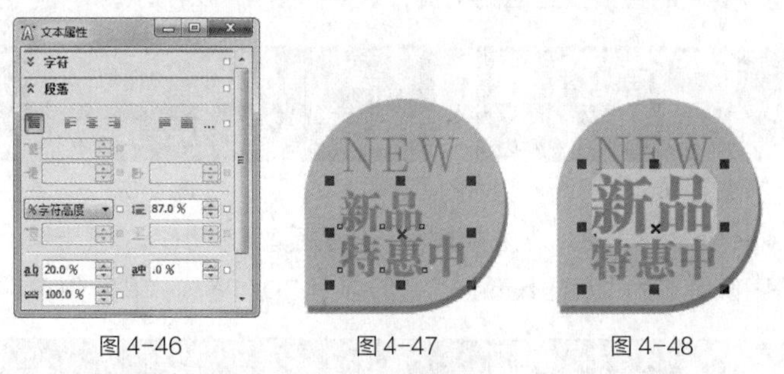

图 4-46　　图 4-47　　图 4-48

（6）选择“选择”工具，用圈选的方法将所有图形和文字全部选取，按 Ctrl+G 组合键，将其群组，拖曳群组图形到页面中适当的位置，效果如图 4-49 所示。

（7）选择“矩形”工具，在适当的位置绘制一个矩形，设置图形颜色的 RGB 值为 238、238、239，填充图形，并去除图形的轮廓线，效果如图 4-50 所示。

图 4-49　　图 4-50

（8）在属性栏中将“转角半径”选项均设为 8 像素，按 Enter 键，效果如图 4-51 所示。选择“文本”工具字，在适当的位置输入需要的文字。选择“选择”工具，在属性栏中选择合适的字体并设置文字大小。设置文字颜色的 RGB 值为 111、180、151，填充文字，效果如图 4-52 所示。

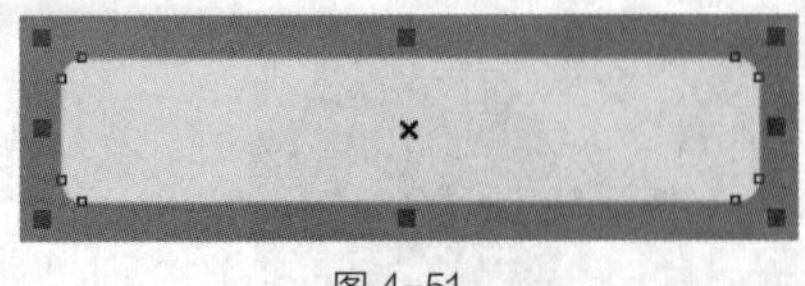
图 4-51

图 4-52

（9）选择“文本”工具字，在适当的位置输入需要的文字。选择“选择”工具，在属性栏中选择合适的字体并设置文字大小，填充文字为白色，效果如图 4-53 所示。在“文本属性”面板中进行设置，如图 4-54 所示；按 Enter 键，效果如图 4-55 所示。

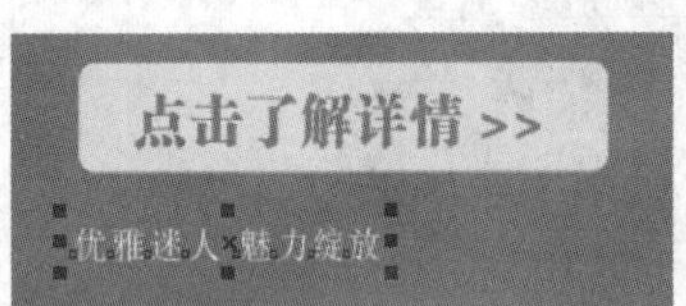

图 4-53

图 4-54

图 4-55

（10）选择“手绘”工具，按住 Ctrl 键的同时，在适当的位置绘制一条直线，设置轮廓线为白色，效果如图 4-56 所示。按数字键盘上的 + 键，复制直线。选择“选择”工具，按住 Shift 键的同时，水平向右拖曳复制的直线到适当的位置，效果如图 4-57 所示。

图 4-56

图 4-57

（11）女鞋 banner 设计完成，效果如图 4-58 所示。按 Ctrl+S 组合键，弹出“保存图形”对话框，将制作好的图像命名为“女鞋 banner”，保存为 CDR 格式，单击“保存”按钮，将图像保存。

图 4-58

4.2 课后习题——榨汁机 banner 设计

习题知识要点

在 Photoshop 中，使用高斯模糊滤镜命令制作图片的模糊效果，使用添加图层蒙版按钮和画笔工具制作图片的融合效果，使用投影命令为产品图片添加投影效果；使用色阶命令调整图片颜色；在 CorelDRAW 中，使用文本工具、文本属性面板和填充工具添加标题文字，使用多边形工具、形状工具、椭圆形工具和文本工具制作功能展示标签，使用矩形工具、转角半径选项和文本工具制作详情信息和购买按钮。

素材所在位置

云盘 /Ch04/ 素材 / 榨汁机 banner 设计 /01~03。

效果所在位置

云盘 /Ch04/ 效果 / 榨汁机 banner 设计 / 榨汁机 banner.cdr，如图 4-59 所示。

图 4-59

05 第5章 宣传单设计

本章介绍

宣传单是直销广告的一种，对宣传活动和促销商品有着重要的作用。宣传单通过派送、邮递等形式，可以有效地将信息传送给目标受众。众多的企业和商家都希望通过宣传单来宣传自己的产品，传播自己的企业文化。本章以商场宣传单设计为例，讲解宣传单的设计方法和制作技巧。

学习目标

- 掌握宣传单的设计思路和过程。
- 掌握宣传单的制作方法和技巧。

技能目标

- 掌握“商场宣传单”的制作方法。
- 掌握“钻戒宣传单”的制作方法。

5.1 商场宣传单设计

扫码观看
扩展案例

案例学习目标

在 Photoshop 中，学习使用图层控制面板调整图像；在 CorelDRAW 中，学习使用文本工具、绘制工具和填充工具制作宣传文字，使用绘图工具和立体化工具制作主体文字。

案例知识要点

在 Photoshop 中，使用添加图层蒙版命令、多边形套索工具和画笔工具擦除不需要的图像，使用钢笔工具绘制形状图形；在 CorelDRAW 中，使用文本工具、文本属性泊坞窗、渐变工具和立体化工具制作宣传语，使用旋转工具和倾斜工具制作文字的倾斜效果，使用矩形工具、转换为曲线命令和形状工具制作装饰三角形。

效果所在位置

云盘 /Ch05/ 效果 / 商场宣传单设计 / 商场宣传单 .cdr，如图 5-1 所示。

图 5-1

Photoshop 应用

5.1.1 制作背景效果

扫码观看
本案例视频

（1）打开 Photoshop CS6 软件，按 Ctrl+N 组合键，新建一个文件，宽度为 60 厘米，高度为 80 厘米，分辨率为 300 像素 / 英寸，颜色模式为 RGB，背景内容为白色。将前景色设为桔黄色（其 R、G、B 值分别为 255、186、0），按 Alt+Delete 组合键，用前景色填充“背景”图层，效果如图 5-2 所示。

（2）按 Ctrl+O 组合键，打开云盘中的“Ch05 > 素材 > 商场宣传单设计 > 01.jpg”文件，选择“移动”工具，将图片拖曳到图像窗口中适当的位置，如图 5-3 所示。在“图层”控制面板中生成新的图层并将其命名为“底图”。

（3）单击“图层”控制面板下方的“添加图层蒙版”按钮，为图层添加蒙版，如图 5-4 所示。将前景色设为黑色。选择“多边形套索”工具，在图像窗口中绘制多边形选区，如图 5-5 所示。按 Alt+Delete 组合键，用前景色填充蒙版。按 Ctrl+D 组合键，取消选区，效果如图 5-6 所示。

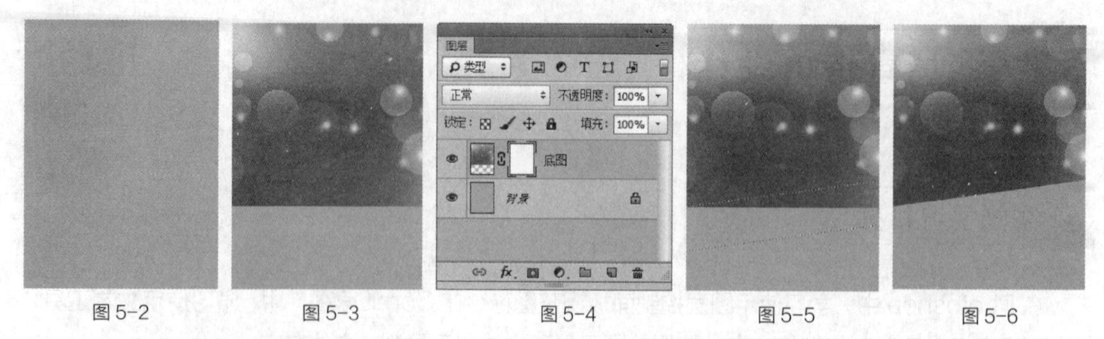

图 5-2　　图 5-3　　图 5-4　　图 5-5　　图 5-6

（4）在“图层”控制面板上方，将“底图”图层的“不透明度”选项设为78%，如图5-7所示，按Enter键，效果如图5-8所示。

（5）按Ctrl + O组合键，打开云盘中的“Ch05 > 素材 > 商场宣传单设计 > 02.png”文件，选择“移动”工具，将图片拖曳到图像窗口的适当位置，并调整其大小，效果如图5-9所示，在“图层”控制面板中生成新图层并将其命名为“云1”。在控制面板上方，将该图层的“不透明度”选项设为68%，如图5-10所示，按Enter键，效果如图5-11所示。

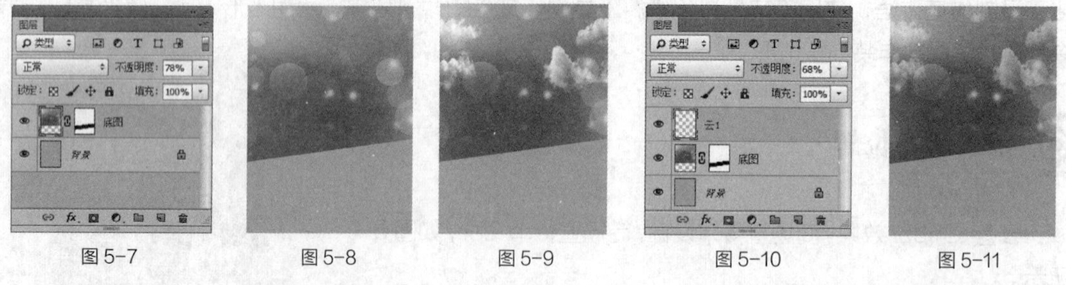

图 5-7　　图 5-8　　图 5-9　　图 5-10　　图 5-11

（6）按Ctrl + O组合键，打开云盘中的“Ch05 > 素材 > 商场宣传单设计 > 03.png”文件，选择“移动”工具，将图片拖曳到图像窗口的适当位置，并调整其大小，效果如图5-12所示，在“图层”控制面板中生成新图层并将其命名为“云2”。

（7）单击“图层”控制面板下方的“添加图层蒙版”按钮，为图层添加蒙版。选择“画笔”工具，在属性栏中单击“画笔”选项右侧的按钮，在弹出的面板中选择需要的画笔形状，将“大小”选项设为400像素，如图5-13所示，在图像窗口中拖曳鼠标擦除不需要的图像，效果如图5-14所示。

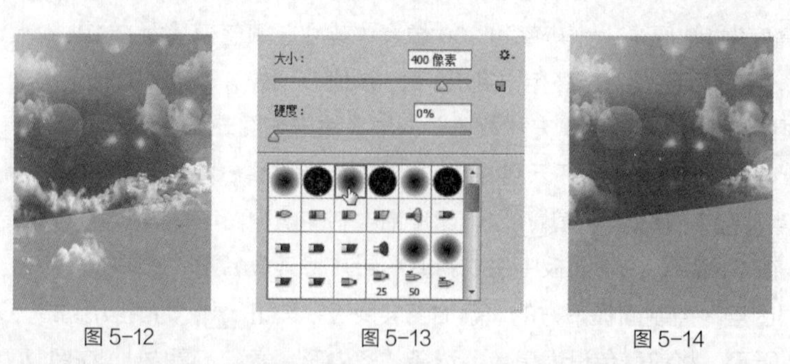

图 5-12　　图 5-13　　图 5-14

（8）按Ctrl + O组合键，打开云盘中的“Ch05 > 素材 > 商场宣传单设计 > 04.png”文件，选择“移动”工具，将图片拖曳到图像窗口的适当位置，并调整其大小，效果如图5-15所示，在“图层”控制面板中生成新图层并将其命名为“主体”。

（9）将前景色设为粉红色（其R、G、B的值分别为240、112、93）。选择“钢笔”工具，在属性栏的“选择工具模式”选项中选择“形状”，在图像窗口中绘制形状，如图5-16所示，在“图层”控制面板中生成新的图层。用相同的方法再绘制一个暗红色（其R、G、B的值分别为146、27、41）形状，效果如图5-17所示。

图5-15

图5-16

图5-17

（10）按Shift+Ctrl+E组合键，合并可见图层。按Ctrl+S组合键，弹出“存储为”对话框，将其命名为“商场宣传单底图”，保存为JPEG格式，单击“保存”按钮，弹出“JPEG选项”对话框，单击“确定”按钮，将图像保存。

CorelDRAW 应用

5.1.2 制作宣传语

（1）打开CorelDRAW X6软件，按Ctrl+N组合键，新建一个页面。在属性栏的“页面度量”选项中分别设置宽度为600mm，高度为800mm，按Enter键，页面显示为设置的大小。按Ctrl+I组合键，弹出“导入”对话框，打开云盘中的“Ch05 > 效果 > 商场宣传单设计 > 商场宣传单底图.jpg”文件，单击“导入”按钮，在页面中单击导入图片。按P键，图片居中对齐页面，效果如图5-18所示。

扫码观看
本案例视频

（2）选择“文本”工具字，在页面中分别输入需要的文字，选择“选择”工具，在属性栏中分别选取适当的字体并设置文字大小，效果如图5-19所示。

（3）选择“选择”工具，选取需要的文字。按Ctrl+T组合键，弹出“文本属性”面板，选项的设置如图5-20所示，按Enter键，效果如图5-21所示。

图5-18

图5-19

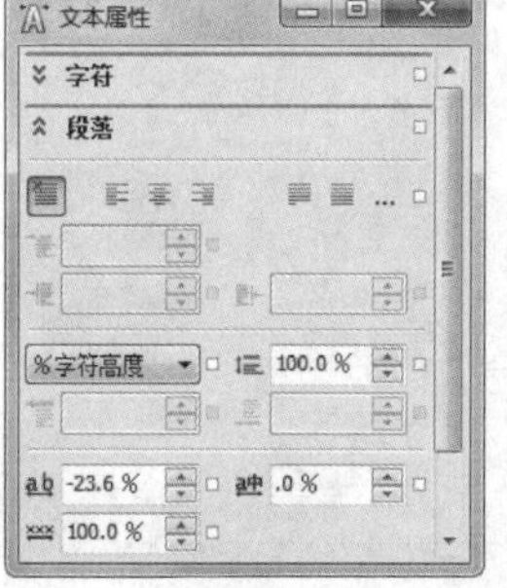

图5-20

缤纷
选购
图5-21

（4）选择“选择”工具，选取需要的文字。在“文本属性”面板中进行设置，如图5-22所示，按Enter键，效果如图5-23所示。

（5）选择“文本”工具，在页面中分别输入需要的文字，选择“选择”工具，在属性栏中分别选取适当的字体并设置文字大小，效果如图5-24所示。用圈选的方法将需要的文字同时选取，单击属性栏中的“将文本更改为垂直方向”按钮，垂直排列文字，并将其拖曳到适当的位置，效果如图5-25所示。

图5-22

图5-23

图5-24

图5-25

（6）用圈选的方法将需要的文字同时选取，如图5-26所示。单击使其处于旋转状态，向上拖曳右侧中间的控制手柄到适当的位置，如图5-27所示。再次单击使其处于选取状态，选择“排列 > 造形 > 合并”命令，合并文字，效果如图5-28所示。

图5-26

图5-27

图5-28

（7）按F11键，弹出“渐变填充”对话框，点选“双色”单选项，将“从”选项颜色的CMYK值设为0、80、100、0，“到”选项颜色的CMYK值设为0、4、74、0，其他选项的设置如图5-29所示，单击“确定”按钮，填充文字，效果如图5-30所示。

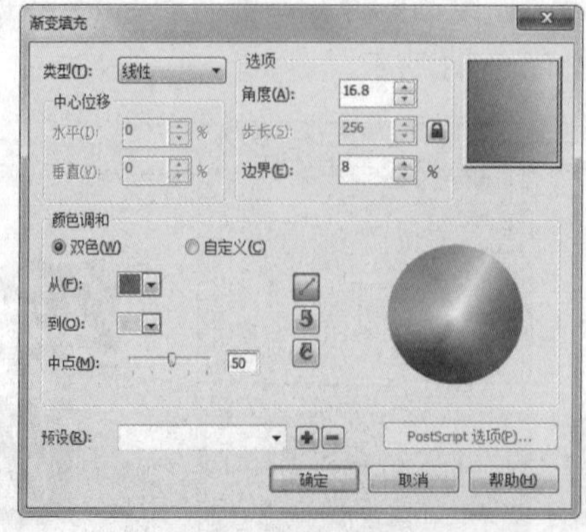

图5-29

图5-30

（8）选择“立体化”工具，鼠标的光标变为，在图形上从中心至下方拖曳鼠标，为文字添加立体化效果。在属性栏中单击“立体化颜色”按钮，在弹出的面板中单击“使用递减的颜色”按钮，将“从”选项颜色的 CMYK 值设为 0、100、100、0，“到”选项颜色的 CMYK 值设为 0、0、0、100，其他选项的设置如图 5-31 所示，按 Enter 键，效果如图 5-32 所示。选择“选择”工具，将其拖曳到页面中适当的位置，如图 5-33 所示。

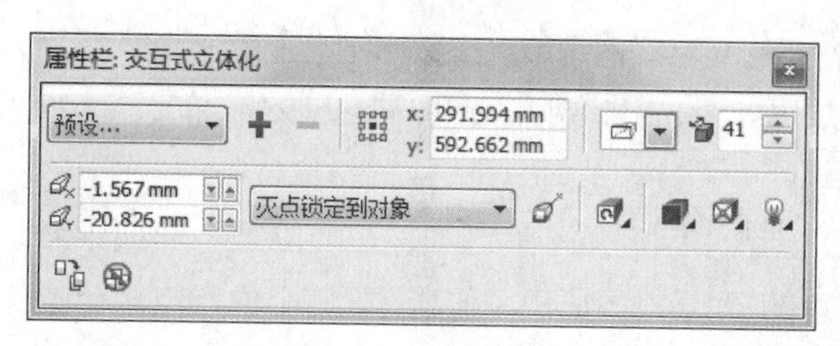

图 5-31

图 5-32

图 5-33

（9）选择“文本”工具，在页面中分别输入需要的文字，选择“选择”工具，在属性栏中分别选取适当的字体并设置文字大小，效果如图 5-34 所示。用圈选的方法选取需要的文字，设置文字颜色的 CMYK 值为 0、100、100、10，填充文字，效果如图 5-35 所示。选取下方的文字，设置文字颜色的 CMYK 值为 0、20、100、0，填充文字，效果如图 5-36 所示。

图 5-34

图 5-35

图 5-36

（10）选择“选择”工具，选取需要的文字。在“文本属性”面板中，选项的设置如图 5-37 所示，按 Enter 键，效果如图 5-38 所示。

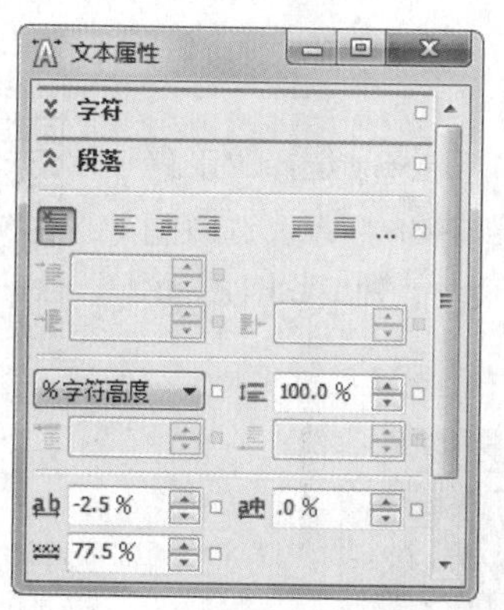

图 5-37

图 5-38

（11）选择“选择”工具，用圈选的方法将需要的文字同时选取，单击文字使其处于旋转状态，向上拖曳右侧中间的控制手柄到适当的位置，效果如图 5-39 所示。再次单击文字使其处于选取状态，并将其拖曳到适当的位置，效果如图 5-40 所示。

图 5-39

图 5-40

（12）选择“选择”工具，用圈选的方法将需要的文字同时选取，按数字键盘上的＋键，复制文字，并将其拖曳到适当的位置，填充文字为白色，效果如图 5-41 所示。选取需要的文字，如图 5-42 所示。

（13）按 F11 键，弹出“渐变填充”对话框，点选“自定义”单选项，在“位置”选项中分别添加并输入 0、50、100 三个位置点，单击右下角的“其它”按钮，分别设置三个位置点颜色的 CMYK 值为 0（0、0、89、0）、50（0、0、34、0）、100（0、0、90、0），其他选项的设置如图 5-43 所示，单击“确定”按钮，填充文字，效果如图 5-44 所示。

图 5-41

图 5-42

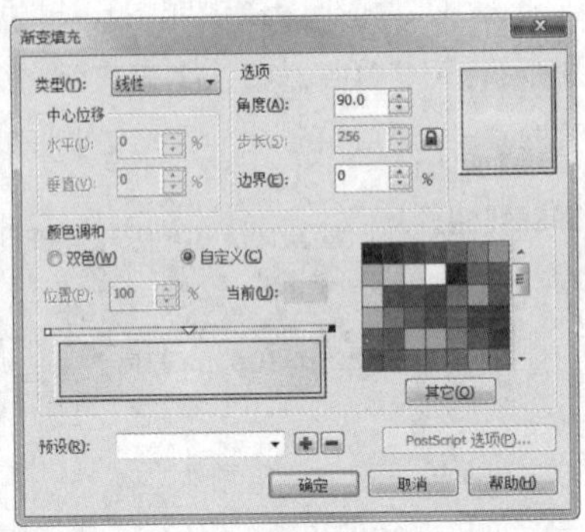

图 5-43

图 5-44

5.1.3　添加其他相关信息

扫码观看本案例视频

（1）选择“文本”工具，在页面中分别输入需要的文字，选择“选择”工具，在属性栏中分别选取适当的字体并设置文字大小，效果如图 5-45 所示。选取需要的文字，设置文字颜色的 CMYK 值为 0、100、100、10，填充文字，效果如图 5-46 所示。

图 5-45

图 5-46

（2）选择“椭圆形”工具，按住 Ctrl 键的同时，绘制一个圆形。设置图形颜色的 CMYK 值为 0、100、100、10，填充图形，并去除图形的轮廓线，如图 5-47 所示。

（3）按 Ctrl+I 组合键，弹出“导入”对话框，打开云盘中的“Ch05 > 素材 > 商场宣传单设计 > 05.png”文件，单击“导入”按钮，在页面中单击导入图片，并将其拖曳到适当的位置，效果如图 5-48 所示。

（4）选择“矩形”工具，绘制一个矩形，设置图形颜色的 CMYK 值为 0、20、100、0，填充图形，并去除图形的轮廓线，效果如图 5-49 所示。再绘制一个矩形，如图 5-50 所示。

图 5-47

图 5-48

图 5-49

图 5-50

（5）保持矩形的选取状态，单击属性栏中的“转换为曲线”按钮，将图形转换为曲线，如图 5-51 所示。选择“形状”工具，双击矩形右下角的控制点，删除不需要的节点，效果如图 5-52 所示。设置图形颜色的 CMYK 值为 0、85、100、0，填充图形，并去除图形的轮廓线，效果如图 5-53 所示。

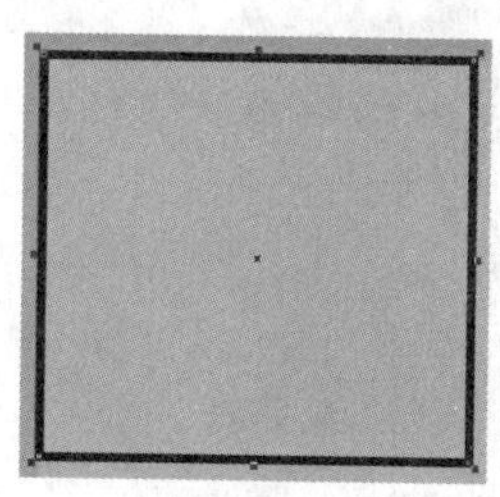

图 5-51

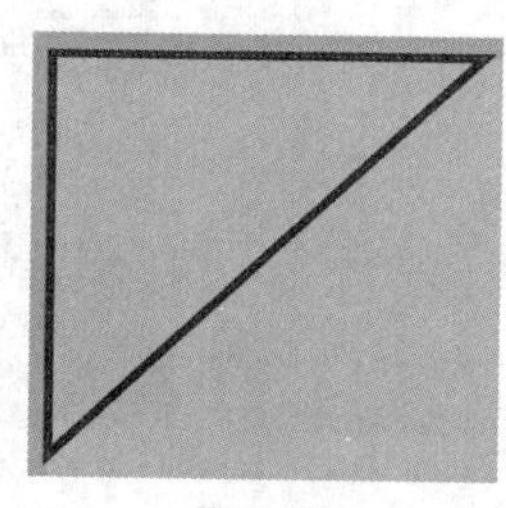

图 5-52

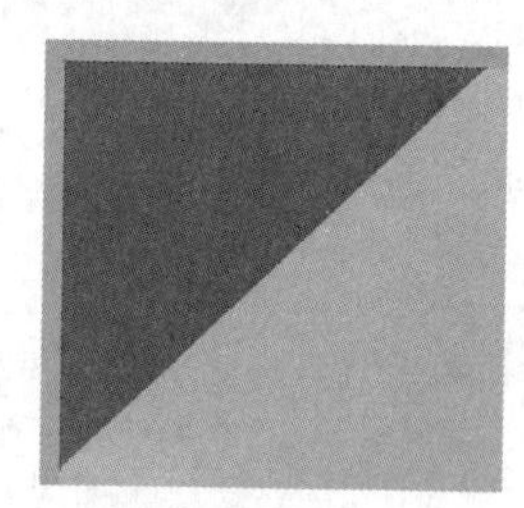

图 5-53

（6）选择“选择”工具，选取图形。按数字键盘上的 + 键，复制图形。按住 Shift 键的同时，水平向右拖曳图形到适当的位置，效果如图 5-54 所示。单击属性栏中的“水平镜像”按钮，水平翻转图形，效果如图 5-55 所示。

（7）选择“选择”工具，用圈选的方法将需要的图形同时选取。按数字键盘上的 + 键，按住 Shift 键的同时，垂直向下拖曳图形到适当的位置，效果如图 5-56 所示。单击属性栏中的“垂直镜像”按钮，垂直翻转图形，效果如图 5-57 所示。

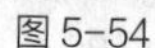

图 5-54

图 5-55

图 5-56

图 5-57

（8）选择“文本”工具字，在页面中分别输入需要的文字，选择“选择”工具，在属性栏中分别选取适当的字体并设置文字大小。设置文字颜色的CMYK值为100、20、0、20，填充文字，效果如图5-58所示。

（9）选择“选择”工具，选取需要的文字。在“文本属性”面板中，选项的设置如图5-59所示，按Enter键，效果如图5-60所示。

图5-58

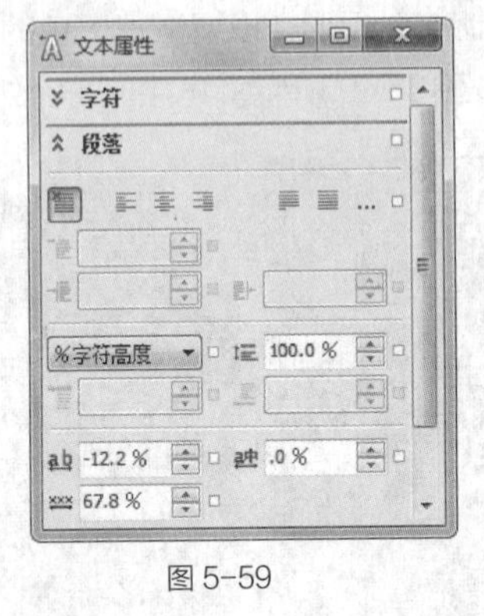

图5-59

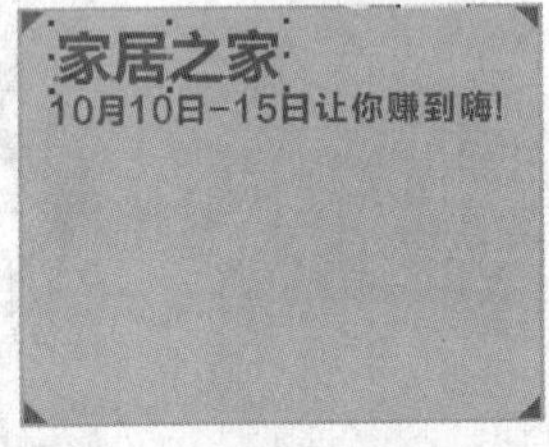

图5-60

（10）选择“选择”工具，选取需要的文字。在“文本属性”面板中，选项的设置如图5-61所示，按Enter键，效果如图5-62所示。

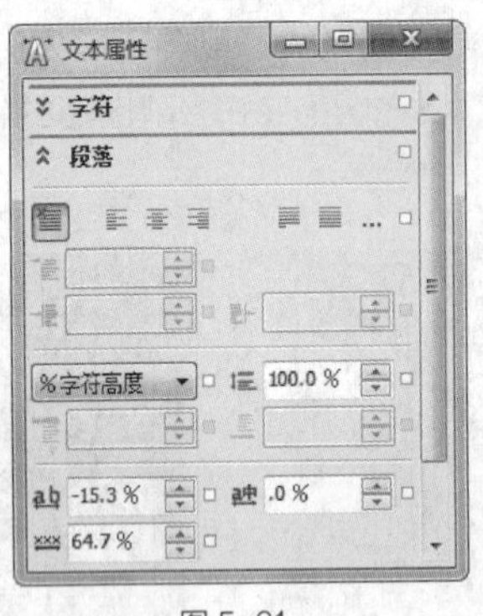

图5-61

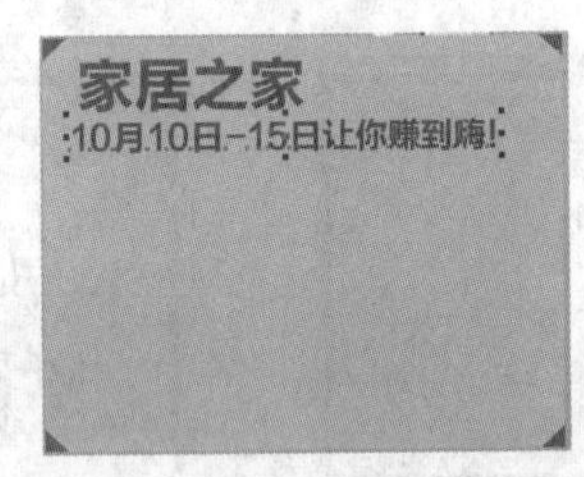

图5-62

（11）选择“矩形”工具，绘制一个矩形，设置图形颜色的CMYK值为0、85、100、0，填充图形，并去除图形的轮廓线，效果如图5-63所示。再绘制一个矩形，填充轮廓线颜色为白色。在属性栏中的“轮廓宽度”框中设置数值为0.5mm，按Enter键，效果如图5-64所示。

（12）选择“文本”工具字，在页面中分别输入需要的文字，选择“选择”工具，在属性栏中分别选取适当的字体并设置文字大小。设置文字颜色的CMYK值为0、85、100、0和白色，填充文字，效果如图5-65所示。选择“文本”工具字，分别选取需要的文字，填充为黑色，效果如图5-66所示。

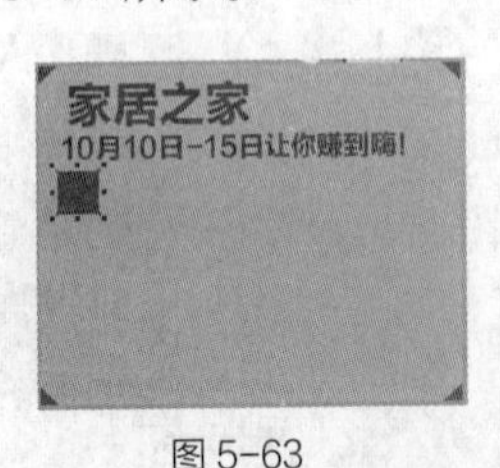

图5-63

图5-64

图5-65

图5-66

（13）用相同的方法制作其他图形和文字，效果如图 5-67 所示。选择“选择”工具，用圈选的方法将需要的图形和文字同时选取，连续按 Ctrl+PageDown 组合键，向后移动到适当的位置，效果如图 5-68 所示。

（14）用上述方法制作右侧的图形，如图 5-69 所示。选择“文本”工具，在页面中分别输入需要的文字，选择“选择”工具，在属性栏中分别选取适当的字体并设置文字大小。设置文字颜色的 CMYK 值为 0、100、100、10，填充文字，效果如图 5-70 所示。在“文本属性”面板中，分别设置适当的文字间距，效果如图 5-71 所示。

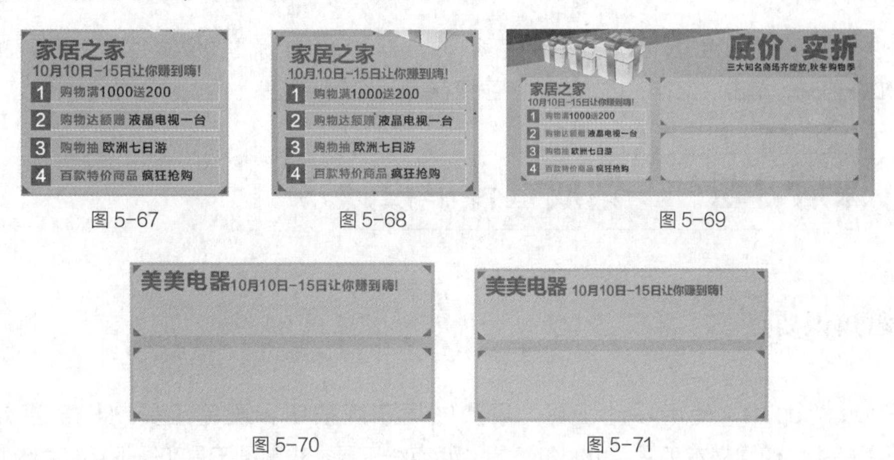

图 5-67　图 5-68　图 5-69

图 5-70　图 5-71

（15）选择“矩形”工具，绘制一个矩形，设置图形颜色的 CMYK 值为 0、100、100、10，填充图形，并去除图形的轮廓线，效果如图 5-72 所示。选择“文本”工具，在页面中输入需要的文字并分别选取文字，在属性栏中分别选取适当的字体并设置文字大小，分别设置文字颜色的 CMYK 值为 0、20、100、0 和白色，填充文字，效果如图 5-73 所示。

（16）用相同的方法制作其他图形和文字，效果如图 5-74 所示。在下方的图形上分别输入需要的文字，并填充适当的颜色，效果如图 5-75 所示。

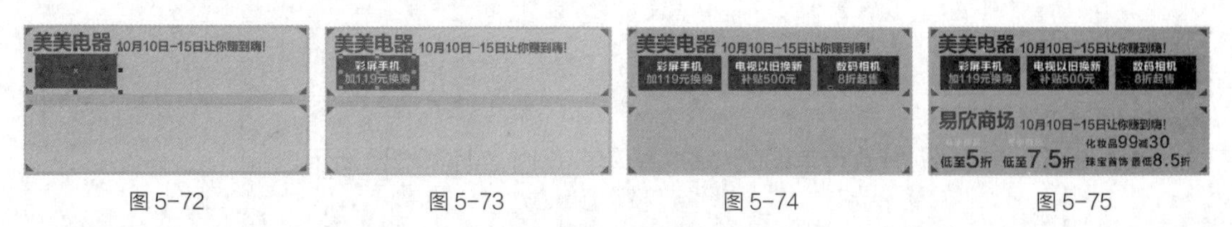

图 5-72　图 5-73　图 5-74　图 5-75

（17）选择“矩形”工具，绘制一个矩形，设置图形颜色的 CMYK 值为 0、100、0、0，填充图形，并去除图形的轮廓线，效果如图 5-76 所示。连续按 Ctrl+PageDown 组合键，后移图形到适当的位置，效果如图 5-77 所示。

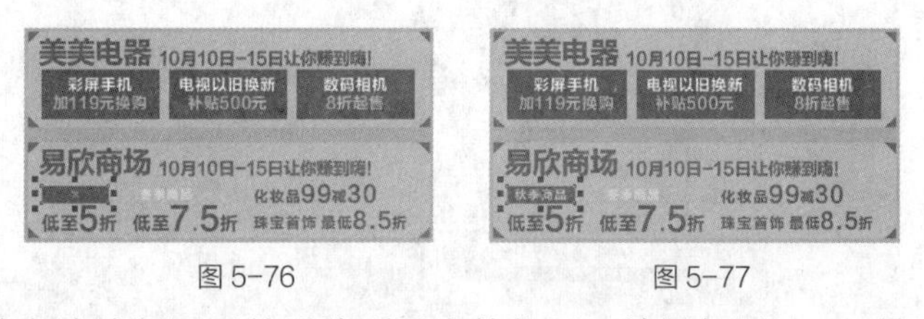

图 5-76　图 5-77

（18）用相同的方法绘制图形并后移到适当的位置，效果如图 5-78 所示。商场宣传单制作完成，效果如图 5-79 所示。

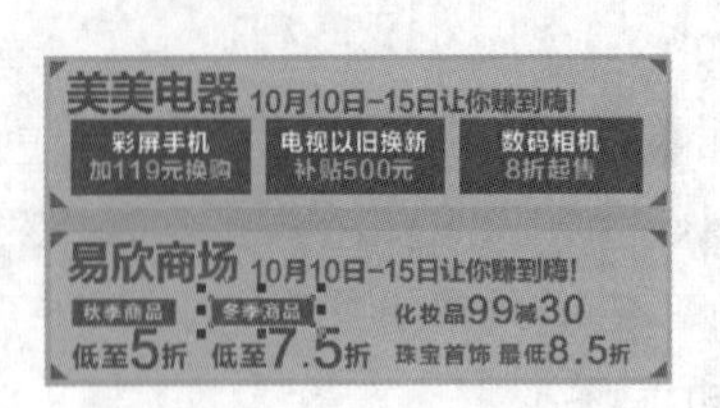

图 5-78

图 5-79

（19）按 Ctrl+S 组合键，弹出“保存图形”对话框，将制作好的图像命名为“商场宣传单”，保存为 CDR 格式，单击“保存”按钮，将图像保存。

5.2 课后习题——钻戒宣传单设计

习题知识要点

在 Photoshop 中，使用移动工具、添加图层蒙版按钮和画笔工具制作背景效果；在 CorelDRAW 中，使用文本工具、贝塞尔工具、两点线工具、轮廓图工具和图框精确剪裁命令制作宣传语，使用矩形工具、文本工具和倾斜工具制作其他宣传语。

素材所在位置

云盘 /Ch05/ 素材 / 钻戒宣传单设计 /01~03。

效果所在位置

云盘 /Ch05/ 效果 / 钻戒宣传单设计 / 钻戒宣传单 .cdr，如图 5-80 所示。

图 5-80

06

第6章 广告设计

本章介绍

广告以多样的形式出现在城市中，是城市商业发展的写照。广告通过电视、报纸和霓虹灯等媒介来发布，是重要的宣传媒体之一，具有实效性强、受众广泛、宣传力度大的特点。好的广告会强化视觉冲击力，抓住观众的视线。本章以汽车广告设计为例，讲解广告的设计方法和制作技巧。

学习目标

- ✔ 掌握广告的设计思路和过程。
- ✔ 掌握广告的制作方法和技巧。

技能目标

- ✱ 掌握“汽车广告”的制作方法。
- ✱ 掌握“红酒广告”的制作方法。

6.1 汽车广告设计

扫码观看
扩展案例

案例学习目标

在 Photoshop 中，学习使用图层面板、绘图工具、滤镜命令和画笔工具制作广告背景。在 CorelDRAW 中，学习使用图形绘制工具和文字工具添加广告语和相关信息。

案例知识要点

在 Photoshop 中，使用渐变工具和图层面板制作背景效果，使用多边形套索工具、画笔工具和高斯模糊滤镜命令制作汽车投影，使用亮度 / 对比度调整层调整图像颜色；在 CorelDRAW 中，使用矩形工具、渐变工具和图框精确剪裁命令制作广告语底图，使用文本工具、对象属性面板和阴影工具制作广告语，使用导入命令添加礼品，使用文本工具和透明度工具制作标志文字。

效果所在位置

云盘/Ch06/效果/汽车广告设计/汽车广告.cdr，如图 6-1 所示。

图 6-1

Photoshop 应用

扫码观看
本案例视频

6.1.1 绘制背景底图

（1）打开 Photoshop CS6 软件，按 Ctrl + N 组合键，新建一个文件，宽度为 80 厘米，高度为 60 厘米，分辨率为 150 像素 / 英寸，颜色模式为 RGB，背景内容为白色。

（2）新建图层并将其命名为“渐变”。选择“渐变”工具，单击属性栏中的“点按可编辑渐变”按钮，弹出“渐变编辑器”对话框，将渐变色设为从浅蓝色（其 R、G、B 的值分别为 197、234、253）到蓝色（其 R、G、B 的值分别为 128、224、255），如图 6-2 所示，单击“确定”按钮。单击属性栏中的“径向渐变”按钮，在图像窗口中从中心向上拖曳出渐变色，效果如图 6-3 所示。

（3）在“图层”控制面板下方单击“添加图层蒙版”按钮，为图层添加蒙版，如图 6–4 所示。选择“渐变”工具，单击属性栏中的“点按可编辑渐变”按钮，弹出“渐变编辑器”对话框，将渐变色设为从黑色到白色，单击“确定”按钮。在图像窗口中从下向上拖曳出渐变色，效果如图 6–5 所示。

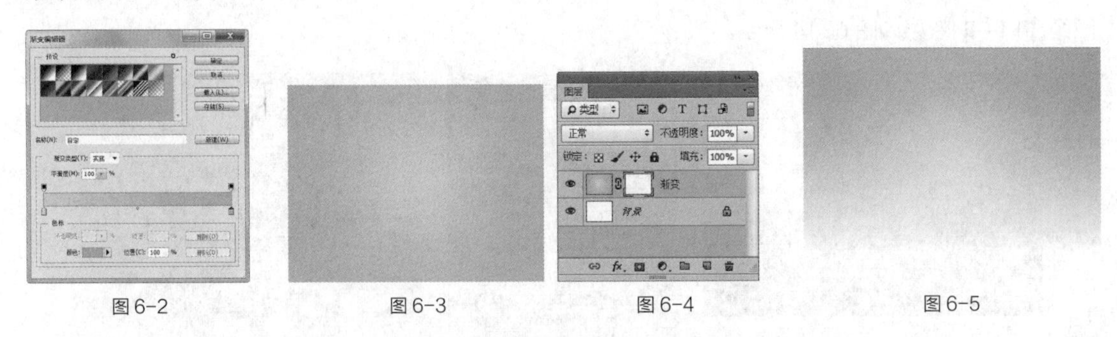

图 6–2　　图 6–3　　图 6–4　　图 6–5

6.1.2　制作图片融合效果

（1）按 Ctrl + O 组合键，打开云盘中的“Ch06 > 素材 > 汽车广告设计 > 01.png”文件，选择“移动”工具，将图片拖曳到图像窗口中适当的位置，如图 6–6 所示。在“图层”控制面板中生成新的图层并将其命名为“天空”。

（2）在“图层”控制面板上方，将“天空”图层的混合模式选项设为“明度”，将“不透明度”选项设为 75%，如图 6–7 所示，图像窗口中的效果如图 6–8 所示。

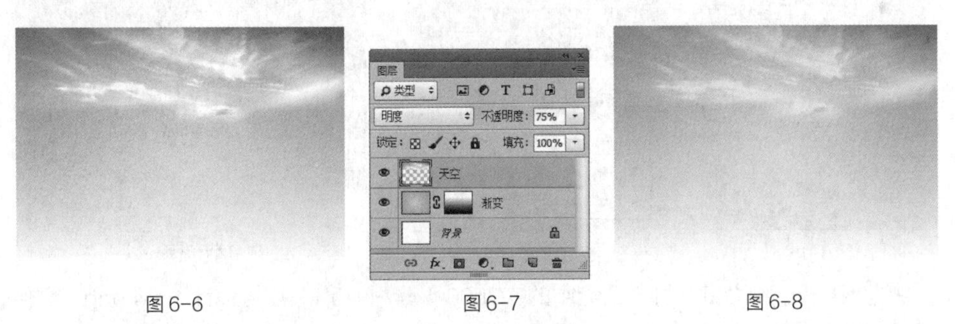

图 6–6　　图 6–7　　图 6–8

（3）按 Ctrl + O 组合键，打开云盘中的“Ch06 > 素材 > 汽车广告设计 > 02.png”文件，选择“移动”工具，将图片拖曳到图像窗口中适当的位置，如图 6–9 所示。在“图层”控制面板中生成新的图层并将其命名为“城市剪影”。

（4）在“图层”控制面板上方，将“城市剪影”图层的“不透明度”选项设为 24%，如图 6–10 所示，图像窗口中的效果如图 6–11 所示。

图 6–9　　图 6–10　　图 6–11

（5）按Ctrl + O组合键，打开云盘中的“Ch06 > 素材 > 汽车广告设计 > 03.png”文件，选择“移动”工具，将图片拖曳到图像窗口中适当的位置，如图6-12所示。在“图层”控制面板中生成新的图层并将其命名为“地面”。

（6）在“图层”控制面板上方，将“地面”图层的“不透明度”选项设为30%，如图6-13所示，图像窗口中的效果如图6-14所示。

图6-12

图6-13

图6-14

（7）在“图层”控制面板下方单击“添加图层蒙版”按钮，为图层添加蒙版，如图6-15所示。将前景色设为黑色。选择“画笔”工具，单击“画笔”选项右侧的按钮，在弹出的面板中选择需要的画笔形状，并设置适当的画笔大小，如图6-16所示。在图像窗口中擦除不需要的图像，效果如图6-17所示。

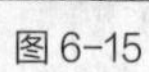

图6-15

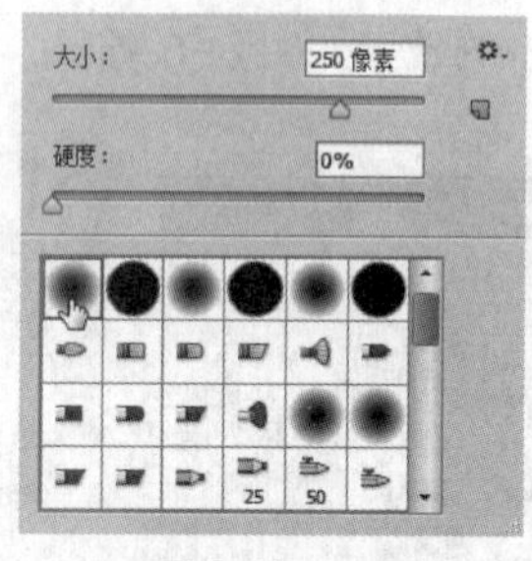

图6-16

图6-17

（8）按Ctrl + O组合键，打开云盘中的“Ch06 > 素材 > 汽车广告设计 > 04.png”文件，选择“移动”工具，将图片拖曳到图像窗口中适当的位置，如图6-18所示。在“图层”控制面板中生成新的图层并将其命名为“潮流元素1”。

（9）在“图层”控制面板上方，将“潮流元素1”图层的“填充”选项设为50%，如图6-19所示，图像窗口中的效果如图6-20所示。

图6-18

图6-19

图6-20

（10）按Ctrl + O组合键，打开云盘中的“Ch06 > 素材 > 汽车广告设计 > 05.png”文件，选择“移动”工具，将图片拖曳到图像窗口中适当的位置，如图6-21所示。在“图层”控制面板中生成新的图层并将其命名为“潮流元素2”。

（11）在“图层”控制面板上方，将“潮流元素2”图层的“填充”选项设为63%，如图6-22所示，图像窗口中的效果如图6-23所示。

图6-21

图6-22

图6-23

（12）按Ctrl + O组合键，打开云盘中的“Ch06 > 素材 > 汽车广告设计 > 06.png”文件，选择“移动”工具，将图片拖曳到图像窗口中适当的位置，如图6-24所示。在“图层”控制面板中生成新的图层并将其命名为“潮流元素3”。

（13）在“图层”控制面板上方，将“潮流元素3”图层的“填充”选项设为50%，如图6-25所示，图像窗口中的效果如图6-26所示。按住Shift键的同时，单击“潮流元素1”图层，将需要的图层同时选取，按Ctrl+G组合键编组图层，如图6-27所示。

图6-24

图6-25

图6-26

图6-27

6.1.3 添加产品图片并制作投影

（1）按Ctrl + O组合键，打开云盘中的“Ch06 > 素材 > 汽车广告设计 > 07.png”文件，选择“移动”工具，将图片拖曳到图像窗口中适当的位置，如图6-28所示。在“图层”控制面板中生成新的图层并将其命名为“汽车”。新建图层并将其命名为“阴影”。选择“多边形套索”工具，在适当的位置绘制多边形选区，如图6-29所示。

图6-28

图6-29

（2）将选区填充为黑色，并取消选区，效果如图6-30所示。在“图层”控制面板下方单击“添加图层蒙版”按钮，为图层添加蒙版，如图6-31所示。选择“画笔”工具，在属性栏中将“不透明度”选项设为24%，“流量”选项设为1%，在图像窗口中擦除不需要的图像，效果如图6-32所示。

图6-30

图6-31

图6-32

（3）选择“滤镜 > 模糊 > 高斯模糊”命令，在弹出的对话框中进行设置，如图6-33所示，单击“确定”按钮，效果如图6-34所示。

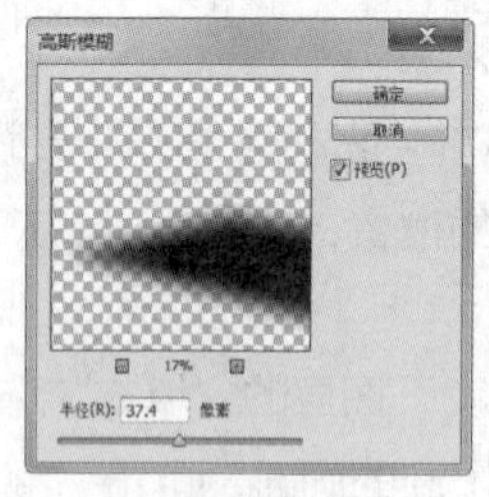

图6-33

图6-34

（4）在“图层”控制面板上方，将“阴影”图层的“填充”选项设为85%，如图6-35所示，图像窗口中的效果如图6-36所示。在“图层”控制面板中，将“阴影”图层拖曳到“汽车”图层的下方，图像效果如图6-37所示。

图6-35

图6-36

图6-37

（5）单击“图层”控制面板下方的“创建新的填充或调整图层”按钮，在弹出的菜单中选择“亮度 / 对比度”命令，在“图层”控制面板中生成“亮度 / 对比度 1”图层，同时弹出相应的调整面板，选项的设置如图6-38所示。按Enter键，效果如图6-39所示。汽车广告底图制作完成。

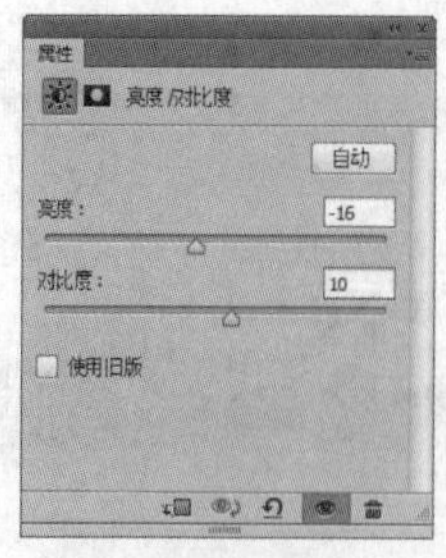

图6-38

图6-39

（6）按Shift+Ctrl+E组合键，合并可见图层。按Ctrl+S组合键，弹出“存储为”对话框，将其命名为“汽车广告底图”，保存为JPEG格式，单击“保存”按钮，弹出“JPEG选项”对话框，单击“确定”按钮，将图像保存。

CorelDRAW 应用

6.1.4 绘制广告语底图

（1）打开CorelDRAW X6软件，按Ctrl+N组合键，新建一个页面。在属性栏的“页面度量”选项中分别设置宽度为800mm，高度为600mm，按Enter键，页面显示为设置的大小。

（2）按Ctrl+I组合键，弹出“导入”对话框，打开云盘中的“Ch06 > 效果 > 汽车广告设计 > 汽车广告底图.jpg”文件，单击“导入”按钮，在页面中单击导入图片，如图6-40所示。按P键，图片居中对齐页面，效果如图6-41所示。

图6-40

图6-41

（3）选择“矩形”工具，绘制一个矩形，填充图形为黑色，效果如图6-42所示。再次单击图形，使其处于旋转状态，向右拖曳上方中间的控制手柄到适当的位置，效果如图6-43所示。

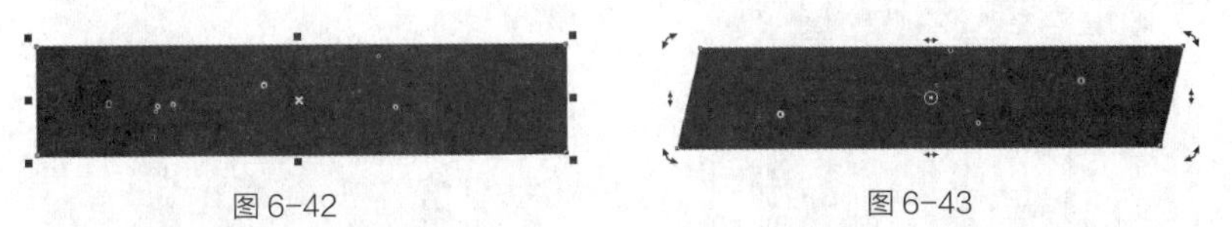

图6-42　　图6-43

（4）用相同的方法绘制其他倾斜矩形，效果如图6-44所示。再绘制一个倾斜的矩形，设置填充颜色的CMYK值为0、20、60、20，填充图形，效果如图6-45所示。

图6-44　　图6-45

（5）选择“矩形”工具，绘制一个矩形，如图6-46所示。按F11键，弹出“渐变填充”对话框，点选“双色”单选项，将“从”选项颜色的CMYK值设为0、20、60、84，“到”选项颜色的CMYK值设为0、20、60、20，将“中点”选项设为28，其他选项的设置如图6-47所示，单击“确定”按钮，填充图形，效果如图6-48所示。

（6）选择“选择”工具，选取渐变图形。选择“效果 > 图框精确剪裁 > 置于图文框内部”命令，鼠标光标变为黑色箭头形状，在倾斜的矩形上单击鼠标，将渐变图形置入倾斜的矩形中，效果如图6-49所示。

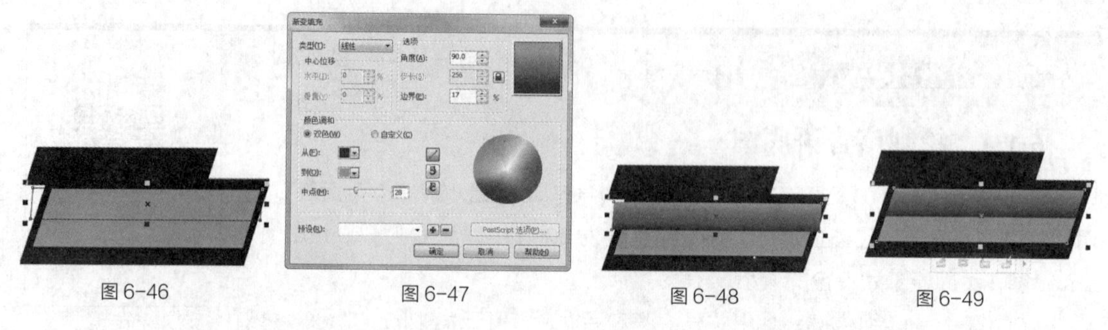

图6-46　图6-47　图6-48　图6-49

6.1.5 添加并制作广告语

（1）选择“文本”工具，在图形上分别输入需要的文字，选择“选择”工具，在属性栏中分别选取适当的字体并设置文字大小，效果如图6-50所示。分别选取需要的文字，设置文字颜色的CMYK值为0、100、100、0和白色，填充文字，效果如图6-51所示。

图6-50　图6-51

（2）选取需要的文字。按Ctrl+T组合键，弹出“文本属性”面板，选项的设置如图6-52所示，按Enter键，文字效果如图6-53所示。

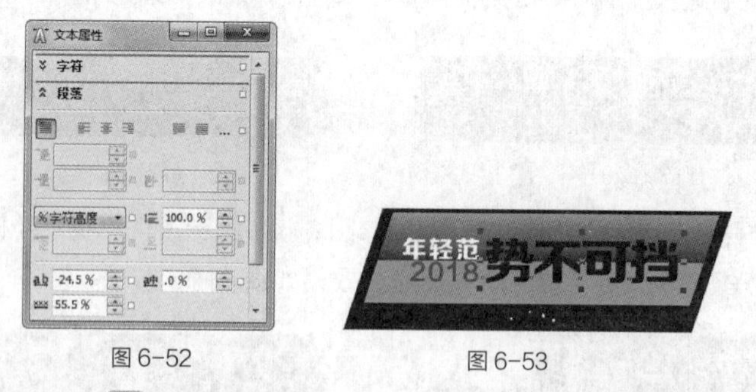

图6-52　图6-53

（3）选择“选择”工具，选取需要的文字。选择“阴影”工具，在文字上从上向下拖曳光标，在属性栏中进行设置，如图6-54所示，按Enter键，效果如图6-55所示。

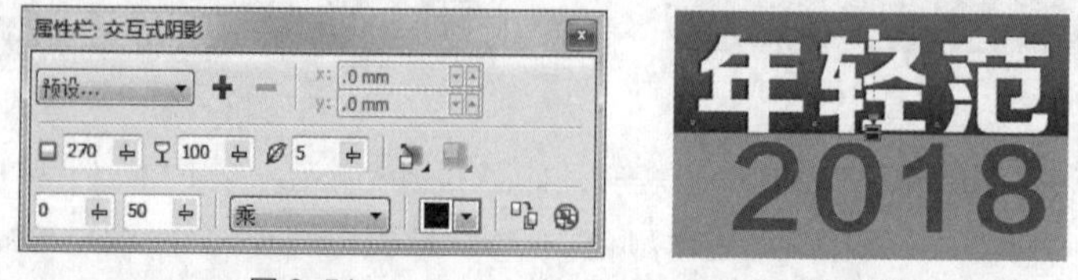

图6-54　图6-55

（4）选择“选择”工具，选取需要的文字。选择“阴影”工具，在文字上从上向下拖曳光标，在属性栏中进行设置，如图6-56所示，按Enter键，效果如图6-57所示。

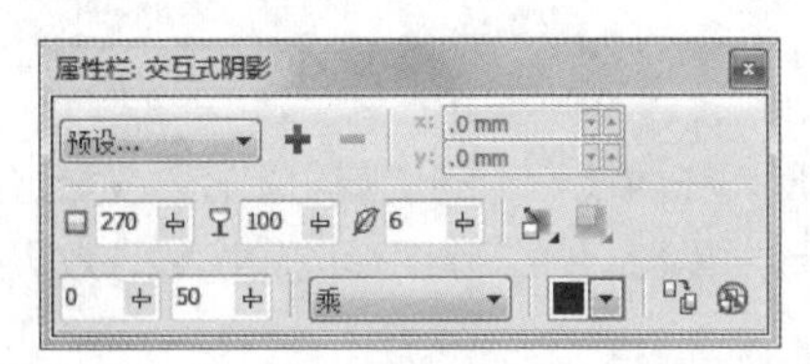

图 6-56

图 6-57

（5）选择“选择”工具，按住 Shift 键的同时，将需要的文字同时选取，如图 6-58 所示。再次单击文字，使其处于旋转状态，向上拖曳上方中间的控制手柄到适当的位置，并向下拖曳下方中间的控制手柄到适当的位置，效果如图 6-59 所示。

图 6-58

图 6-59

（6）选择“文本”工具，在图形上输入需要的文字，选择“选择”工具，在属性栏中选取适当的字体并设置文字大小，填充文字为白色，效果如图 6-60 所示。向左拖曳右侧中间的控制手柄到适当的位置，效果如图 6-61 所示。

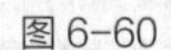

图 6-60

图 6-61

（7）保持文字的选取状态，单击文字使其处于旋转状态，向右拖曳上方中间的控制手柄到适当的位置，效果如图 6-62 所示。用相同的方法输入下方的文字，效果如图 6-63 所示。

图 6-62

图 6-63

（8）选择“选择”工具，用圈选的方法将广告语同时选取，拖曳到适当的位置，效果如图 6-64 所示。单击图形使其处于旋转状态，向上拖曳右侧中间的控制手柄到适当的位置，效果如图 6-65 所示。

图 6-64

图 6-65

6.1.6 添加其他相关信息

（1）选择“矩形”工具，绘制一个矩形，在属性栏中的“圆角半径”框中进行设置，如图 6-66 所示，按 Enter 键。填充图形为黑色，并去除图形的轮廓线，效果如图 6-67 所示。

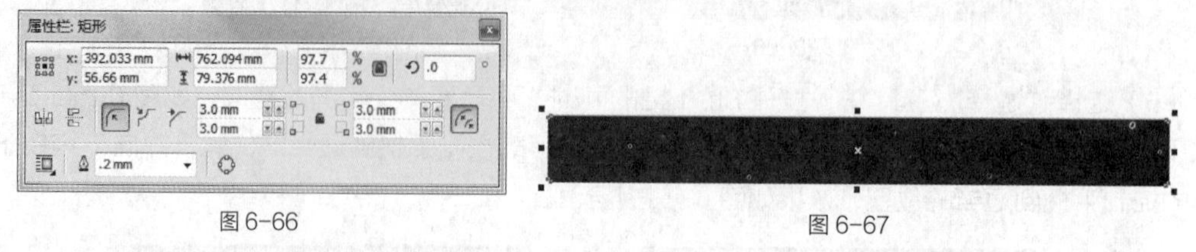

图 6-66 图 6-67

（2）选择“矩形”工具，绘制一个矩形，在属性栏中的“圆角半径”框中进行设置，如图 6-68 所示，按 Enter 键。在“CMYK 调色板”中的“80% 黑”色块上单击鼠标左键，填充图形，并去除图形的轮廓线，效果如图 6-69 所示。

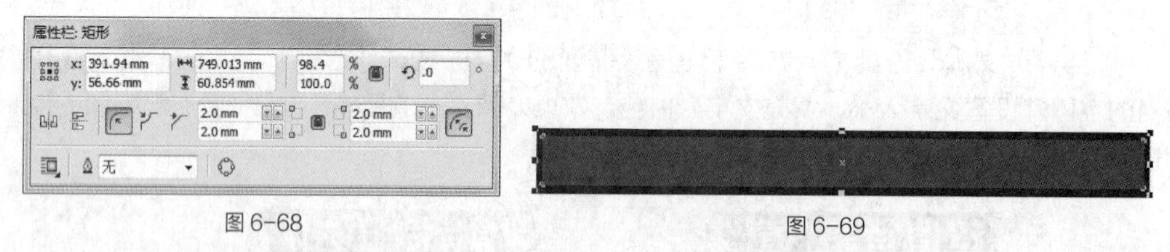

图 6-68 图 6-69

（3）选择“文本”工具，在图形上输入需要的文字，选择“选择”工具，在属性栏中选取适当的字体并设置文字大小，效果如图 6-70 所示。设置文字颜色的 CMYK 值为 0、20、100、0，填充文字，效果如图 6-71 所示。

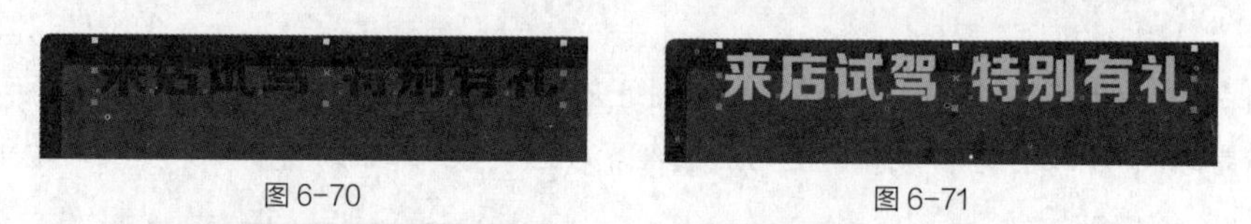

图 6-70 图 6-71

（4）保持文字的选取状态。在“文本属性”面板中进行设置，如图 6-72 所示。按 Enter 键，文字效果如图 6-73 所示。

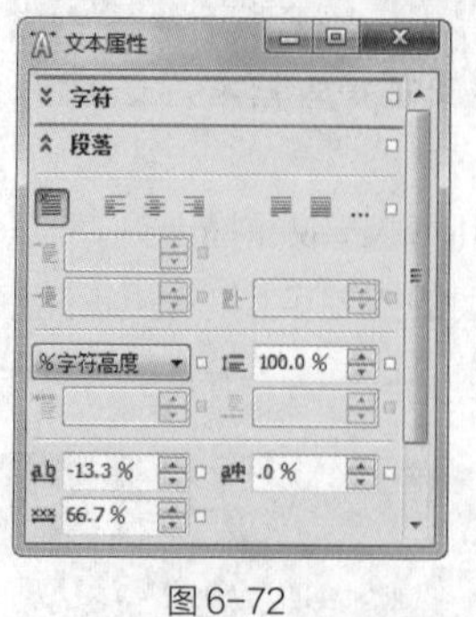

来店试驾 特别有礼

图 6-72 图 6-73

（5）选择“选择”工具，选取文字。按数字键盘上的 + 键，复制文字。将文字填充为黑色，并拖曳到适当的位置，效果如图 6-74 所示。按 Ctrl+PageDown 组合键，后移文字，效果如图 6-75 所示。

图 6-74 　　图 6-75

（6）选择“文本”工具字，在图形上分别输入需要的文字，选择“选择”工具，在属性栏中分别选取适当的字体并设置文字大小，将文字填充为白色，效果如图 6-76 所示。选择“文本”工具字，分别选取需要的文字，在属性栏中设置适当的文字大小，效果如图 6-77 所示。

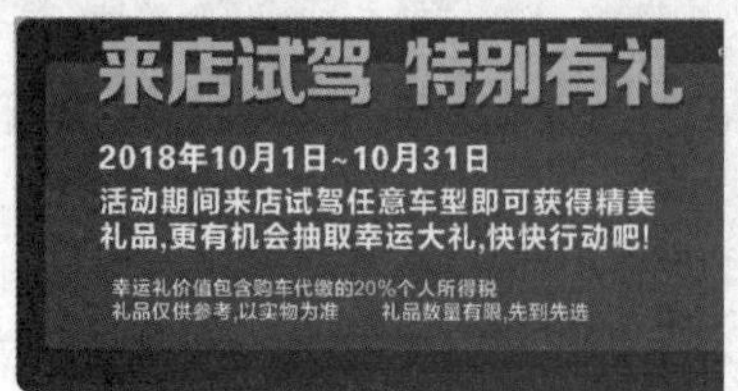

图 6-76

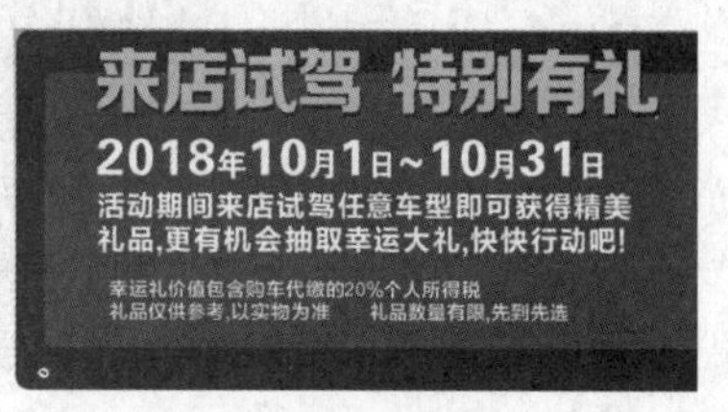

图 6-77

（7）选择“选择”工具，选取需要的文字。在“文本属性”面板中进行设置，如图 6-78 所示，按 Enter 键，文字效果如图 6-79 所示。

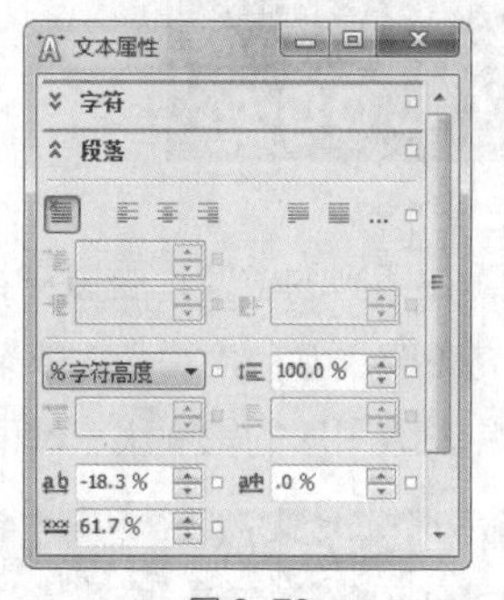

图 6-78

图 6-79

（8）选取需要的文字，在“文本属性”面板中进行设置，如图 6-80 所示，按 Enter 键，文字效果如图 6-81 所示。

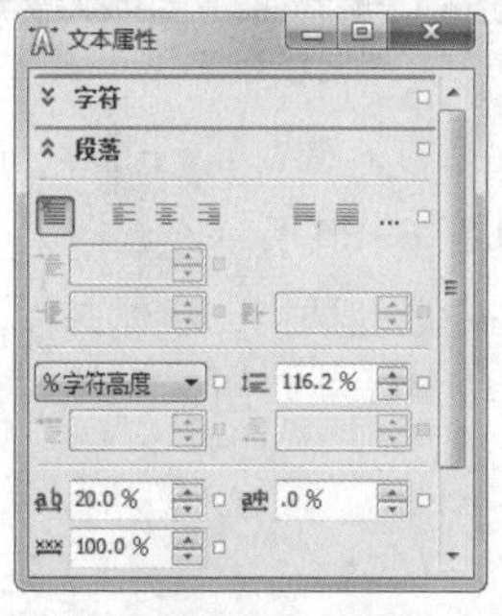

图 6-80

图 6-81

（9）选取需要的文字，在“文本属性”面板中进行设置，如图 6-82 所示，按 Enter 键，文字效果如图 6-83 所示。

（10）选择“星形”工具，在属性栏中的“点数或边数”框中设置数值为 5，在“锐度”框中设置数值为 53，在适当的位置绘制星形。设置填充颜色的 CMYK 值为 0、100、100、0，填充图形，并去除图形的轮廓线，效果如图 6-84 所示。

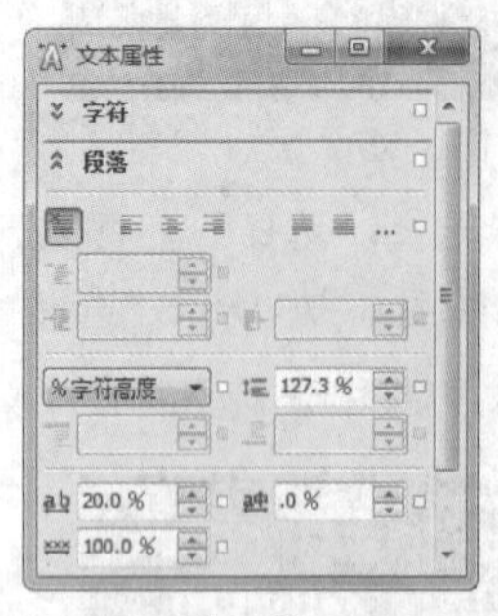

图 6-82

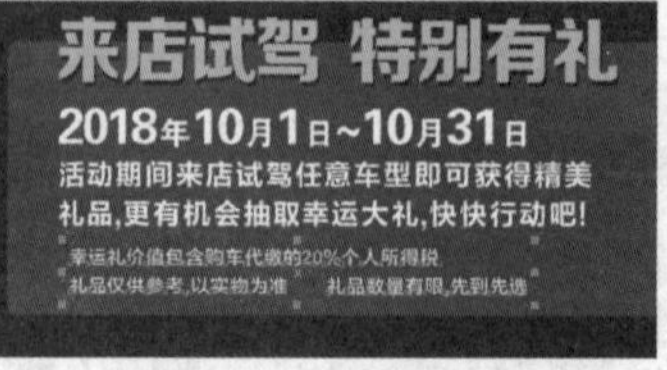

图 6-83

图 6-84

（11）选择“选择”工具，选取星形。按数字键盘上的 + 键，复制星形，并将其拖曳到适当的位置，效果如图 6-85 所示。用相同的方法复制星形，并将其拖曳到适当的位置，效果如图 6-86 所示。

图 6-85

图 6-86

（12）选择“2 点线”工具，按住 Shift 键的同时，在适当的位置拖曳鼠标绘制直线。在属性栏中的“轮廓宽度”框 .2 mm 中设置数值为 1mm，填充轮廓线颜色为白色，效果如图 6-87 所示。选择“矩形”工具，绘制一个矩形，填充图形为黑色，并去除图形的轮廓线，效果如图 6-88 所示。

图 6-87

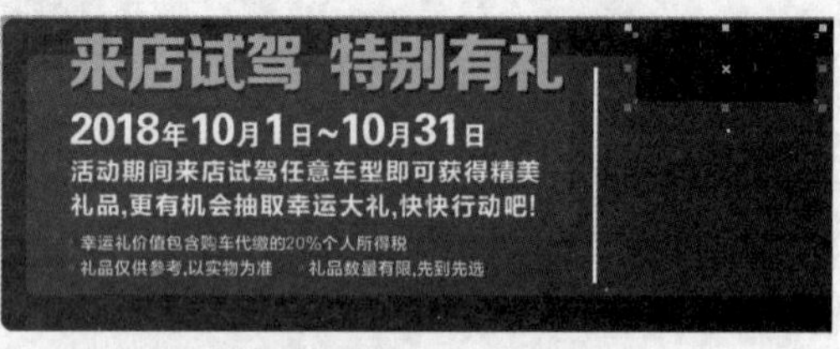

图 6-88

（13）选择“选择”工具，选取矩形。按数字键盘上的 + 键，复制矩形。向上拖曳下方中间的控制手柄到适当的位置，填充图形为 80% 黑色，效果如图 6-89 所示。选择“文本”工具，在图形上输入需要的文字，选择“选择”工具，在属性栏中选取适当的字体并设置文字大小。设置文字颜色的 CMYK 值为 0、20、100、0，填充文字，效果如图 6-90 所示。

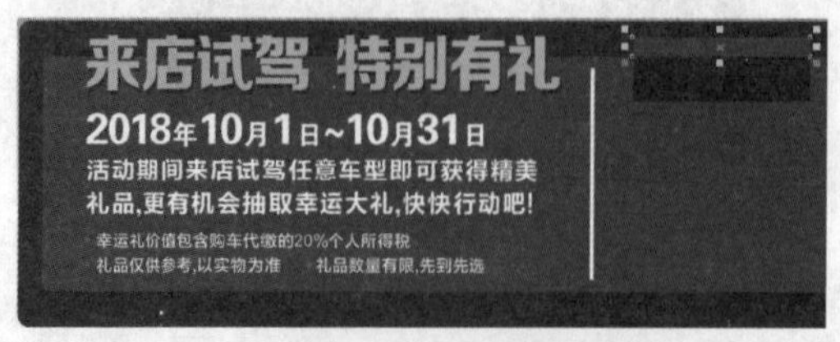

图 6-89

图 6-90

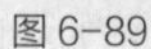

（14）选取需要的文字，在“文本属性”面板中进行设置，如图 6-91 所示，按 Enter 键，文字效果如图 6-92 所示。

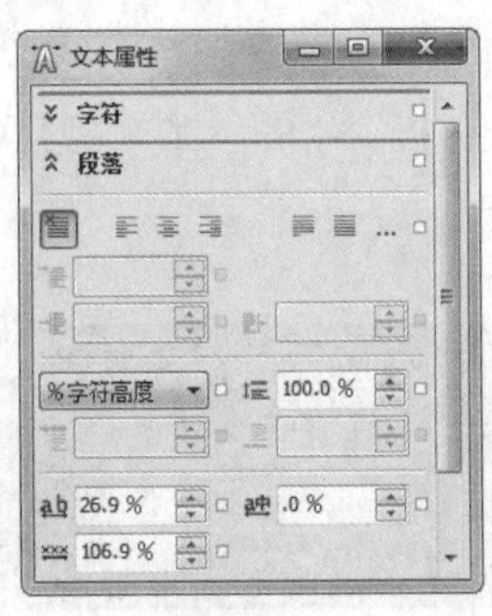

图 6-91

图 6-92

（15）选择“文本”工具字，在图形上分别输入需要的文字，选择“选择”工具，在属性栏中分别选取适当的字体并设置文字大小，将文字填充为白色，效果如图 6-93 所示。选择“文本”工具字，选取需要的文字，在属性栏中设置适当的文字大小，效果如图 6-94 所示。

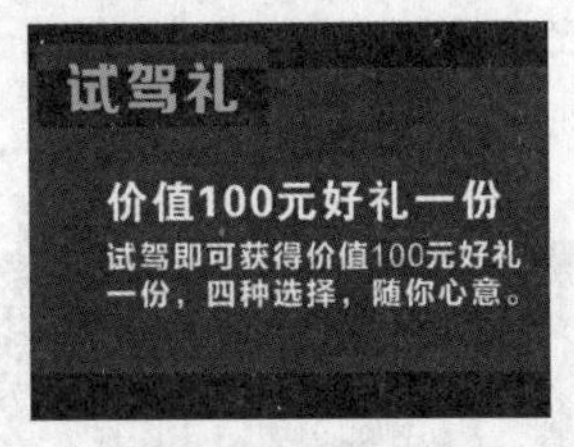

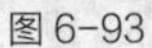
图 6-93

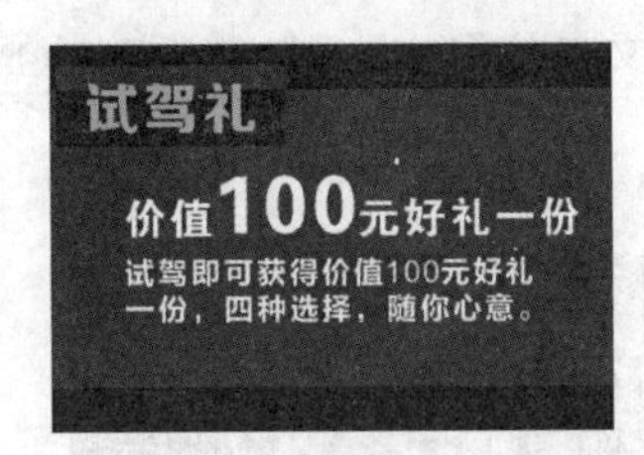

图 6-94

（16）选择“选择”工具，选取需要的文字，在“文本属性”面板中进行设置，如图 6-95 所示，按 Enter 键，文字效果如图 6-96 所示。

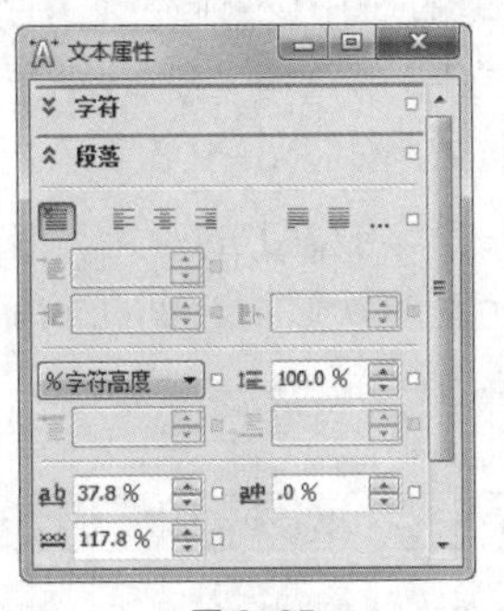

图 6-95

图 6-96

（17）选取需要的文字，在“文本属性”面板中进行设置，如图 6-97 所示，按 Enter 键，文字效果如图 6-98 所示。

图 6-97

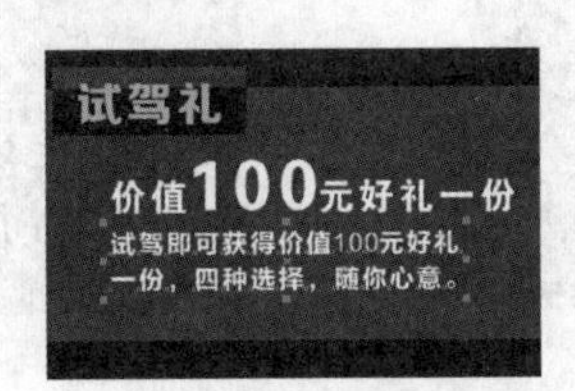

图 6-98

（18）选择“矩形”工具，绘制一个矩形，在属性栏中的“圆角半径”框中进行设置，如图 6-99 所示，按 Enter 键。在“CMYK 调色板”中的“20% 黑”色块上单击鼠标左键，填充图形，并去除图形的轮廓线，效果如图 6-100 所示。

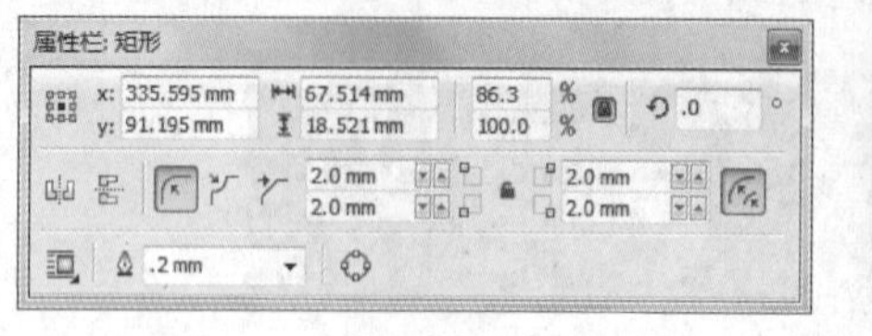

图 6-99

图 6-100

（19）选择“选择”工具，选取圆角矩形。按数字键盘上的 + 键，复制矩形，将其拖曳到适当的位置，并填充为黑色，效果如图 6-101 所示。

（20）选择“文本”工具，在图形上输入需要的文字，选择“选择”工具，在属性栏中选取适当的字体并设置文字大小。设置文字颜色的 CMYK 值为 0、20、100、0，填充文字，效果如图 6-102 所示。

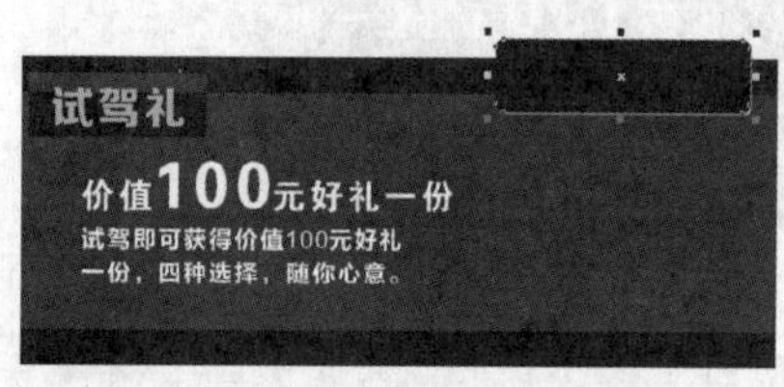

图 6-101

图 6-102

（21）选择“文本”工具，选取需要的文字，在属性栏中设置适当的文字大小，效果如图 6-103 所示。选择“矩形”工具，绘制一个矩形，在属性栏中的“圆角半径”框中进行设置，如图 6-104 所示，按 Enter 键。填充轮廓线为白色，效果如图 6-105 所示。

（22）选择“选择”工具，选取圆角矩形。按数字键盘上的 + 键，复制圆角矩形，并将其拖曳到适当的位置，效果如图 6-106 所示。用相同的方法再次复制需要的圆角矩形，效果如图 6-107 所示。用上述方法制作其他图形和文字，效果如图 6-108 所示。

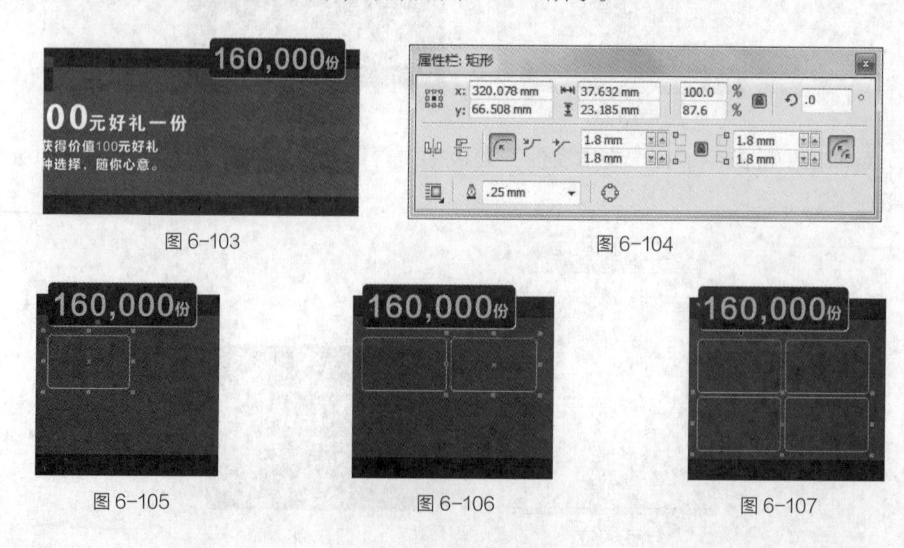

图 6-103

图 6-104

图 6-105

图 6-106

图 6-107

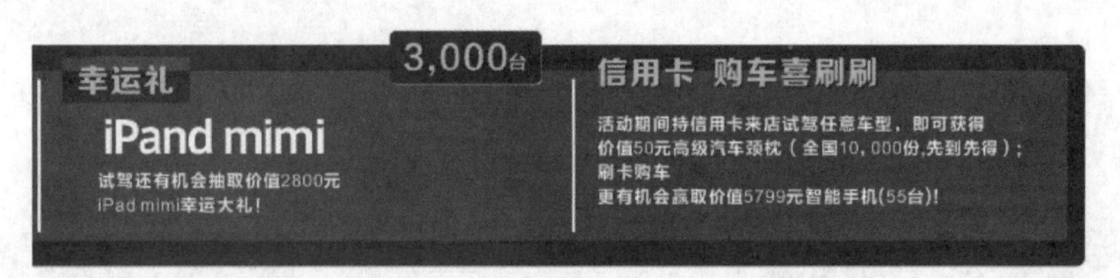

图6-108

（23）选择“选择”工具，用圈选的方法将所有图形同时选取，按Ctrl+G组合键群组图形，如图6-109所示。将其拖曳到适当的位置，效果如图6-110所示。单击图形使其处于旋转状态，向右拖曳上方中间的控制手柄到适当的位置，效果如图6-111所示。

图6-109

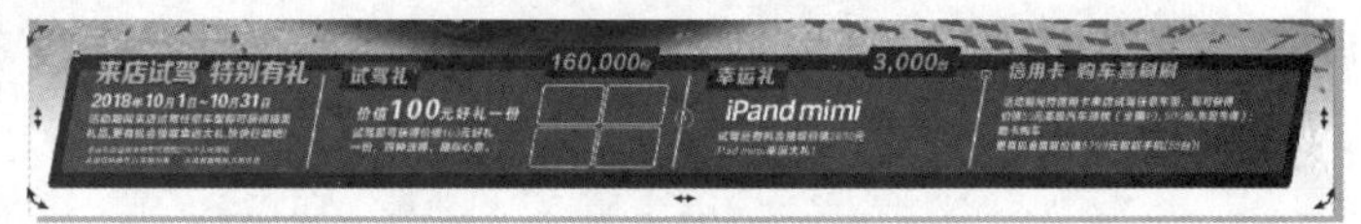

图6-110 图6-111

（24）按Ctrl+I组合键，弹出“导入”对话框，打开云盘中的“Ch06 > 素材 > 汽车广告设计 > 08~12”文件，单击“导入”按钮，在页面中多次单击导入图片，选择“选择”工具，分别将其拖曳到适当的位置并调整其大小，效果如图6-112所示。

（25）选择“选择”工具，选取需要的图片。按数字键盘上的+键，复制图片，并将其拖曳到适当的位置，效果如图6-113所示。

图6-112 图6-113

6.1.7 制作标志文字

（1）选择“文本”工具，在页面左上角输入需要的文字，选择“选择”工具，在属性栏中选取适当的字体并设置文字大小，填充文字为白色，效果如图6-114所示。保持文字的选取状态，在“文本属性”面板中进行设置，如图6-115所示，按Enter键，文字效果如图6-116所示。

图6-114

图6-115

图6-116

（2）选择"选择"工具，按数字键盘上的+键，复制文字，并将其拖曳到适当的位置，效果如图6-117所示。单击属性栏中的"垂直镜像"按钮，垂直翻转文字，效果如图6-118所示。

图6-117

图6-118

（3）选择"透明度"工具，在文字对象中从下向上拖曳光标添加透明效果，在属性栏中进行设置，如图6-119所示，按Enter键，效果如图6-120所示。汽车广告设计完成，效果如图6-121所示。

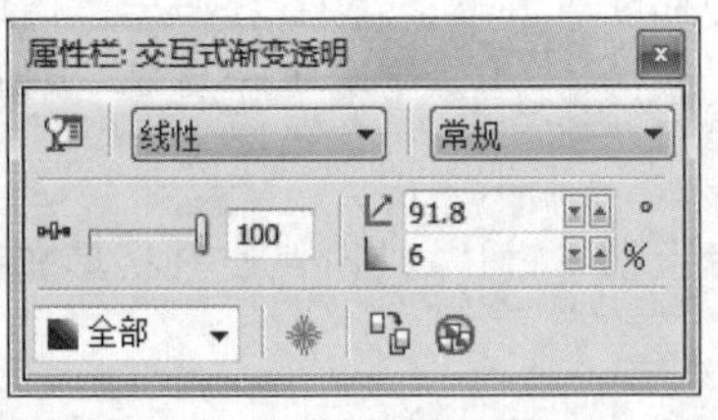

图6-119

图6-120

图6-121

6.2 课后习题——红酒广告设计

习题知识要点

在Photoshop中，使用图层蒙版按钮和画笔工具制作图片的融合效果，使用图层样式命令为图片添加投影效果；在CorelDRAW中，使用矩形工具、文本工具和文本属性泊坞窗制作标志图形，使用文本工具和阴影工具制作宣传语。

素材所在位置

云盘 /Ch06/ 素材 / 红酒广告设计 /01~06。

效果所在位置

云盘 /Ch06/ 效果 / 红酒广告设计 / 红酒广告 .cdr，如图 6-122 所示。

图 6-122

07 第7章 海报设计

本章介绍

海报是广告艺术中的一种大众化载体，又名“招贴”或“宣传画”。由于海报具有尺寸大、远视性强、艺术性高的特点，因此，其在宣传媒介中占有重要的位置。本章以茶艺海报设计为例，讲解海报的设计方法和制作技巧。

学习目标

- ✔ 掌握海报的设计思路和过程。
- ✔ 掌握海报的制作方法和技巧。

技能目标

- ✱ 掌握“茶艺海报”的制作方法。
- ✱ 掌握“夏日派对海报”的制作方法。

7.1 茶艺海报设计

案例学习目标

学习在 Photoshop 中使用蒙版和画笔工具制作海报背景图；在 CorelDRAW 中使用置入命令、文本工具、形状工具和图形绘制工具添加标题及相关信息。

案例知识要点

在 Photoshop 中，使用添加图层蒙版命令制作图片的合成效果，使用画笔工具擦除图片中不需要的图像；在 CorelDRAW 中，使用矩形工具、形状工具和透明度工具制作矩形框；使用文本工具、形状工具添加并编辑标题文字，使用椭圆工具、合并命令、移除前面对象命令和使文本适合路径命令制作标志效果。

效果所在位置

云盘 /Ch07/ 效果 / 茶艺海报设计 / 茶艺海报 .cdr，如图 7-1 所示。

图 7-1

Photoshop 应用

扫码观看
本案例视频

7.1.1 处理背景图片

（1）按 Ctrl+N 组合键，新建一个文件，设置其宽度为 21 厘米，高度为 28.5 厘米，分辨率为 150 像素 / 英寸，颜色模式为 RGB，背景内容为白色，单击“确定”按钮。

（2）按 Ctrl+O 组合键，打开云盘中的“Ch07 > 素材 > 茶艺海报设计 > 01.jpg”文件。选择“移动”工具，将“01”图片拖曳到新建文件的适当位置，如图 7-2 所示，在“图层”控制面板中生成新的图层并将其命名为“图片”。按 Ctrl+J 组合键，复制图层，如图 7-3 所示。

（3）按 Ctrl+T 组合键，在图像周围出现变换框，在变换框中单击鼠标右键，在弹出的菜单中选择“垂直翻转”命令，翻转图像，调整其大小和位置，按 Enter 键确认操作，效果如图 7-4 所示。单击“图层”控制面板下方的“添加图层蒙版”按钮，为图层添加蒙版，如图 7-5 所示。

图 7-2　　图 7-3　　图 7-4　　图 7-5

（4）将前景色设为黑色。选择“画笔”工具，在属性栏中单击“画笔”选项右侧的按钮，弹出画笔选择面板，选择需要的画笔形状，设置如图 7-6 所示。在图像窗口中拖曳鼠标光标擦除不需要的图像，效果如图 7-7 所示。

（5）单击“图层”控制面板下方的“创建新的填充或调整图层”按钮，在弹出的菜单中选择“色阶”命令，在“图层”控制面板中生成“色阶 1”图层，同时弹出“色阶”面板，设置如图 7-8 所示，按 Enter 键确认操作，效果如图 7-9 所示。

图 7-6　　图 7-7　　图 7-8　　图 7-9

（6）单击“图层”控制面板下方的“创建新的填充或调整图层”按钮，在弹出的菜单中选择“色相 / 饱和度”命令，在“图层”控制面板中生成“色相 / 饱和度 1”图层，同时弹出“色相 / 饱和度”面板，设置如图 7-10 所示，按 Enter 键确认操作，效果如图 7-11 所示。

（7）单击“图层”控制面板下方的“创建新的填充或调整图层”按钮，在弹出的菜单中选择“色彩平衡”命令，在“图层”控制面板中生成“色彩平衡 1”图层，同时弹出“色彩平衡”面板，设置如图 7-12 所示，按 Enter 键确认操作，效果如图 7-13 所示。

图 7-10　　图 7-11　　图 7-12　　图 7-13

(8)茶艺海报背景图制作完成。按Shift+Ctrl+E组合键，合并可见图层。按Ctrl+S组合键，弹出“存储为”对话框，将其命名为“茶艺海报背景图”，保存为JPEG格式，单击“保存”按钮，弹出“JPEG选项”对话框，单击“确定”按钮，将图像保存。

CorelDRAW 应用

7.1.2 导入并编辑宣传语

扫码观看本案例视频

(1)打开CorelDRAW X6软件，按Ctrl+N组合键，新建一个页面。在属性栏中的“页面度量”选项中分别设置宽度为210mm、高度为285mm，按Enter键，页面尺寸显示为设置的大小。

(2)按Ctrl+I组合键，弹出“导入”对话框，选择云盘中的“Ch07 > 效果 > 茶艺海报设计 > 茶艺海报背景图.jpg”文件，单击“导入”按钮，在页面中单击导入图片，如图7-14所示。按P键，图片在页面中居中对齐，效果如图7-15所示。

(3)选择“矩形”工具，在页面中适当的位置绘制一个矩形，如图7-16所示。设置轮廓线颜色为白色，并在属性栏中的“轮廓宽度”框中设置数值为2.5mm，按Enter键，效果如图7-17所示。按Ctrl+Q组合键，将图形转换为曲线。

图7-14　　图7-15　　图7-16　　图7-17

(4)选择“形状”工具，在适当的位置分别双击鼠标添加节点，如图7-18所示。选取中间的线段，按Delete键将其删除，效果如图7-19所示。使用相同方法分别添加其他节点，并删除相应的线段，效果如图7-20所示。

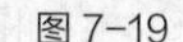
图7-18　　图7-19　　图7-20

(5)选择“选择”工具，选取白色图形，按数字键盘上的+键，复制图形。向右下方拖曳复制的图形到适当的位置，效果如图7-21所示。

（6）选择“透明度”工具，在属性栏中将“透明度类型”选项设为“标准”，其他选项的设置如图7-22所示，按Enter键，效果如图7-23所示。

图7-21

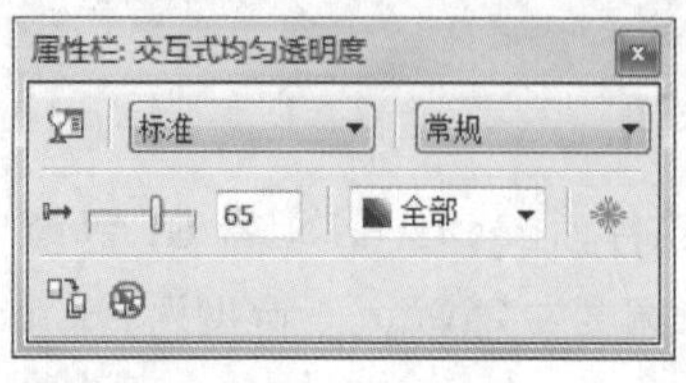

图7-22

图7-23

（7）按Ctrl+I组合键，弹出“导入”对话框，选择云盘中的“Ch07 > 素材 > 茶艺海报设计 > 02.png”文件，单击“导入”按钮，在页面中单击导入图片，将其拖曳到适当的位置并调整其大小，效果如图7-24所示。

（8）选择“阴影”工具，在图片中由上至下拖曳光标，为图片添加阴影效果，在属性栏中的设置如图7-25所示，按Enter键，效果如图7-26所示。

图7-24

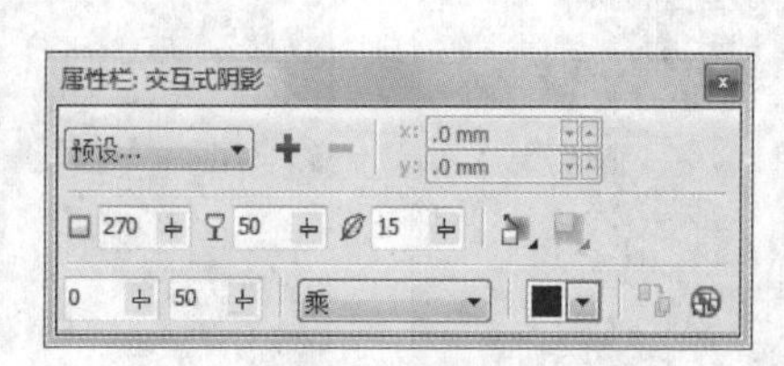

图7-25

图7-26

（9）选择“文本”工具，在适当的位置分别输入需要的文字，选择“选择”工具，在属性栏中分别选取适当的字体并设置文字大小，效果如图7-27所示。选取文字“茶”，按Ctrl+Q组合键，将文字转化为曲线，如图7-28所示。

（10）选择“形状”工具，用圈选的方法选取需要的节点，如图7-29所示。向右拖曳节点到适当的位置，效果如图7-30所示。

图7-27

图7-28

图7-29

图7-30

（11）用相同方法调整其他节点的位置，效果如图7-31所示。选择“文本”工具，在页面中适当的位置输入需要的文字，选择“选择”工具，在属性栏中选取适当的字体并设置文字大小，单击“将文本更改为垂直方向”按钮，更改文字方向，效果如图7-32所示。

图 7-31

图 7-32

7.1.3 制作展览的标志图形

扫码观看
本案例视频

（1）选择“椭圆形”工具，按住 Ctrl 键的同时，在页面的空白处绘制一个圆形，填充圆形为黑色，并去除圆形的轮廓线，效果如图 7-33 所示。选择“矩形”工具，在圆形的下方绘制一个矩形，填充矩形为黑色，并去除矩形的轮廓线，效果如图 7-34 所示。选择“选择”工具，用圈选的方法，将圆形和矩形同时选取，按 C 键，进行垂直居中对齐。

（2）选择“椭圆形”工具，在矩形的下方绘制一个椭圆形，填充椭圆形为黑色，并去除椭圆形的轮廓线，效果如图 7-35 所示。选择“选择”工具，用圈选的方法将 3 个图形同时选取，按 C 键，进行垂直居中对齐。单击属性栏中的“合并”按钮，将图形全部合并为一个图形，效果如图 7-36 所示。

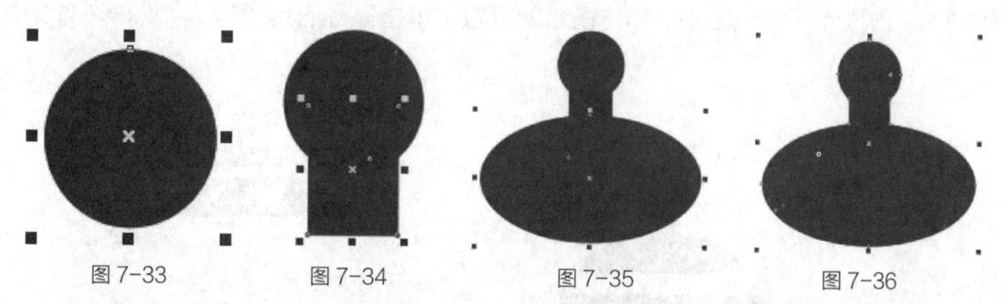

图 7-33　图 7-34　图 7-35　图 7-36

（3）选择“椭圆形”工具，在适当的位置绘制一个椭圆形，填充椭圆形为黄色，并去除椭圆形的轮廓线，效果如图 7-37 所示。选择“选择”工具，按住 Ctrl 键的同时，水平向右拖曳图形，并在适当的位置上单击鼠标右键，复制一个图形，效果如图 7-38 所示。

（4）选择“选择”工具，用圈选的方法将绘制的图形同时选取，单击属性栏中的“移除前面对象”按钮，将 3 个图形剪切为一个图形，效果如图 7-39 所示。

（5）选择“矩形”工具，在适当的位置绘制一个矩形，效果如图 7-40 所示。选择“选择”工具，用圈选的方法将修剪后的图形和矩形同时选取，单击属性栏中的“移除前面对象”按钮，将两个图形剪切为一个图形，效果如图 7-41 所示。

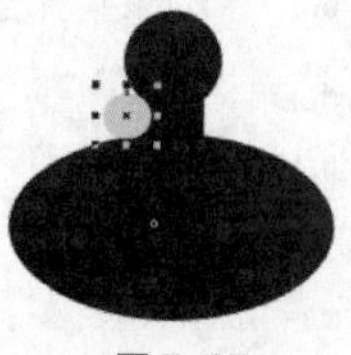

图 7-37

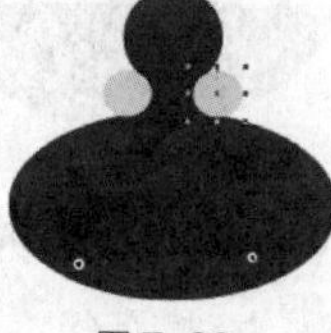

图 7-38

图 7-39

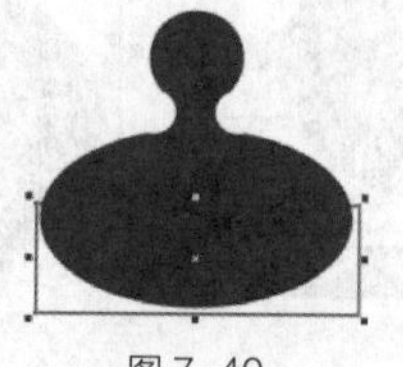

图 7-40

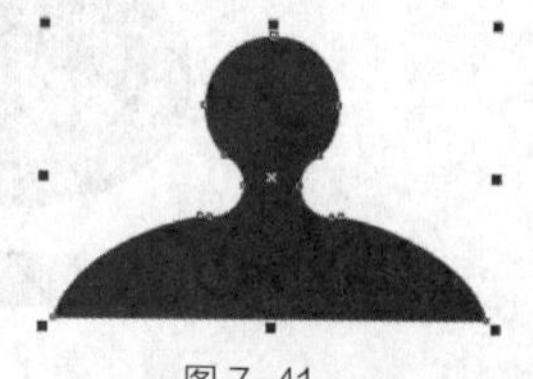

图 7-41

（6）选择“矩形”工具□，在适当的位置绘制一个矩形，效果如图7-42所示。选择“椭圆形”工具○，在矩形的左侧绘制一个椭圆形，在“CMYK调色板”中的“黄”色块上单击鼠标右键，填充轮廓线，效果如图7-43所示。选择“选择”工具，选取椭圆形，按住Ctrl键的同时，水平向右拖曳图形，并在适当的位置上单击鼠标右键，复制一个图形，效果如图7-44所示。

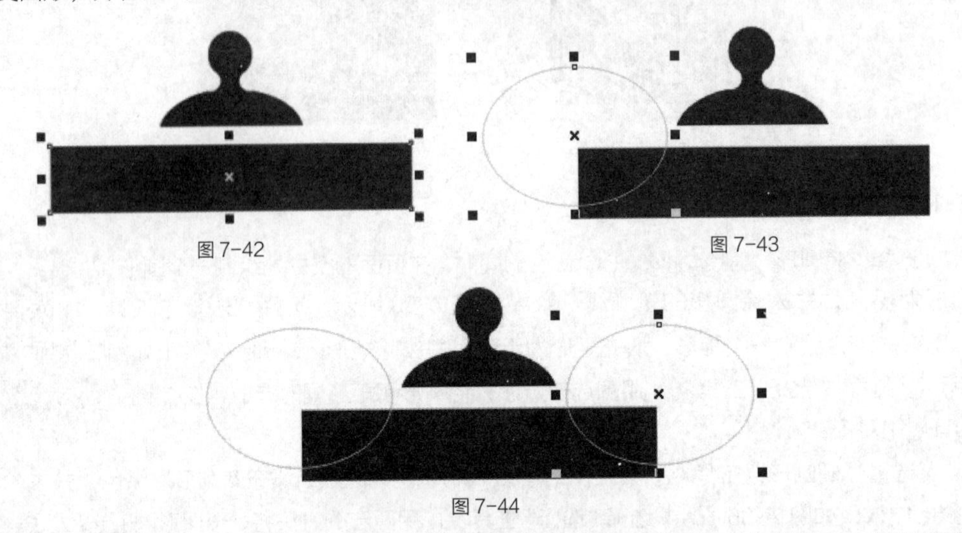
图7-42　图7-43

图7-44

（7）选择“选择”工具，按住Shift键的同时，依次单击矩形和两个椭圆形，将其同时选取，单击属性栏中的“移除前面对象”按钮，将3个图形剪切为一个图形，效果如图7-45所示。按住Ctrl键的同时，垂直向下拖曳图形，并在适当的位置上单击鼠标右键复制一个图形，效果如图7-46所示。

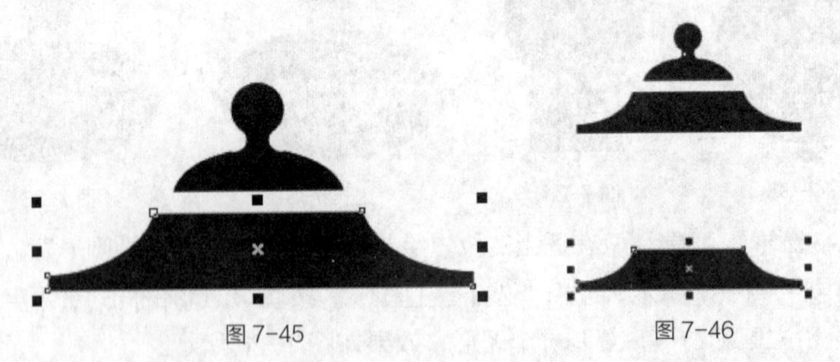
图7-45　图7-46

（8）选择“椭圆形”工具○，在适当的位置绘制一个椭圆形，填充图形为黑色，并去除轮廓线，效果如图7-47所示。选择“矩形”工具□，在椭圆形的上面绘制一个矩形，效果如图7-48所示。使用相同方法制作出如图7-49所示的效果。

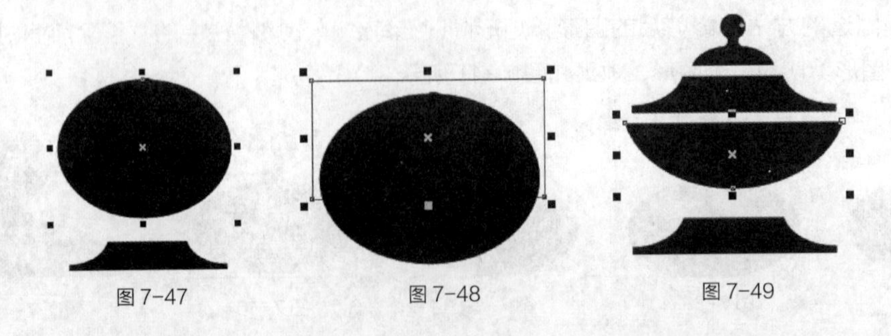
图7-47　图7-48　图7-49

（9）选择“矩形”工具□，在半圆形的下方绘制一个矩形，填充矩形为黑色，并去除图形的轮廓线，效果如图 7-50 所示。选择“选择”工具，用圈选的方法，将图形全部选取，按 C 键，进行垂直居中对齐。

（10）选择“贝塞尔”工具，在适当的位置绘制出一个不规则的图形，填充图形为黑色，并去除图形的轮廓线，效果如图 7-51 所示。

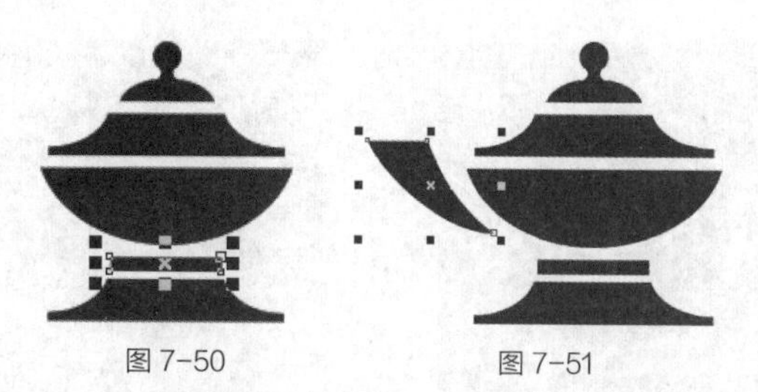

图 7-50　　图 7-51

（11）使用相同的方法绘制出其他图形，效果如图 7-52 所示。选择“选择”工具，用圈选的方法将图形全部选取，按 Ctrl+G 组合键将其群组，拖曳群组图形到适当的位置并调整其大小，填充图形为白色，效果如图 7-53 所示。

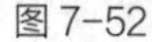

图 7-52

图 7-53

（12）选择“椭圆形”工具，按住 Ctrl 键的同时，在茶壶图形上绘制一个圆形，设置图形颜色的 CMYK 值为 95、55、95、30，填充图形，设置轮廓线颜色的 CMYK 值为 100、0、100、0，填充轮廓线，并在属性栏中设置适当的轮廓宽度，效果如图 7-54 所示。按 Ctrl+PageDown 组合键，将其置后一层。选择“选择”工具，按住 Shift 键的同时，依次单击茶壶图形和圆形将其同时选取，按 C 键，进行垂直居中对齐，如图 7-55 所示。

（13）选择“椭圆形”工具，按住 Ctrl 键的同时，在页面中绘制一个圆形，设置填充轮廓线颜色的 CMYK 值为 40、0、100、0，在属性栏中设置适当的宽度，效果如图 7-56 所示。

（14）选择“文本”工具字，在页面中输入需要的文字。选择“选择”工具，在属性栏中选择合适的字体并设置文字大小，效果如图 7-57 所示。

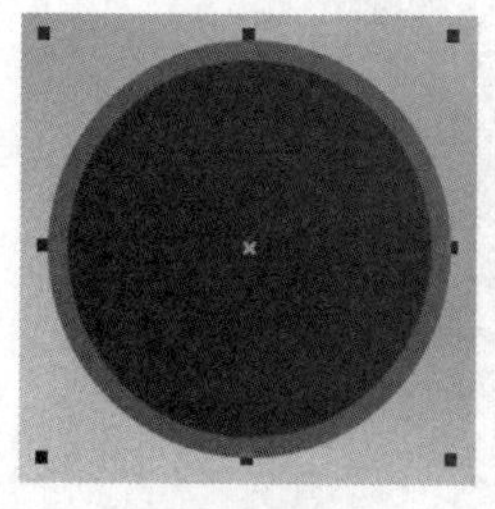

图 7-54

图 7-55

图 7-56

图 7-57

（15）保持文字的选取状态，选择“文本 > 使文本适合路径”命令，将光标置于圆形轮廓线上方并单击，如图7-58所示，文本自动绕路径排列，效果如图7-59所示。在属性栏中进行设置，如图7-60所示，按Enter键，效果如图7-61所示。

（16）选择“文本”工具，在页面中输入需要的英文。选择“选择”工具，在属性栏中选择合适的字体并设置文字大小，如图7-62所示。

图7-58

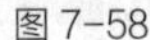

图7-59

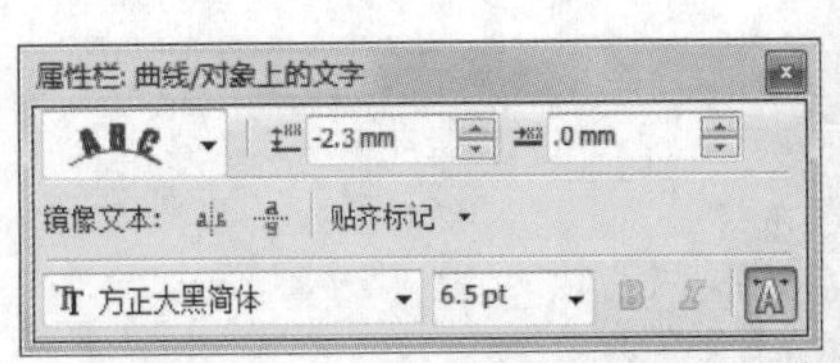

图7-60

图7-61

图7-62

（17）选择“文本 > 使文本适合路径”命令，将光标置于圆形轮廓线下方并单击，如图7-63所示，文本自动绕路径排列，效果如图7-64所示。在属性栏中单击“水平镜像文本”按钮和“垂直镜像文本”按钮，其他选项的设置如图7-65所示，按Enter键，效果如图7-66所示。

图7-63

图7-64

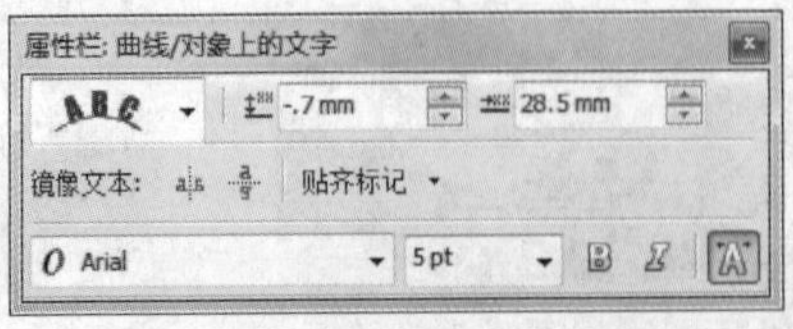

图7-65

图7-66

7.1.4 添加展览日期及相关信息

（1）选择“文本”工具字，在页面中输入需要的文字。选择“选择”工具，在属性栏中选择合适的字体并设置文字大小，如图 7-67 所示。

（2）按 Ctrl+T 组合键，弹出“文本属性”面板，在弹出的面板中进行设置，如图 7-68 所示，按 Enter 键，文字效果如图 7-69 所示。

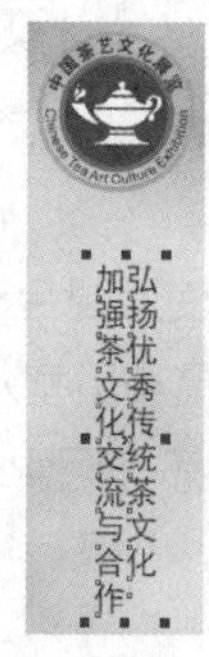

图 7-67

图 7-68

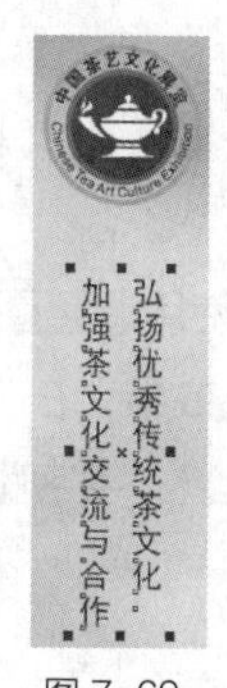

图 7-69

（3）选择“文本 > 插入符号字符”命令，弹出“插入字符”面板，在面板中按需要进行设置并选择需要的字符，如图 7-70 所示。将字符拖曳到页面中适当的位置并调整其大小，效果如图 7-71 所示。选取字符，设置字符颜色的 CMYK 值为 95、35、95、30，填充字符，效果如图 7-72 所示。用相同的方法制作出另一个字符图形，效果如图 7-73 所示。

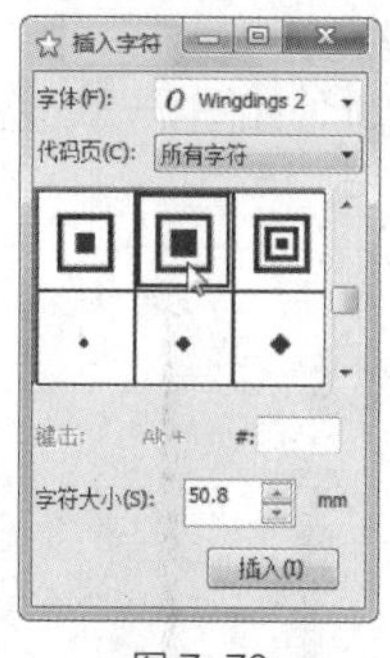

图 7-70

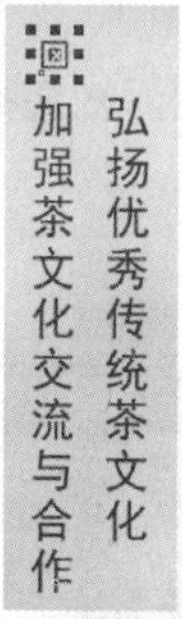

图 7-71 　图 7-72 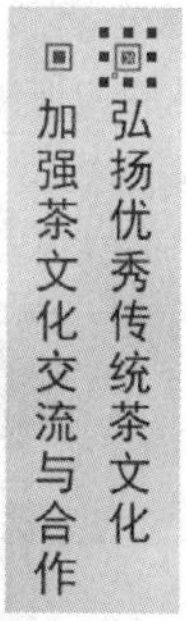　图 7-73

（4）选择“文本”工具字，在适当的位置分别输入需要的文字，选择“选择”工具，在属性栏中分别选取适当的字体并设置文字大小，填充文字为白色，效果如图 7-74 所示。茶艺海报制作完成，效果如图 7-75 所示。

图 7-74

图 7-75

（5）按 Ctrl+S 组合键，弹出“保存图形”对话框，将制作好的图像命名为“茶艺海报”，保存为 CDR 格式，单击“保存”按钮，将图像保存。

7.2 课后习题——夏日派对海报设计

习题知识要点

在 Photoshop 中，使用调整图层命令调整背景图片的颜色，使用混合模式、不透明度、蒙版和画笔工具制作图片的合成效果；在 CorelDRAW 中，使用文本工具和贝塞尔工具添加标题和相关信息，使用对象属性面板调整文字字距和行距，使用阴影工具为文字添加阴影。

素材所在位置

云盘 /Ch07/ 素材 / 夏日派对海报设计 /01~07。

效果所在位置

云盘 /Ch07/ 效果 / 夏日派对海报设计 / 夏日派对海报 .cdr，如图 7-76 所示。

图 7-76

扫码观看
本案例视频

扫码观看
本案例视频

08

第 8 章 杂志设计

本章介绍

杂志是比较专项的宣传媒介之一，它具有目标受众明确、实效性强、宣传力度大、效果明显等特点。时尚生活类杂志的设计可以轻松、活泼、色彩丰富一些，版式内的图文编排可以灵活多变，但要注意把握风格的整体性。本章以《时尚佳人》杂志为例，讲解杂志的设计方法和制作技巧。

学习目标

- ✔ 掌握杂志的设计思路和过程。
- ✔ 掌握杂志的制作方法和技巧。

技能目标

- ✱ 掌握“杂志封面”的制作方法。
- ✱ 掌握“杂志栏目”的制作方法。
- ✱ 掌握“化妆品栏目”的制作方法。
- ✱ 掌握“旅游栏目”的制作方法。

8.1 杂志封面设计

扫码观看
扩展案例

案例学习目标

在 Photoshop 中，学习使用调整图层和滤镜命令制作杂志封面底图；在 CorelDRAW 中，学习使用文本工具、对象属性面板和图形的绘制工具制作并添加相关栏目和信息。

案例知识要点

在 Photoshop 中，使用滤镜制作光晕效果，使用曲线和照片滤镜图层调整面板调整图片的颜色；在 CorelDRAW 中，根据杂志的尺寸，在属性栏中设置页面的大小，使用文本工具和文本属性面板制作杂志名称和其他相关信息，使用矩形工具、椭圆形工具和透明度工具制作装饰图形，使用插入条码命令插入条形码。

图 8-1

效果所在位置

云盘 /Ch08/ 效果 / 杂志封面设计 / 杂志封面 .cdr，如图 8-1 所示。

Photoshop 应用

扫码观看
本案例视频

8.1.1 调整背景底图

（1）打开 Photoshop CS6 软件，按 Ctrl + N 组合键，新建一个文件，设置其宽度为 20.5 厘米，高度为 27.5 厘米，分辨率为 150 像素 / 英寸，颜色模式为 RGB，背景内容为白色。

（2）按 Ctrl + O 组合键，打开云盘中的“Ch08 > 素材 > 杂志封面设计 > 01.jpg”文件，选择“移动”工具，将图片拖曳到图像窗口中适当的位置，如图 8-2 所示。在“图层”控制面板中生成新的图层并将其命名为“人物”。

（3）选择“滤镜 > 渲染 > 镜头光晕”命令，将光点拖曳到适当的位置，其他选项的设置如图 8-3 所示，单击“确定”按钮，效果如图 8-4 所示。

（4）单击“图层”控制面板下方的“创建新的填充或调整图层”按钮，在弹出的菜单中选择“曲线”命令，在“图层”控制面板中生成“曲线 1”图层，同时弹出相应的调整面板，单击添加调整点，将“输入”选项设为 80，“输出”选项设为 54，其他选项的设置如图 8-5 所示，按 Enter 键，效果如图 8-6 所示。

图 8-2

图 8-3

图 8-4

（5）单击“图层”控制面板下方的“创建新的填充或调整图层”按钮，在弹出的菜单中选择“照片滤镜”命令，在“图层”控制面板中生成“照片滤镜 1”图层，同时弹出相应的调整面板，选项的设置如图 8-7 所示，按 Enter 键，效果如图 8-8 所示。

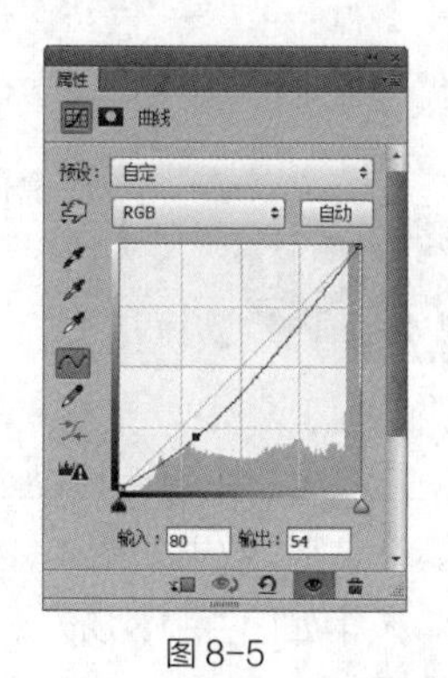

图 8-5

图 8-6

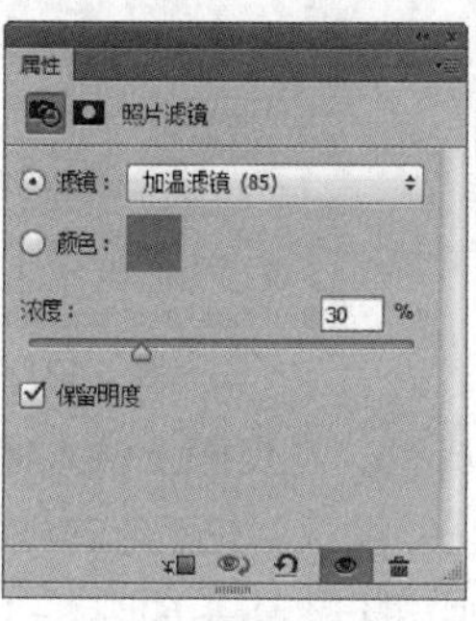

图 8-7

图 8-8

（6）杂志封面底图制作完成。按 Shift+Ctrl+E 组合键，合并可见图层。按 Ctrl+S 组合键，弹出“存储为”对话框，将其命名为“杂志封面底图”，保存为 JPEG 格式，单击“保存”按钮，弹出“JPEG 选项”对话框，单击“确定”按钮，将图像保存。

CorelDRAW 应用

8.1.2 添加杂志名称

扫码观看
本案例视频

（1）打开 CorelDRAW X6 软件，按 Ctrl+N 组合键，新建一个页面。在属性栏的“页面度量”选项中分别设置宽度为 205mm，高度为 275mm，按 Enter 键，页面显示为设置的大小。

（2）按 Ctrl+I 组合键，弹出“导入”对话框，打开云盘中的“Ch08 > 效果 > 杂志封面设计 > 杂志封面底图 .jpg”文件，单击“导入”按钮，在页面中单击导入图片，如图 8-9 所示。按 P 键，图片居中对齐页面，效果如图 8-10 所示。

（3）选择“文本”工具字，在页面上输入需要的文字，选择“选择”工具，在属性栏中选取适当的字体并设置文字大小，设置填充颜色的 CMYK 值为 40、100、0、0，填充文字，效果如图 8-11 所示。

（4）按 Ctrl+T 组合键，弹出“文本属性”面板，在弹出的面板中进行设置，如图 8-12 所示，按 Enter 键，文字效果如图 8-13 所示。

图8-9 　　图8-10

图8-11

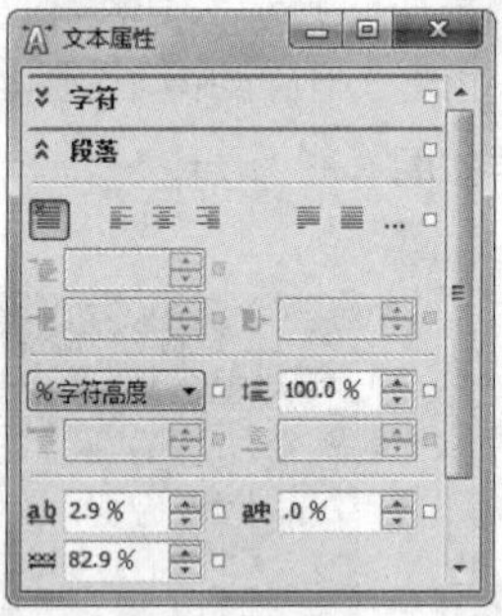

图8-12

图8-13

（5）选择“文本”工具字，在页面上输入需要的文字，选择“选择”工具，在属性栏中选取适当的字体并设置文字大小，设置填充颜色的CMYK值为40、100、0、0，填充文字，效果如图8-14所示。在“文本属性”面板中进行设置，如图8-15所示，按Enter键，文字效果如图8-16所示。

（6）选择“文本”工具字，在适当的位置输入需要的文字，选择“选择”工具，在属性栏中选取适当的字体并设置文字大小，效果如图8-17所示。

图8-14

图8-15

图8-16

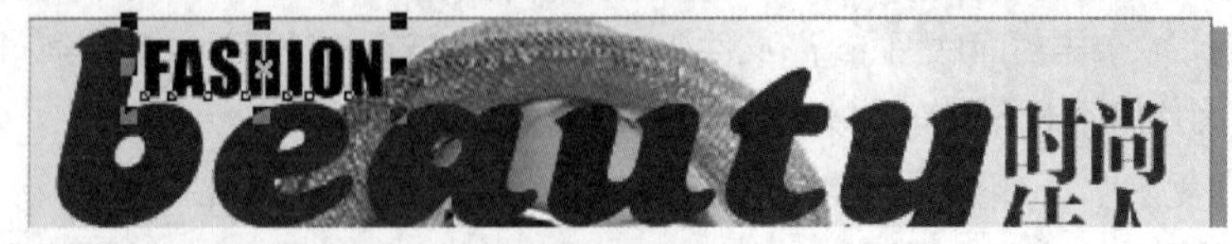

图8-17

8.1.3　添加出版信息

（1）选择“文本”工具字，在适当的位置分别输入需要的文字，选择“选择”工具，在属性栏中分别选取适当的字体并设置文字大小，效果如图 8-18 所示。选择“文本”工具字，选取需要的文字，在属性栏中设置适当的文字大小，效果如图 8-19 所示。

图 8-18

图 8-19

（2）选择“选择”工具，选取需要的文字，在“文本属性”面板中进行设置，如图 8-20 所示，按 Enter 键，文字效果如图 8-21 所示。选择“2 点线”工具，按住 Shift 键的同时，在适当的位置绘制直线，效果如图 8-22 所示。

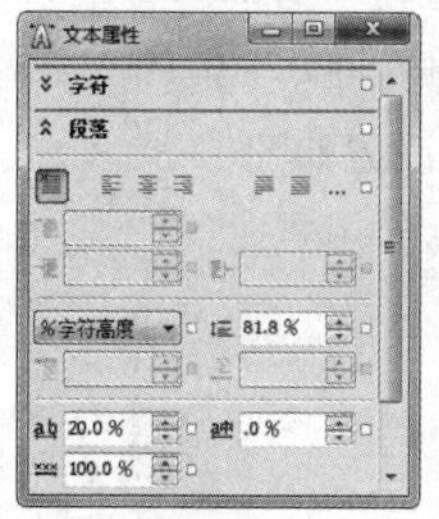

图 8-20

图 8-21

图 8-22

8.1.4 添加相关栏目

（1）选择“文本”工具字，在适当的位置分别输入需要的文字，选择“选择”工具，在属性栏中分别选取适当的字体并设置文字大小，效果如图 8-23 所示。选取需要的文字，设置填充颜色的 CMYK 值为 40、100、0、0，填充文字，效果如图 8-24 所示。

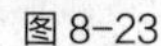
图 8-23

图 8-24

（2）保持文字的选取状态，在“文本属性”面板中进行设置，如图 8-25 所示，按 Enter 键，文字效果如图 8-26 所示。

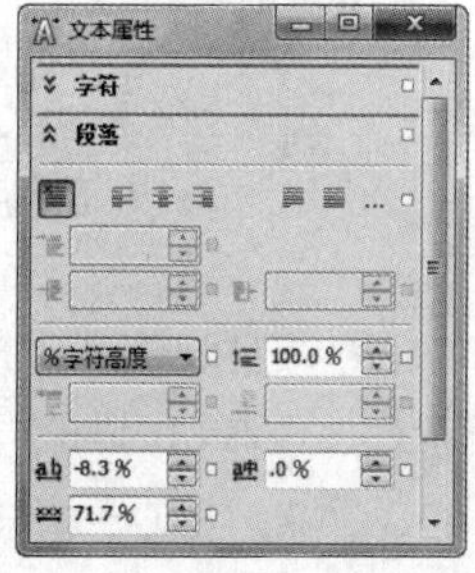

图 8-25

图 8-26

（3）选择“选择”工具，选取下方的文字。在“文本属性”面板中进行设置，如图8-27所示，按Enter键，文字效果如图8-28所示。

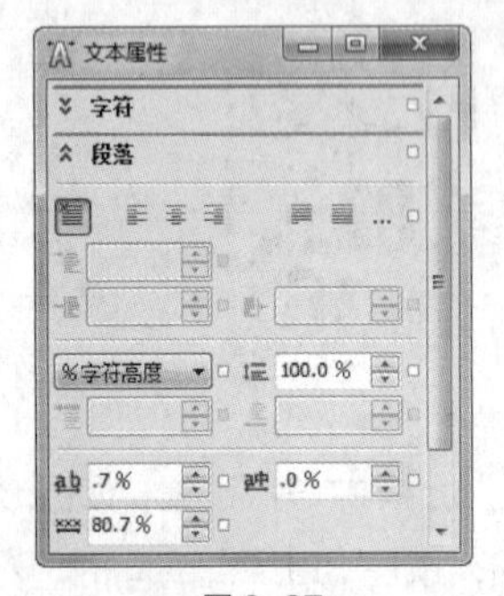

图8-27

图8-28

（4）选择“椭圆形”工具，按住Ctrl键的同时，在适当的位置绘制圆形。设置填充颜色的CMYK值为0、20、100、0，填充图形，并去除图形的轮廓线，效果如图8-29所示。选择“透明度”工具，在属性栏中将“透明度类型”选项设为“标准”，其他选项的设置如图8-30所示，按Enter键，效果如图8-31所示。

图8-29

图8-30

图8-31

（5）选择“文本”工具，在圆形上分别输入需要的文字，选择“选择”工具，在属性栏中分别选取适当的字体并设置文字大小，效果如图8-32所示。将输入的文字同时选取，单击属性栏中的“文本对齐”按钮，在弹出的面板中选择“居中”，文字的对齐效果如图8-33所示。再次单击文字，使其处于旋转状态，拖曳鼠标将其旋转到适当的角度，效果如图8-34所示。

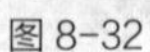
图8-32

图8-33

图8-34

（6）选择“文本”工具，在适当的位置分别输入需要的文字，选择“选择”工具，在属性栏中分别选取适当的字体并设置文字大小，效果如图8-35所示。按住Shift键的同时，将需要的文字同时选取，如图8-36所示。设置填充颜色的CMYK值为40、100、0、0，填充文字，效果如图8-37所示。

图 8-35

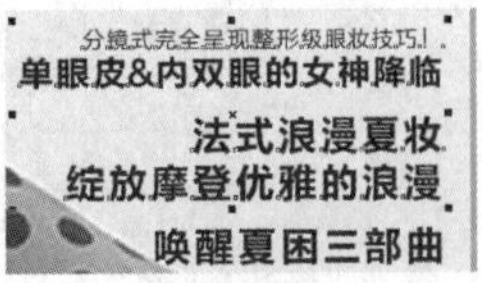

图 8-36

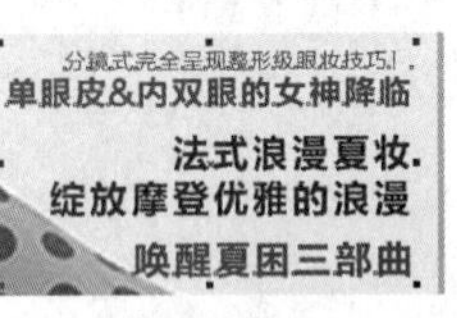

图 8-37

（7）选择“选择”工具，选取需要的文字，在“文本属性”面板中进行设置，如图 8-38 所示，按 Enter 键，文字效果如图 8-39 所示。用相同的方法调整其他文字，效果如图 8-40 所示。

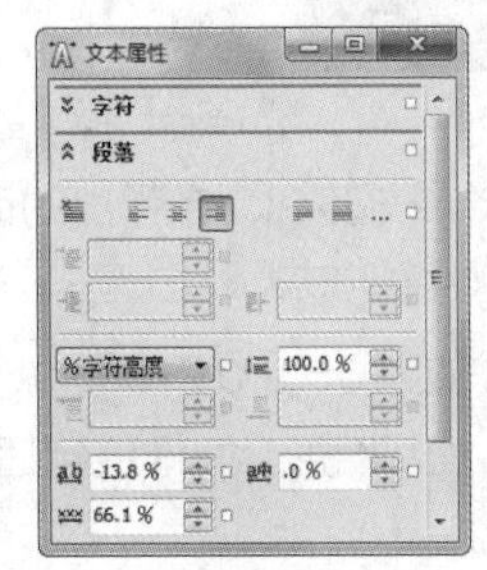

图 8-38

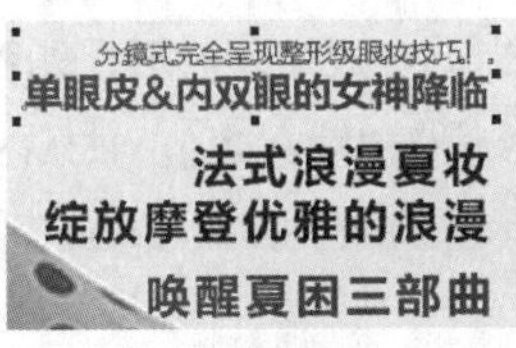

图 8-39

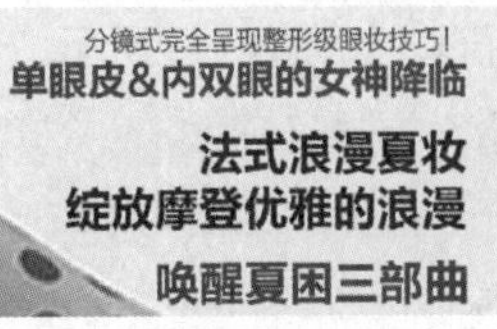

图 8-40

（8）选择“椭圆形”工具，按住 Ctrl 键的同时，在适当的位置绘制圆形，填充图形为白色，并去除图形的轮廓线，效果如图 8-41 所示。选择“透明度”工具，在属性栏中将“透明度类型”选项设为“标准”，其他选项的设置如图 8-42 所示，按 Enter 键，效果如图 8-43 所示。

图 8-41

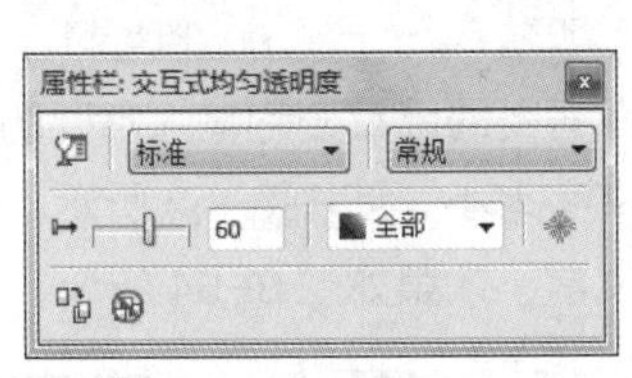

图 8-42

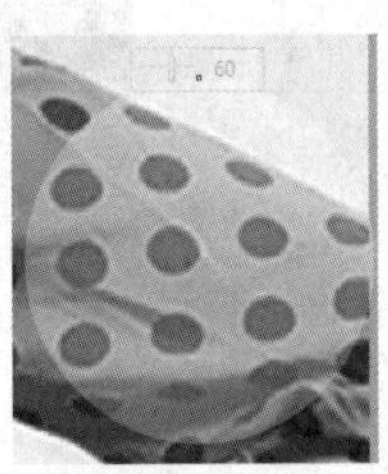

图 8-43

（9）选择“椭圆形”工具，按住 Ctrl 键的同时，在适当的位置绘制圆形，按 Alt+Enter 组合键，弹出“对象属性”泊坞窗，选项的设置如图 8-44 所示，按 Enter 键，图形效果如图 8-45 所示。

（10）选择“文本”工具，在圆形上分别输入需要的文字，选择“选择”工具，在属性栏中分别选取适当的字体并设置文字大小。将输入的文字同时选取，单击属性栏中的“文本对齐”按钮，在弹出的面板中选择“居中”，文字的对齐效果如图 8-46 所示。

图 8-44

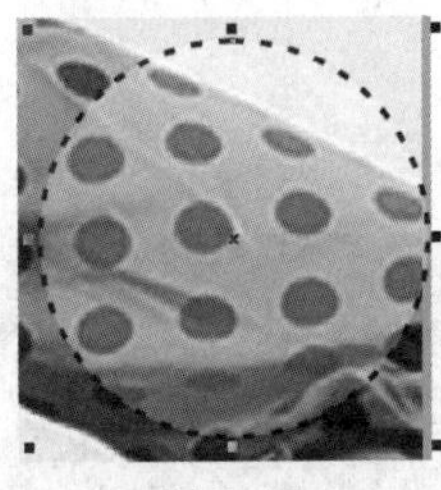

图 8-45

图 8-46

（11）选择“选择”工具，选取需要的文字，在“文本属性”面板中，单击“居中”按钮，其他选项的设置如图 8-47 所示，按 Enter 键，效果如图 8-48 所示。

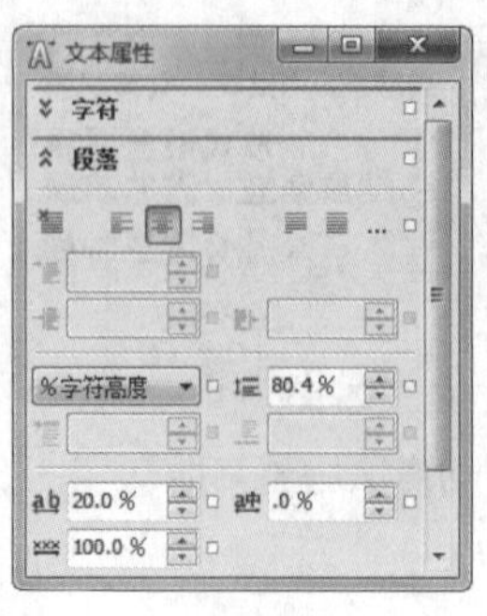

图 8-47

图 8-48

（12）选择“基本形状”工具，单击属性栏中的“完美形状”按钮，在弹出的面板中选择需要的基本图形，如图 8-49 所示，在适当的位置绘制心形，如图 8-50 所示。

（13）选择“选择”工具，选取心形，设置填充颜色的CMYK值为0、100、100、0，填充图形，并去除图形的轮廓线，效果如图 8-51 所示。按数字键盘上的＋键，复制图形，并拖曳到适当的位置，效果如图 8-52 所示。

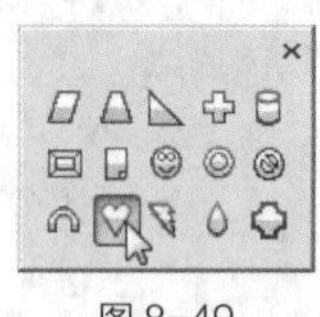

图 8-49

图 8-50

图 8-51

图 8-52

（14）选择“文本”工具，在适当的位置分别输入需要的文字，选择“选择”工具，在属性栏中分别选取适当的字体并设置文字大小，如图 8-53 所示。选取需要的文字，设置填充颜色的CMYK值为40、100、0、0，填充文字，效果如图 8-54 所示。

图 8-53

图 8-54

（15）保持文字的选取状态。在“文本属性”面板中进行设置，如图 8-55 所示，按 Enter 键，文字效果如图 8-56 所示。

图 8-55

图 8-56

（16）用相同的方法分别调整其他文字，效果如图 8-57 所示。选择“矩形”工具，绘制一个矩形，在属性栏中的“圆角半径”框中均设置数值为 1mm，按 Enter 键，填充图形为白色，并去除图形的轮廓线，效果如图 8-58 所示。连续按 Ctrl+PageDown 组合键，后移矩形，效果如图 8-59 所示。

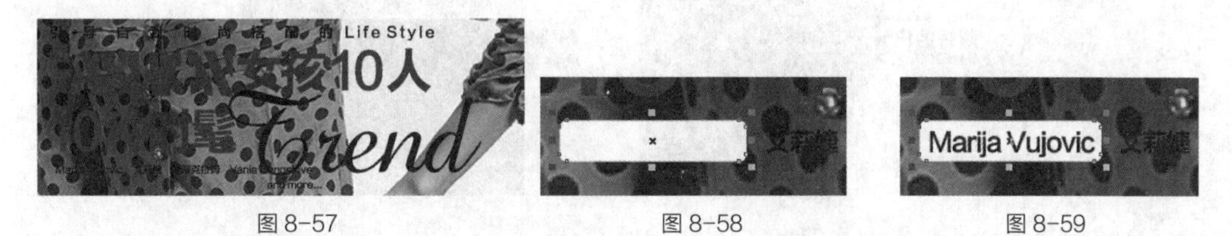

图 8-57　　图 8-58　　图 8-59

（17）选择“透明度”工具，在属性栏中将“透明度类型”选项设为“标准”，其他选项的设置如图 8-60 所示，按 Enter 键，效果如图 8-61 所示。

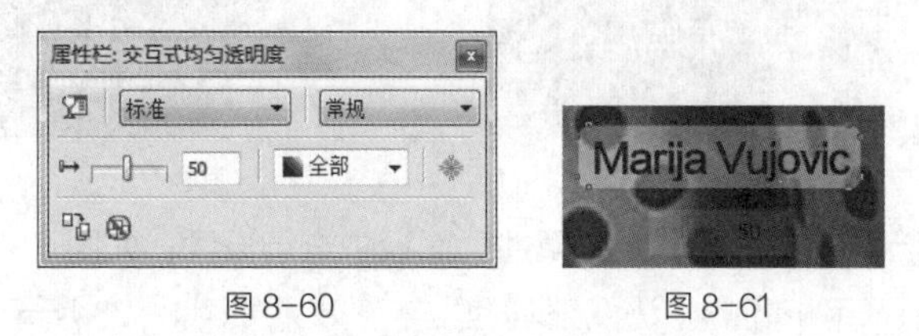

图 8-60　　图 8-61

（18）选择“选择”工具，选取圆角矩形，按数字键盘上的 + 键，复制圆角矩形，并将其拖曳到适当的位置，效果如图 8-62 所示。拖曳右侧中间的控制手柄到适当的位置，效果如图 8-63 所示。用相同的方法制作其他圆角矩形，效果如图 8-64 所示。

图 8-62　　图 8-63

图 8-64

（19）选择“3 点矩形”工具，在适当的位置绘制矩形，将其填充为黑色，并去除图形的轮廓线，效果如图 8-65 所示。用相同的方法绘制另一个矩形，效果如图 8-66 所示。选择“选择”工具，选取两个矩形，按 Ctrl+G 组合键，群组图形，如图 8-67 所示。连续按 Ctrl+PageDown 组合键，后移矩形，效果如图 8-68 所示。

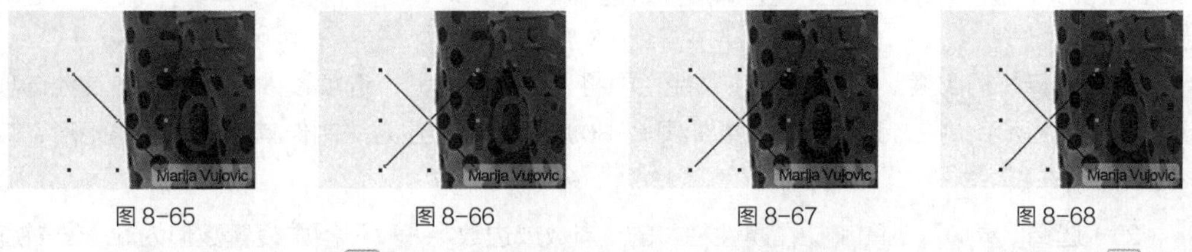

图 8-65　　图 8-66　　图 8-67　　图 8-68

（20）选择“文本”工具，在适当的位置分别输入需要的文字，选择“选择”工具，在属性栏中分别选取适当的字体并设置文字大小，如图 8-69 所示。选取需要的文字，填充文字为白色，效果如图 8-70 所示。

（21）选取需要的文字，设置填充颜色的CMYK值为0、20、100、0，填充文字，效果如图8-71所示。再次选取需要的文字，设置填充颜色的CMYK值为40、100、0、0，填充文字，效果如图8-72所示。

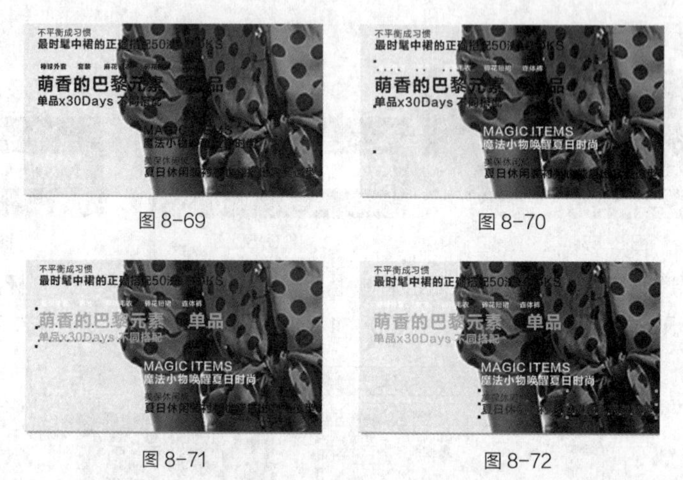

图8-69　图8-70

图8-71　图8-72

（22）保持文字的选取状态。在“文本属性”面板中进行设置，如图8-73所示，按Enter键，文字效果如图8-74所示。用相同的方法调整其他文字，效果如图8-75所示。

图8-73　图8-74　图8-75

（23）选择“矩形”工具，绘制一个矩形，在属性栏中的“圆角半径”框中进行设置，如图8-76所示，按Enter键。填充图形为黑色，并去除图形的轮廓线，效果如图8-77所示。连续按Ctrl+PageDown组合键，后移矩形，效果如图8-78所示。

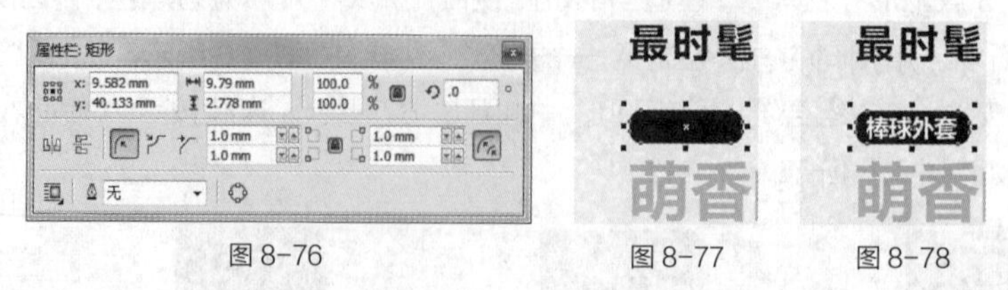

图8-76　图8-77　图8-78

（24）选择“透明度”工具，在属性栏中将“透明度类型”选项设为“标准”，其他选项的设置如图8-79所示，按Enter键，效果如图8-80所示。用上述方法制作其他透明圆角矩形，效果如图8-81所示。

（25）选择“星形”工具，在属性栏中的“点数或边数”框中设置数值为5，在“锐度”框中设置数值为40，在适当的位置绘制星形。设置填充颜色的CMYK值为0、100、100、0，填充图形，并去除图形的轮廓线，效果如图8-82所示。用上述方法添加页面右下角的文字，效果如图8-83所示。

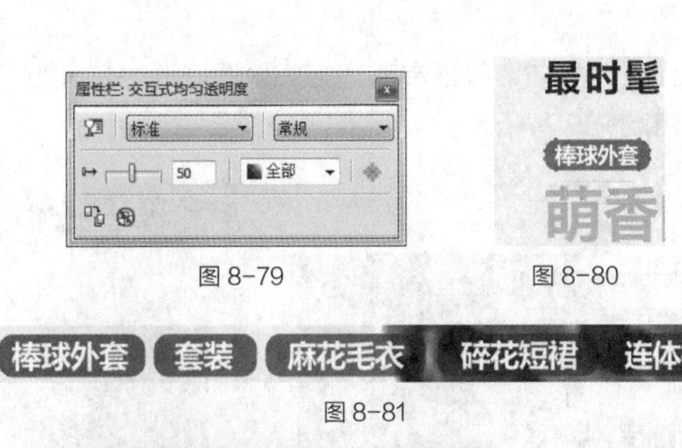

图 8-79　　图 8-80

图 8-81

图 8-82　　图 8-83

8.1.5　制作条形码

（1）选择“编辑 > 插入条码”命令，弹出“条码向导”对话框，在各选项中按需要进行设置，如图 8-84 所示。设置好后，单击“下一步”按钮，按需要进行设置，如图 8-85 所示。设置好后，单击“下一步”按钮，按需要进行各项的设置，如图 8-86 所示。设置完毕后，单击“完成”按钮，效果如图 8-87 所示。

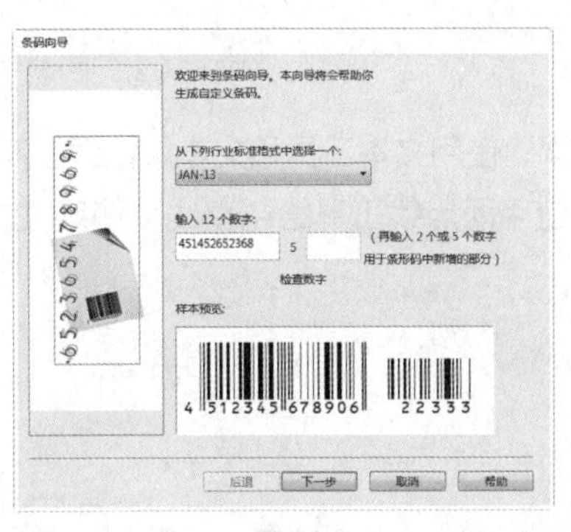

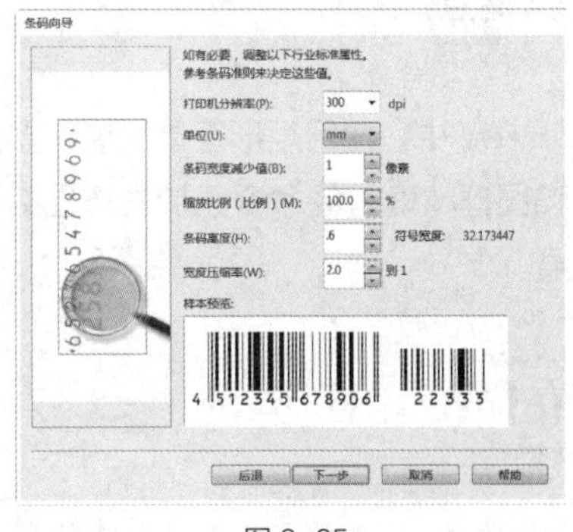

图 8-84　　图 8-85

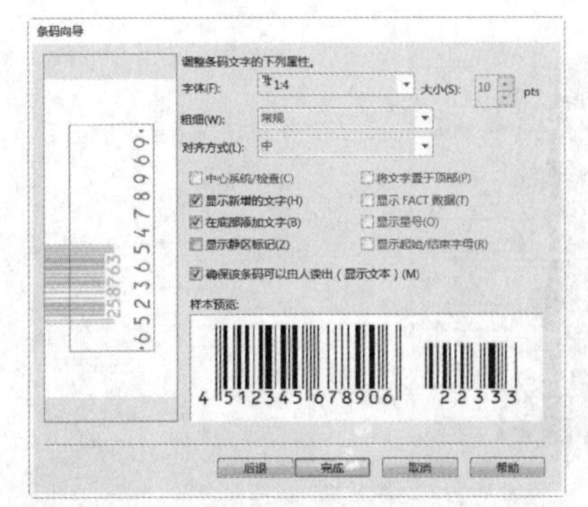

图 8-86　　图 8-87

（2）选择“选择”工具，将条形码拖曳到适当的位置并调整其大小，效果如图 8-88 所示。杂志封面设计完成，效果如图 8-89 所示。

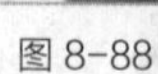
图 8-88

图 8-89

8.2 杂志栏目设计

扫码观看
扩展案例

案例学习目标

学习在 CorelDRAW 中使用置入命令、文本工具、文本属性面板和文本换行命令制作杂志栏目。

案例知识要点

在 CorelDRAW 中，使用矩形工具绘制背景效果，使用文本工具和文本属性面板制作栏目内容，使用导入命令和图框精确剪裁命令添加主体图片，使用两点线工具绘制直线；使用文本换行命令制作文本绕图效果。

效果所在位置

云盘 /Ch08/ 效果 / 杂志栏目设计 / 杂志栏目 .cdr，如图 8-90 所示。

图 8-90

CorelDRAW 应用

8.2.1 制作标题效果

扫码观看
本案例视频

（1）按 Ctrl+N 组合键，新建一个页面。在属性栏的“页面度量”选项中分别设置宽度为 210mm，高度为 285mm，按 Enter 键，页面尺寸显示为设置的大小。双击“矩形”工具，绘制一个与页面大小相等的矩形，设置图形颜色的 CMYK 值为 10、10、0、0，填充图形，并去除图形的轮廓线，效果如图 8-91 所示。

（2）选择“文本”工具，在页面中分别输入需要的文字，选择“选择”工具，在属性栏中分别选取适当的字体并设置文字大小，效果如图 8-92 所示。

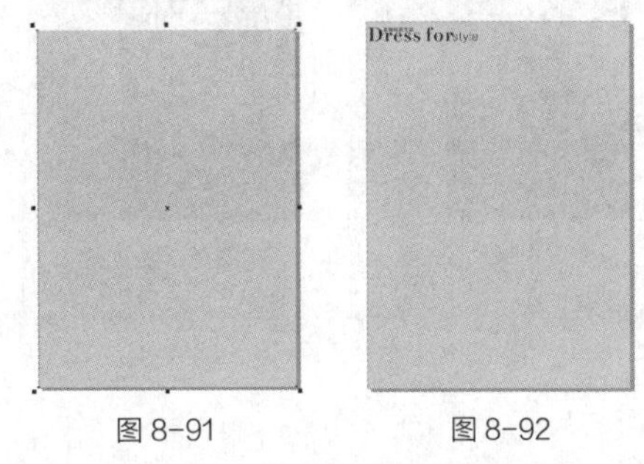

图 8-91　　图 8-92

（3）选择“选择”工具，选取需要的文字，按 Ctrl+T 组合键，弹出“文本属性”面板，在弹出的面板中进行设置，如图 8-93 所示，按 Enter 键，文字效果如图 8-94 所示。

（4）选择“选择”工具，选取需要的文字，在“文本属性”面板中进行设置，如图 8-95 所示，按 Enter 键，文字效果如图 8-96 所示。

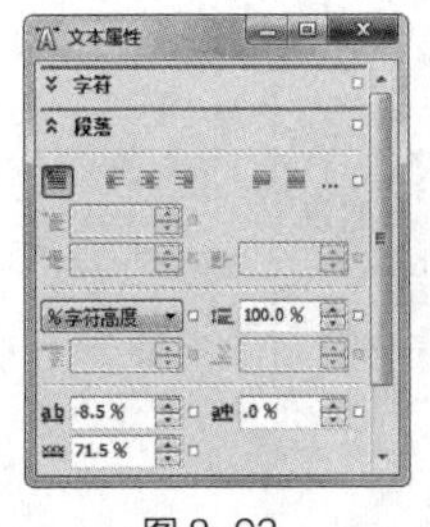

图 8-93

图 8-94

图 8-95

图 8-96

（5）选择“选择”工具，选取需要的文字，在“文本属性”面板中进行设置，如图 8-97 所示，按 Enter 键，文字效果如图 8-98 所示。将其拖曳到适当的位置，效果如图 8-99 所示。

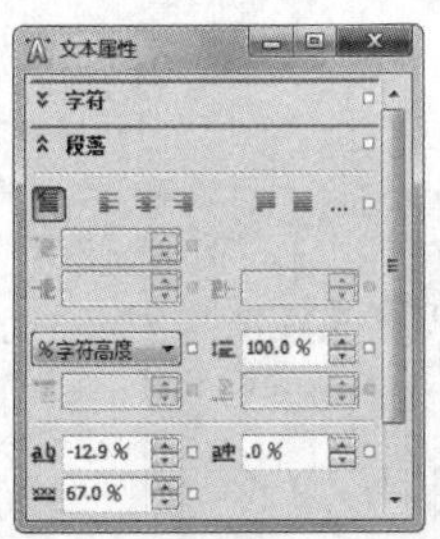

图 8-97

图 8-98

图 8-99

8.2.2 添加主体图片

（1）按 Ctrl+I 组合键，弹出“导入”对话框，打开云盘中的“Ch08 > 素材 > 杂志栏目设计 > 01.jpg”文件，单击“导入”按钮，在页面中单击导入图片，选择“选择”工具，将其拖曳到适当的位置并调整其大小，效果如图 8-100 所示。选择“矩形”工具，绘制一个矩形，如图 8-101 所示。

（2）选择“选择”工具，选取图片。选择“效果 > 图框精确剪裁 > 置于图文框内部”命令，鼠标光标变为黑色箭头后在矩形上单击，如图 8-102 所示，将图片置入矩形中，去除图形的轮廓线，效果如图 8-103 所示。

图 8-100　图 8-101　图 8-102　图 8-103

8.2.3 添加栏目信息

（1）选择“文本”工具，在页面上适当的位置分别输入需要的文字，选择“选择”工具，在属性栏中分别选取适当的字体并设置文字大小，效果如图 8-104 所示。

（2）选取需要的文字，设置填充颜色的 CMYK 值为 0、100、100、15，填充文字，效果如图 8-105 所示。

图 8-104　图 8-105

（3）选择“选择”工具，选取需要的文字。在“文本属性”面板中，选项的设置如图 8-106 所示，按 Enter 键，文字效果如图 8-107 所示。选择“两点线”工具，按住 Shift 键的同时，在适当的位置绘制直线，如图 8-108 所示。

图 8-106　图 8-107

图 8-108

（4）选择“选择”工具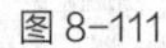，选取需要的文字。在“文本属性”面板中，选项的设置如图 8-109 所示，按 Enter 键，文字效果如图 8-110 所示。

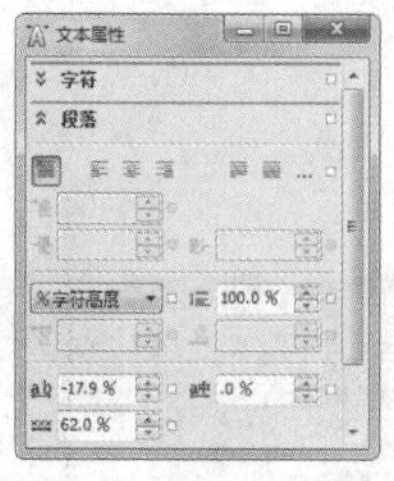

图 8-109　　图 8-110

（5）选择“选择”工具，选取需要的文字。在“文本属性”面板中，选项的设置如图 8-111 所示，按 Enter 键，文字效果如图 8-112 所示。

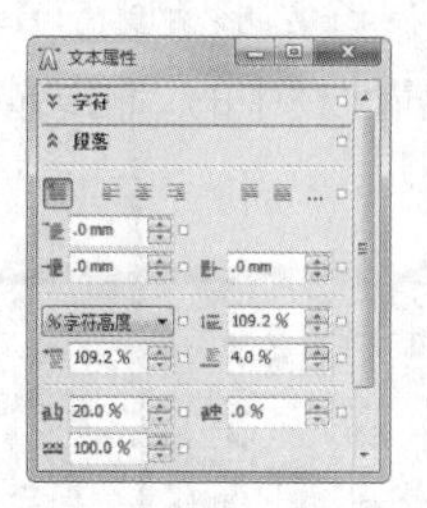

图 8-111　　图 8-112

（6）选择“选择”工具，选取需要的文字。在“文本属性”面板中，选项的设置如图 8-113 所示，按 Enter 键，文字效果如图 8-114 所示。

（7）选择“两点线”工具，按住 Shift 键的同时，在适当的位置绘制直线。在属性栏中的“轮廓宽度”框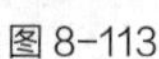中设置数值为 2mm，按 Enter 键，效果如图 8-115 所示。

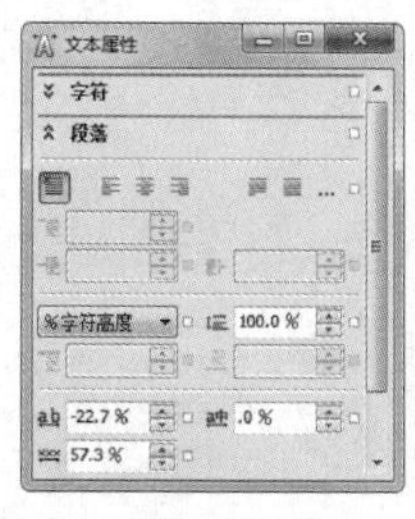

图 8-113　　图 8-114　　图 8-115

8.2.4　添加其他栏目信息

扫码观看
本案例视频

（1）选择“文本”工具，在页面上适当的位置分别输入需要的文字，选择“选择”工具，在属性栏中分别选取适当的字体并设置文字大小，效果如图 8-116 所示。

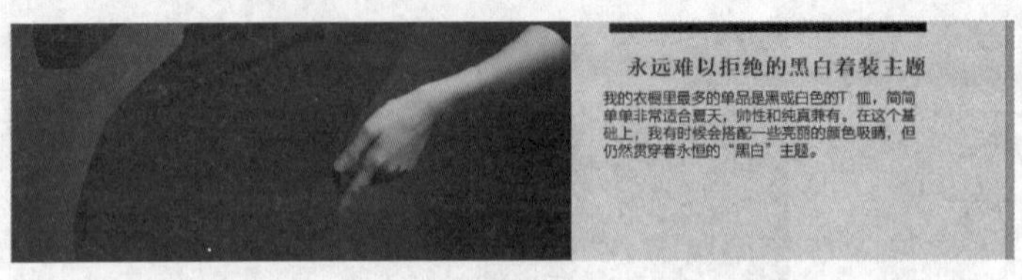

图 8-116

（2）选择“选择”工具，选取需要的文字。在“文本属性”面板中，选项的设置如图 8-117 所示，按 Enter 键，文字效果如图 8-118 所示。

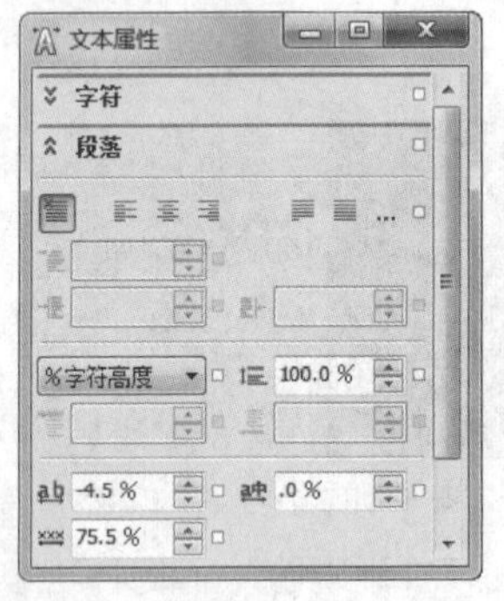

图 8-117

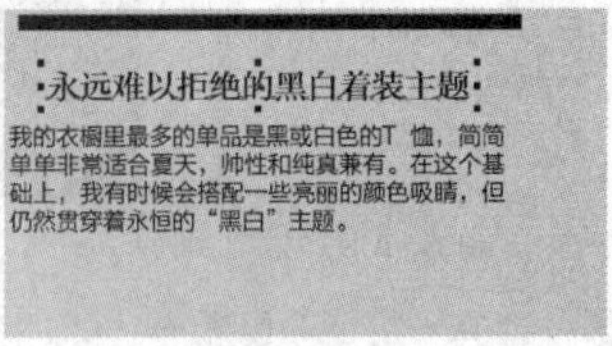

图 8-118

（3）选择“椭圆形”工具，按住 Shift 键的同时，绘制一个圆形。设置轮廓线颜色的 CMYK 值为 0、100、100、15，填充轮廓线，如图 8-119 所示。在属性栏中的“轮廓宽度” 框 中设置数值为 0.5mm，按 Enter 键，效果如图 8-120 所示。

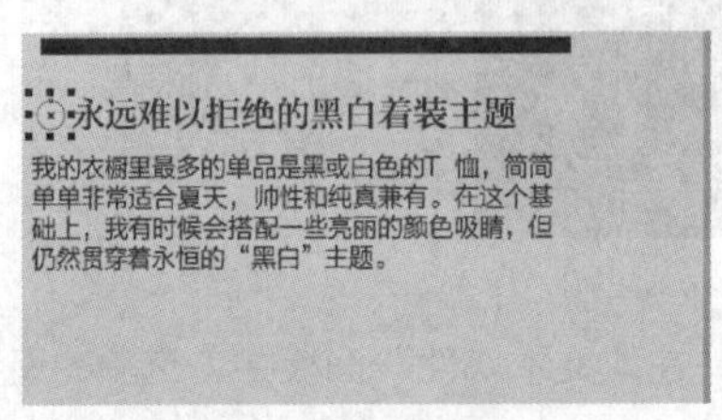

图 8-119

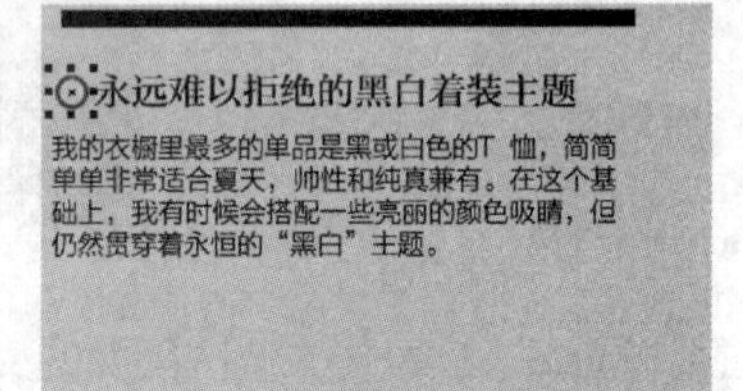

图 8-120

（4）选择“选择”工具，选取需要的文字。在“文本属性”面板中，选项的设置如图 8-121 所示，按 Enter 键，文字效果如图 8-122 所示。

图 8-121

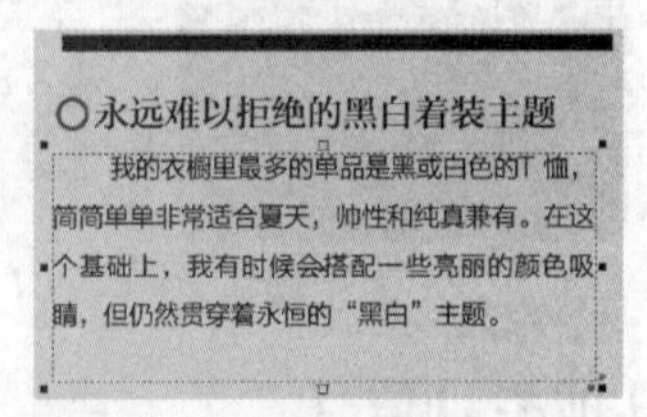

图 8-122

（5）选择“矩形”工具，绘制一个矩形。设置图形颜色的 CMYK 值为 10、10、0、0，填充图形，并去除图形的轮廓线，效果如图 8-123 所示。用上述方法添加其他文字，效果如图 8-124 所示。

图 8-123

图 8-124

8.2.5 制作文本绕图效果

（1）按 Ctrl+I 组合键，弹出“导入”对话框，打开云盘中的“Ch08 > 素材 > 杂志栏目设计 > 02、03、04”文件，单击“导入”按钮，在页面中分别单击导入图片，选择“选择”工具，分别将其拖曳到适当的位置并调整其大小，效果如图 8-125 所示。

（2）选取需要的图片，单击属性栏中的“文本换行”按钮，在弹出的面板中选择需要的选项，如图 8-126 所示，效果如图 8-127 所示。

（3）选取需要的图片，单击属性栏中的“文本换行”按钮，在弹出的面板中选择需要的选项，如图 8-128 所示，效果如图 8-129 所示。杂志栏目设计完成，效果如图 8-130 所示。

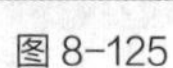
图 8-125

图 8-126

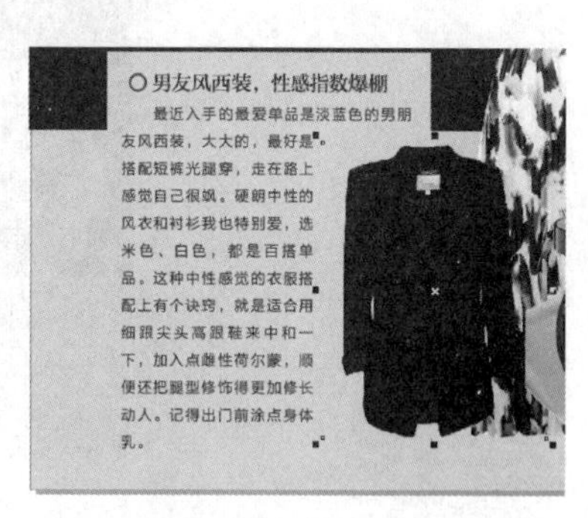

图 8-127

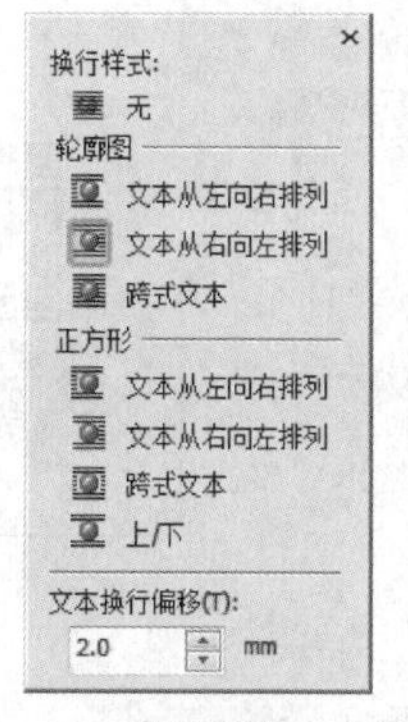

图 8-128

图 8-129

图 8-130

8.3 化妆品栏目设计

扫码观看
扩展案例

案例学习目标

学习在 CorelDRAW 中使用导入命令、文本工具、文本属性面板和交互式工具制作化妆品栏目。

案例知识要点

在 CorelDRAW 中，使用矩形工具和图框精确剪裁命令制作主体图片，使用阴影工具为图片添加阴影效果，使用椭圆形工具、复制命令和调和工具制作小标签，使用文本工具和文本属性面板制作添加栏目内容，使用矩形工具和贝塞尔工具绘制其他图形。

效果所在位置

云盘 /Ch08/ 效果 / 化妆品栏目设计 / 化妆品栏目 .cdr，如图 8-131 所示。

图 8-131

CorelDRAW 应用

8.3.1 置入并编辑图片

扫码观看
本案例视频

（1）按 Ctrl+O 组合键，弹出“打开图形”对话框，选择云盘中的“Ch08 > 效果 > 杂志栏目设计 .cdr”文件，单击“打开”按钮，打开文件。选择“选择”工具，选取需要的图形和文字，如图 8-132 所示。按 Ctrl+C 组合键，复制图形。

（2）按 Ctrl+N 组合键，新建一个页面。在属性栏的“页面度量”选项中分别设置宽度为 210mm，高度为 285mm，按 Enter 键，页面尺寸显示为设置的大小。按 Ctrl+V 组合键，粘贴图形，效果如图 8-133 所示。选择“文本”

工具字，选取要修改的文字进行修改，效果如图 8-134 所示。

图 8-132

图 8-133

图 8-134

（3）按 Ctrl+I 组合键，弹出“导入”对话框，选择云盘中的“Ch08 > 素材 > 化妆品栏目设计 > 01.jpg”文件，单击“导入”按钮，在页面中单击导入图片，选择“选择”工具，将其拖曳到适当的位置并调整其大小，效果如图 8-135 所示。选择“矩形”工具，绘制一个矩形，如图 8-136 所示。

（4）选择“选择”工具，选取图片。选择“效果 > 图框精确剪裁 > 置于图文框内部”命令，鼠标光标变为黑色箭头后在矩形上单击，如图 8-137 所示。将图片置入矩形中，去除图形的轮廓线，效果如图 8-138 所示。

（5）按 Ctrl+I 组合键，弹出“导入”对话框，打开云盘中的“Ch08 > 素材 > 化妆品栏目设计 > 02~06”文件，单击“导入”按钮，在页面中单击导入图片，选择“选择”工具，将其拖曳到适当的位置并调整其大小，效果如图 8-139 所示。

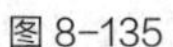
图 8-135

图 8-136

图 8-137

图 8-138

（6）选取需要的图片。选择“阴影”工具，在图片上由上至下拖曳光标，为图片添加阴影效果。其他选项的设置如图 8-140 所示，按 Enter 键，效果如图 8-141 所示。用相同的方法为其他图片添加阴影效果，如图 8-142 所示。

图 8-139

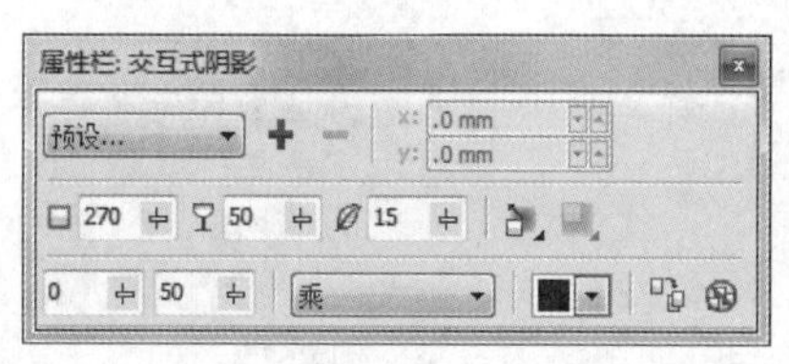

图 8-140

图 8-141

图 8-142

8.3.2 添加小标签

（1）选择“椭圆形”工具，按住Ctrl键的同时，绘制一个圆形。设置图形颜色的CMYK值为0、100、100、0，填充图形，并去除图形的轮廓线，效果如图8-143所示。选择“选择”工具，按数字键盘上的+键，复制圆形。按住Shift键的同时，向内拖曳控制手柄，等比例缩小图形。设置图形颜色的CMYK值为0、0、100、0，填充图形，效果如图8-144所示。

（2）选择“调和”工具，在两个圆形之间拖曳鼠标制作调和效果，属性栏中的设置如图8-145所示，按Enter键，效果如图8-146所示。

图8-143

图8-144

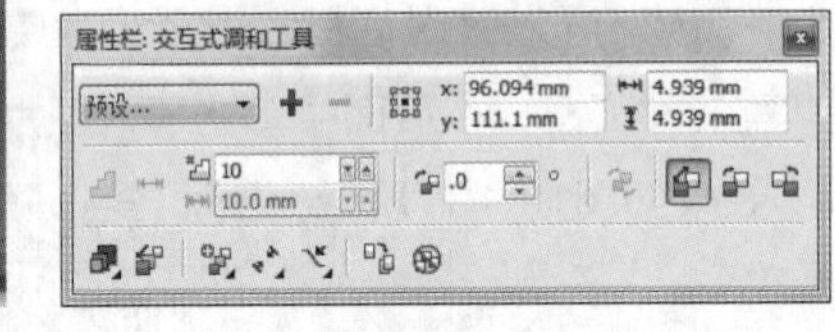

图8-145

图8-146

（3）选择“文本”工具，在页面上适当的位置输入需要的文字，选择“选择”工具，在属性栏中选取适当的字体并设置文字大小，效果如图8-147所示。用相同的方法制作其他标签，效果如图8-148所示。

图8-147

图8-148

扫码观看
本案例视频

8.3.3 添加其他信息

（1）选择“文本”工具，在页面上适当的位置分别输入需要的文字，选择“选择”工具，在属性栏中分别选取适当的字体并设置文字大小。选取需要的文字，将其填充为白色，效果如图8-149所示。选择“文本”工具，选取需要的文字，将其填充为黑色，效果如图8-150所示。

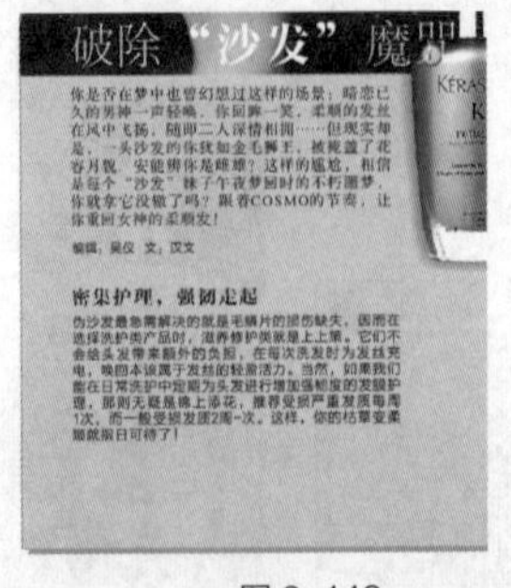

图8-149

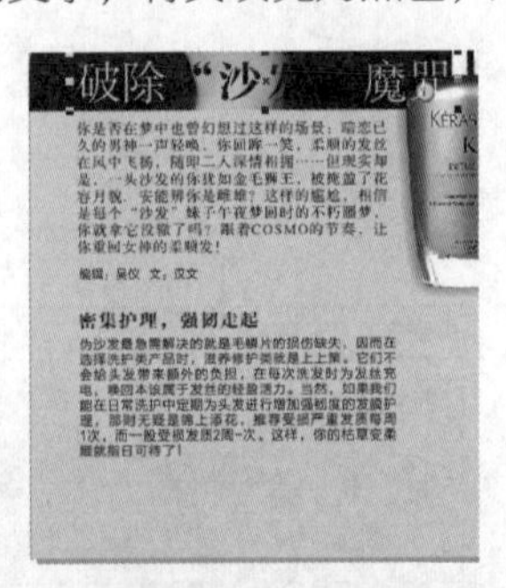

图8-150

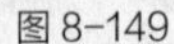

（2）保持文字的选取状态，在“文本属性”面板中，选项的设置如图 8-151 所示，按 Enter 键，文字效果如图 8-152 所示。

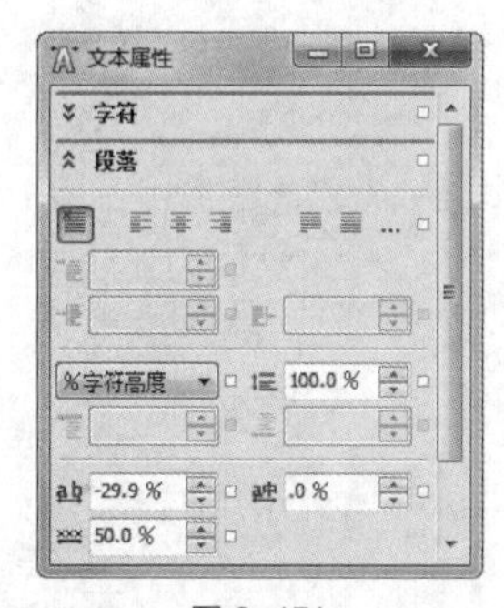
图 8-151

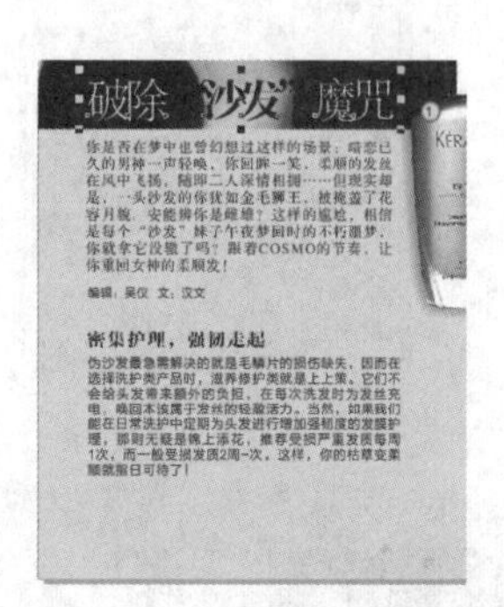
图 8-152

（3）选择“选择”工具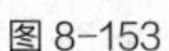，选取需要的文字，如图 8-153 所示。在“文本属性”面板中，选项的设置如图 8-154 所示，按 Enter 键，文字效果如图 8-155 所示。

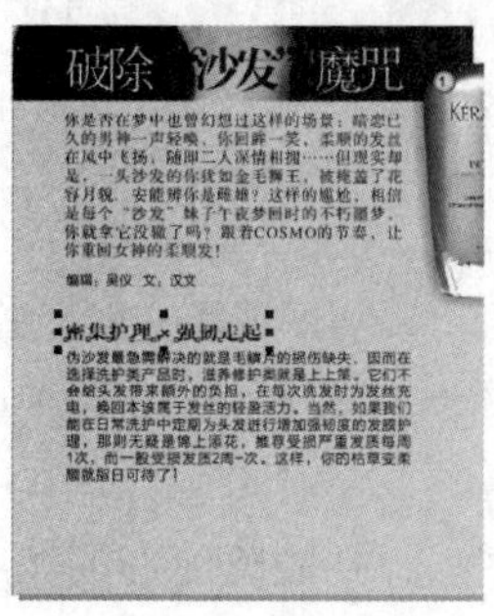
图 8-153

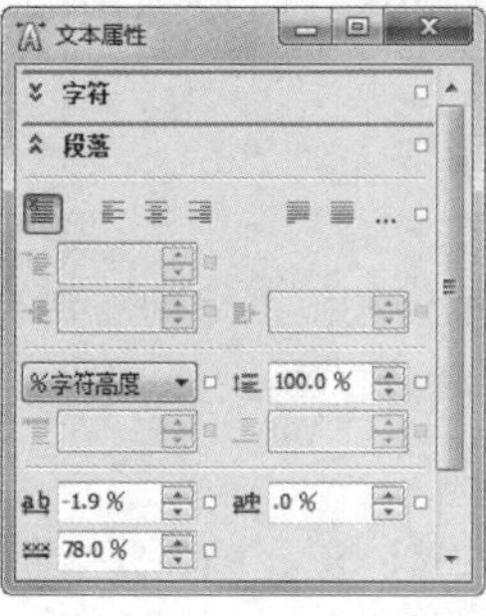
图 8-154

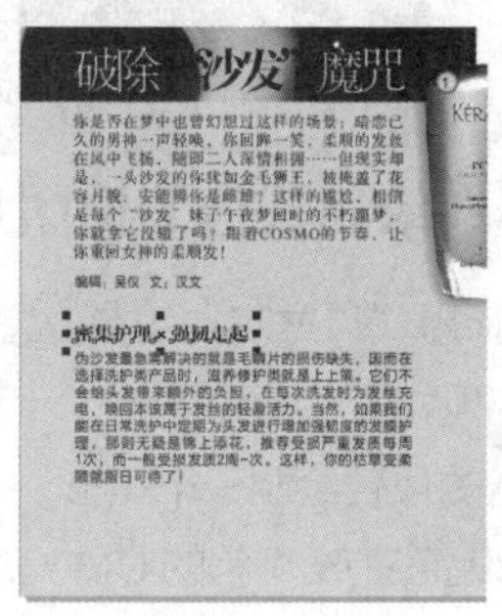
图 8-155

（4）选择“选择”工具，选取需要的文字。选择“轮廓图”工具，向左侧拖曳光标，为图形添加轮廓化效果。在属性栏中将“填充色”选项颜色的 CMYK 值设为 0、60、100、0，其他选项的设置如图 8-156 所示，按 Enter 键，效果如图 8-157 所示。

图 8-156

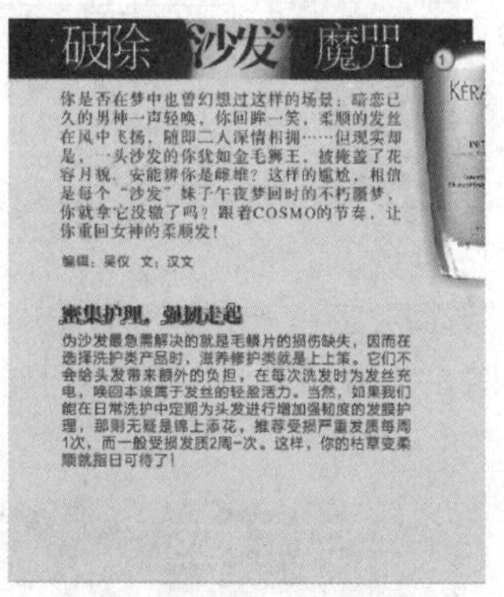
图 8-157

（5）选择“选择”工具，选取需要的文字，在“文本属性”面板中，选项的设置如图 8-158 所示，按 Enter 键，文字效果如图 8-159 所示。用相同方法制作图像右上方和右下方的文字效果，如图 8-160 和图 8-161 所示。

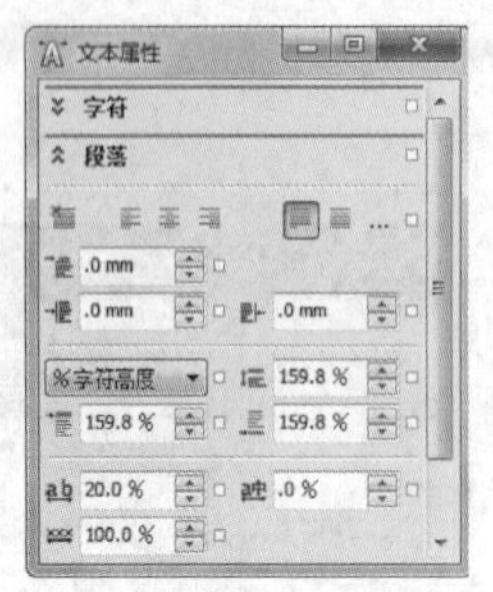

图 8-158

图 8-159

图 8-160

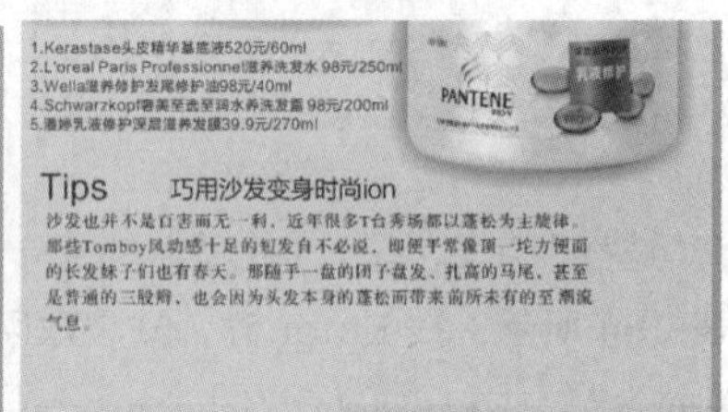

图 8-161

8.3.4 绘制其他装饰图形

（1）选择"贝塞尔"工具，在适当的位置绘制需要的图形，设置图形填充颜色的 CMYK 值为 0、40、20、0，填充图形，并去除图形的轮廓线，效果如图 8-162 所示。选择"矩形"工具，在适当的位置绘制一个矩形。

（2）设置图形颜色的 CMYK 值为 0、60、100、0，填充图形，并去除图形的轮廓线。在属性栏中的"圆角半径"框中设置数值为 3mm，在"轮廓宽度"框中设置数值为 0.75mm，如图 8-163 所示，按 Enter 键，效果如图 8-164 所示。

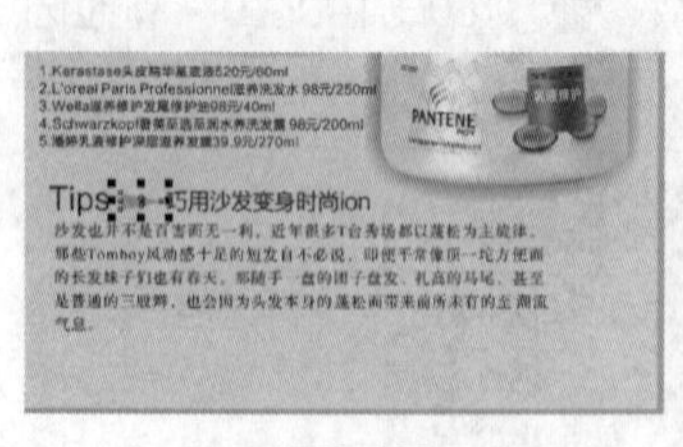
图 8-162

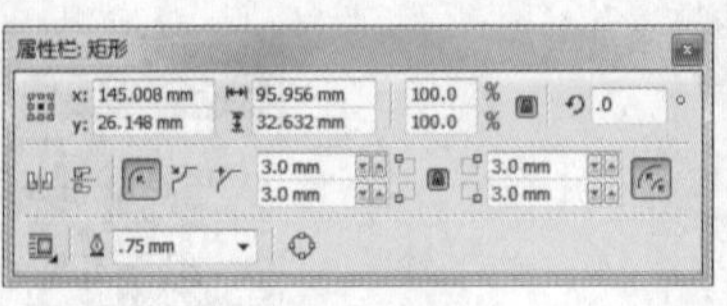

图 8-163

图 8-164

（3）选择"选择"工具，选取圆角矩形，连续按 Ctrl+PageDown 组合键，将其后移到适当的位置，效果如图 8-165 所示。化妆品栏目设计完成，效果如图 8-166 所示。

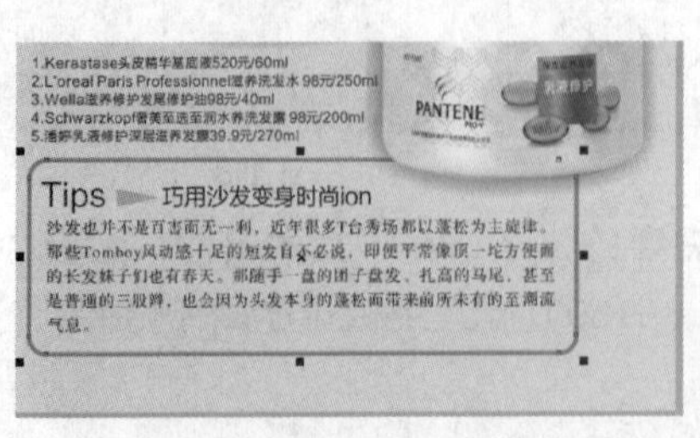

图 8-165

图 8-166

8.4 课后习题——旅游栏目设计

习题知识要点

在 CorelDRAW 中，使用基本形状工具和形状工具绘制需要的形状，使用矩形工具、椭圆形工具、导入命令和图框精确剪裁命令编辑导入的图片，使用贝塞尔工具和轮廓笔工具绘制装饰线条，使用文字工具和文本属性面板制作标题和内容文字。

素材所在位置

云盘 /Ch08/ 素材 / 旅游栏目设计 /01~05。

效果所在位置

云盘 /Ch08/ 效果 / 旅游栏目设计 / 旅游栏目 .cdr，如图 8-167 所示。

图 8-167

09

第 9 章 书籍装帧设计

本章介绍

精美的书籍装帧设计可以带给读者更多的阅读乐趣。一本好书是好的内容和好的书籍装帧的完美结合。本章主要讲解的是书籍的封面设计。封面设计包括书名、色彩、装饰元素、作者和出版社名称等内容。本章以美食书籍封面设计为例，讲解封面的设计方法和制作技巧。

学习目标

- 掌握书籍封面的设计思路和过程。
- 掌握书籍封面的制作方法和技巧。

技能目标

- 掌握“美食书籍封面”的制作方法。
- 掌握“探秘宇宙书籍封面”的制作方法。

9.1 美食书籍封面设计

案例学习目标

在 Photoshop 中，学习使用参考线分割页面，使用移动工具、高斯模糊命令、图层面板编辑图片，制作背景效果；在 CorelDRAW 中，学习使用绘图工具和文本工具添加相关内容和出版信息。

案例知识要点

在 Photoshop 中，使用新建参考线命令分割页面，使用高斯模糊命令模糊背景图片，使用蒙版和渐变工具擦除图片中不需要的图片区域，使用复制命令和图层面板添加花纹；在 CorelDRAW 中，使用导入命令导入需要的图片，使用文本工具和文本属性面板来编辑文本，使用文本工具、转换为曲线命令和形状工具制作书名，使用椭圆形工具、导入命令和文本工具制作标签，使用图框精确剪裁命令制作文字和图片的剪裁效果，使用插入条码命令添加书籍条形码。

效果所在位置

云盘 /Ch09/ 效果 / 美食书籍封面设计 / 美食书籍封面 .cdr，如图 9-1 所示。

图 9-1

Photoshop 应用

9.1.1 制作封面底图

（1）打开 Photoshop CS6 软件，按 Ctrl+N 组合键，新建一个文件，设置其宽度为 38.4 厘米，高度为 26.6 厘米，分辨率为 300 像素 / 英寸，颜色模式为 RGB，背景内容为白色。选择“视图 > 新建参考线”命令，弹出“新建

参考线”对话框，设置如图 9-2 所示，单击“确定”按钮，效果如图 9-3 所示。用相同的方法，在 18.7 厘米、19.7 厘米和 38.1 厘米处新建 3 条垂直参考线，效果如图 9-4 所示。

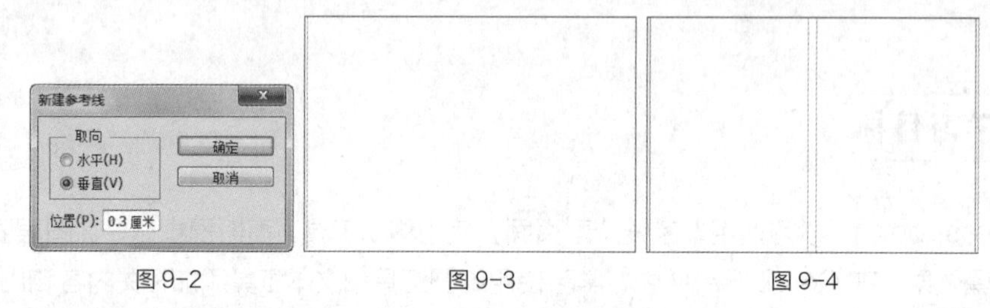

图 9-2　　图 9-3　　图 9-4

（2）选择“视图 > 新建参考线”命令，弹出“新建参考线”对话框，设置如图 9-5 所示，单击“确定”按钮，效果如图 9-6 所示。用相同的方法，在 26.3 厘米处新建水平参考线，效果如图 9-7 所示。

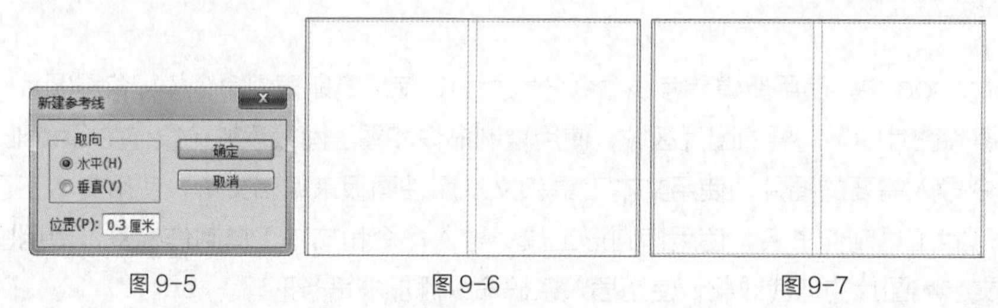

图 9-5　　图 9-6　　图 9-7

（3）将前景色设为粉红色（其 R、G、B 值分别为 253、128、164），按 Alt+Delete 组合键，用前景色填充“背景”图层，效果如图 9-8 所示。按 Ctrl + O 组合键，打开云盘中的“Ch09 > 素材 > 美食书籍封面设计 > 01.jpg”文件，选择“移动”工具，将图片拖曳到图像窗口的适当位置，并调整其大小，效果如图 9-9 所示，在“图层”控制面板中生成新图层并将其命名为“图片”。

（4）将“图片”图层拖曳到“图层”控制面板下方的“创建新图层”按钮上进行复制，生成新的图层“图片 副本”，如图 9-10 所示。单击“图片 副本”图层左侧的眼睛图标，将“图片副本”图层隐藏，并选取“图片”图层，如图 9-11 所示。

图 9-8　　图 9-9　　图 9-10　　图 9-11

（5）选择“滤镜 > 模糊 > 高斯模糊”命令，在弹出的对话框中进行设置，如图 9-12 所示，单击“确定”按钮，效果如图 9-13 所示。

（6）在“图层”控制面板上方，将“图片”图层的“不透明度”选项设为 73%，如图 9-14 所示，图像效果如图 9-15 所示。

（7）单击“图片 副本”图层左侧的空白图标，显示并选取该图层，将“不透明度”选项设为 62%，如图 9-16 所示。单击“图层”控制面板下方的“添加图层蒙版”按钮，为图层添加蒙版，如图 9-17 所示。

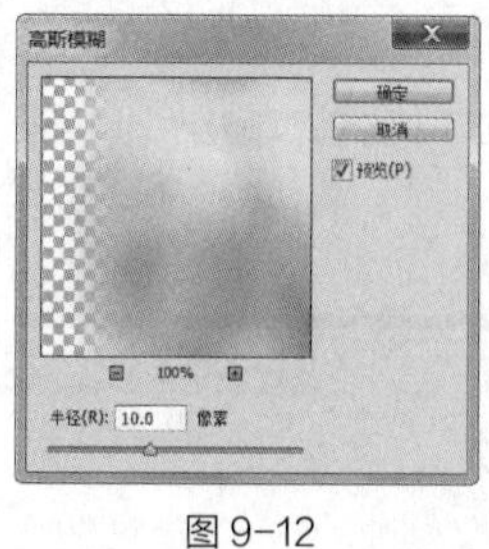

图 9-12

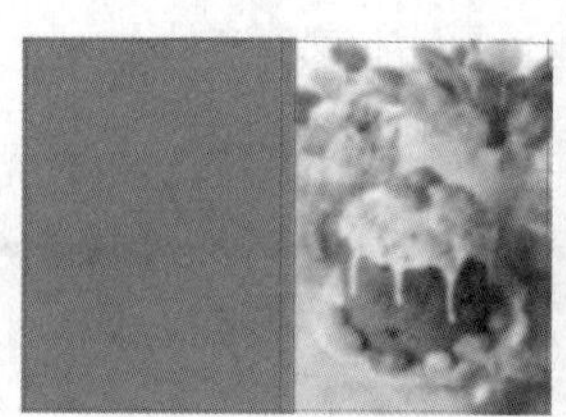

图 9-13

图 9-14

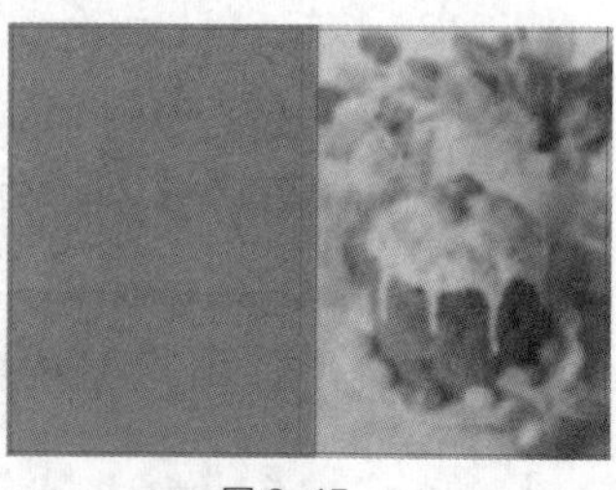

图 9-15

（8）选择“渐变”工具，单击属性栏中的“点按可编辑渐变”按钮，弹出“渐变编辑器”对话框，将渐变色设为从黑色到白色，单击“确定”按钮。在图片上由上至中间拖曳渐变色，松开鼠标后的效果如图 9-18 所示。

图 9-16

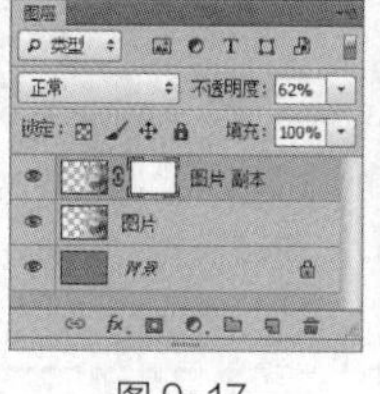

图 9-17

图 9-18

（9）按 Ctrl + O 组合键，打开云盘中的“Ch09 > 素材 > 美食书籍封面设计 > 02.png”文件，选择“移动”工具，将图片拖曳到图像窗口的适当位置，并调整其大小，效果如图 9-19 所示，在“图层”控制面板中生成新图层并将其命名为“花纹”。

（10）在“图层”控制面板上方，将“花纹”图层的混合模式选项设为“正片叠底”，“不透明度”选项设为 56%，如图 9-20 所示，图像窗口中的效果如图 9-21 所示。

图 9-19

图 9-20

图 9-21

（11）选择“移动”工具，按住 Alt 键的同时，拖曳图像到适当的位置，复制图像。按 Ctrl+T 组合键，图像周围出现变换框，按住 Shift+Alt 组合键的同时，向外拖曳变换框的控制手柄，等比例放大图像，按 Enter 键确认操作，效果如图 9-22 所示，“图层”控制面板如图 9-23 所示。用相同的方法复制其他图形，效果如图 9-24 所示。

图 9-22

图 9-23

图 9-24

（12）按 Ctrl+；组合键，隐藏参考线。按 Shift+Ctrl+E 组合键，合并可见图层。按 Ctrl+S 组合键，弹出“存储为”对话框，将其命名为“美食书籍封面底图”，保存为 JPEG 格式，单击“保存”按钮，弹出“JPEG 选项”对话框，单击“确定”按钮，将图像保存。

CorelDRAW 应用

9.1.2 添加参考线

扫码观看
本案例视频

（1）打开 CorelDRAW X6 软件，按 Ctrl+N 组合键，新建一个页面。在属性栏的“页面度量”选项中分别设置宽度为 378mm，高度为 260mm，按 Enter 键，页面显示为设置的大小，如图 9-25 所示。选择“视图 > 显示 > 出血”命令，在页面周围显示出血，如图 9-26 所示。

图 9-25　　图 9-26

（2）按 Ctrl+J 组合键，弹出“选项”对话框，选择“辅助线 > 水平”选项，在“文字框”中设置数值为 0，如图 9-27 所示，单击“添加”按钮，在页面中添加一条水平辅助线。用相同的方法在 260mm 处添加 1 条水平辅助线，单击“确定”按钮，效果如图 9-28 所示。

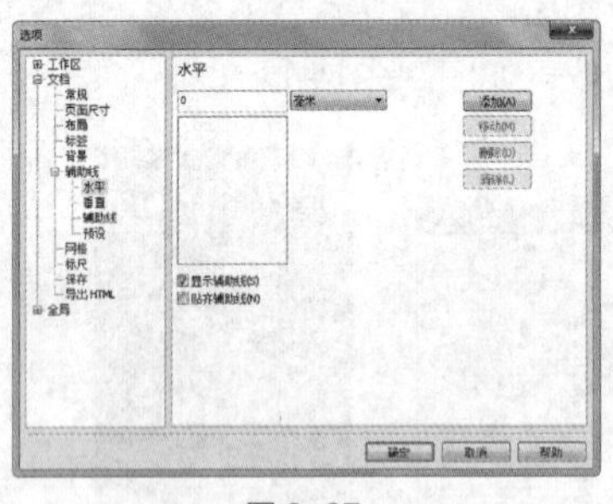

图 9-27

图 9-28

（3）按 Ctrl+J 组合键，弹出“选项”对话框，选择“辅助线 > 垂直”选项，在“文字框”中设置数值为 0，如图 9-29 所示，单击“添加”按钮，在页面中添加一条垂直辅助线。用相同的方法在 184mm、194mm、378mm 处添加 3 条垂直辅助线，单击“确定”按钮，效果如图 9-30 所示。

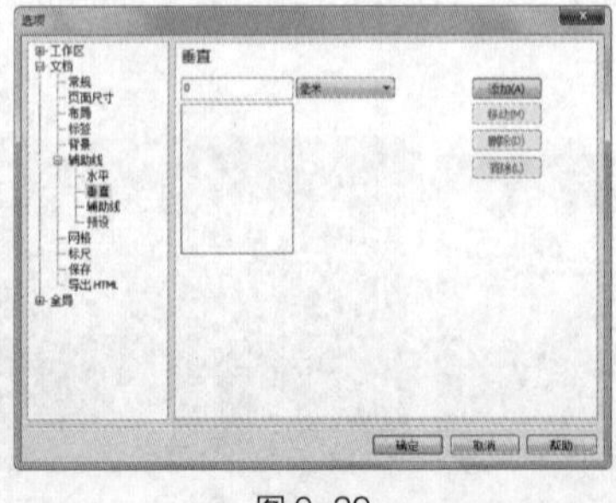

图 9-29

图 9-30

9.1.3 制作书籍名称

（1）按 Ctrl+I 组合键，弹出“导入”对话框，打开云盘中的“Ch09 > 效果 > 美食书籍封面设计 > 美食书籍封面底图 .jpg”文件，单击“导入”按钮。在页面中单击导入图片，按 P 键，图片居中对齐页面，效果如图 9-31 所示。

（2）选择“文本”工具，在页面中分别输入需要的文字，选择“选择”工具，在属性栏中选取适当的字体并设置文字大小，效果如图 9-32 所示。

图 9-31

图 9-32

（3）分别选取需要的文字，设置文字颜色的 CMYK 值为 0、85、100、0 和 0、60、100、0，填充文字，效果如图 9-33 所示。按住 Shift 键的同时，将两个文字同时选取，再次单击文字，使其处于选取状态，向右拖曳上方中间的控制手柄到适当的位置，效果如图 9-34 所示。

图 9-33

图 9-34

（4）选择“选择”工具，选取“糕”字。选择“轮廓图”工具，向左侧拖曳光标，为图形添加轮廓化效果。在属性栏中将“填充色”选项设置为白色，其他选项的设置如图 9-35 所示，按 Enter 键，效果如图 9-36 所示。

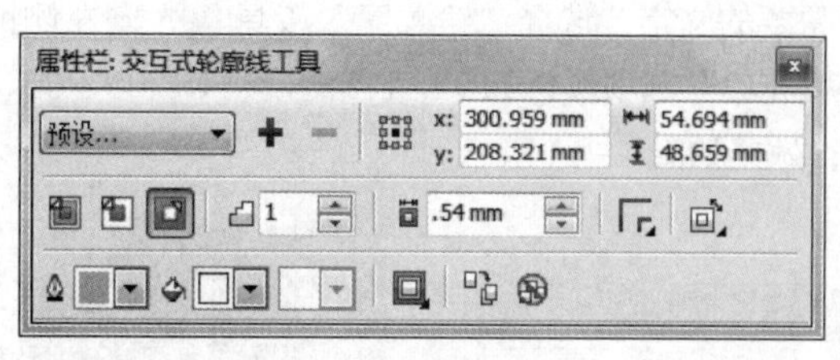

图 9-35

图 9-36

（5）选择“选择”工具，选取“点”字。选择“轮廓图”工具，向左侧拖曳光标，为图形添加轮廓化效果。在属性栏中将“填充色”选项设置为白色，其他选项的设置如图 9-37 所示，按 Enter 键，效果如图 9-38 所示。

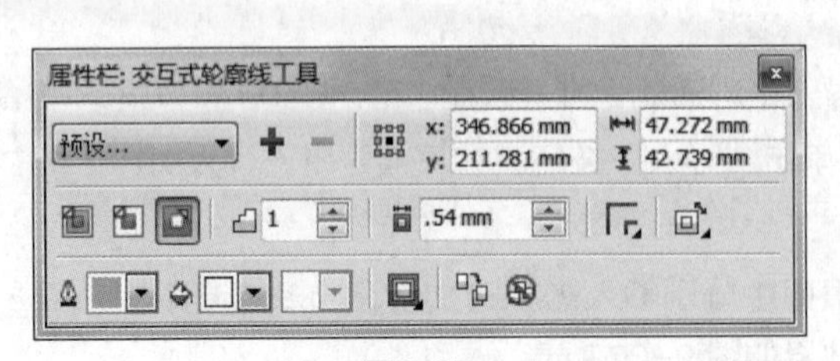

图 9-37

图 9-38

（6）选择“文本”工具字，在页面中适当的位置分别输入需要的文字，选择“选择”工具，在属性栏中选取适当的字体并设置文字大小，效果如图 9-39 所示。分别选取需要的文字，设置文字颜色的 CMYK 值为 0、85、100、0 和 0、0、100、0，填充文字，效果如图 9-40 所示。

图 9-39

图 9-40

（7）选择“选择”工具，选取需要的文字。按 Ctrl+T 组合键，在弹出的“文本属性”面板中进行设置，如图 9-41 所示，按 Enter 键，效果如图 9-42 所示。

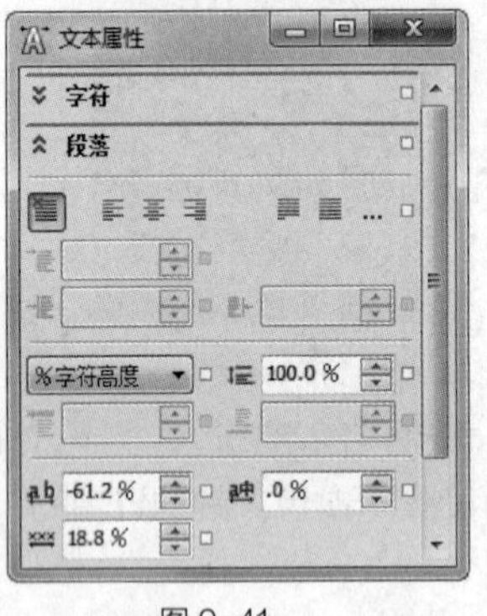

图 9-41

图 9-42

（8）选择“选择”工具，选取需要的文字。选择“轮廓图”工具，向左侧拖曳光标，为图形添加轮廓化效果。在属性栏中将“填充色”选项颜色的 CMYK 值设为 0、60、60、40，其他选项的设置如图 9-43 所示，按 Enter 键，效果如图 9-44 所示。

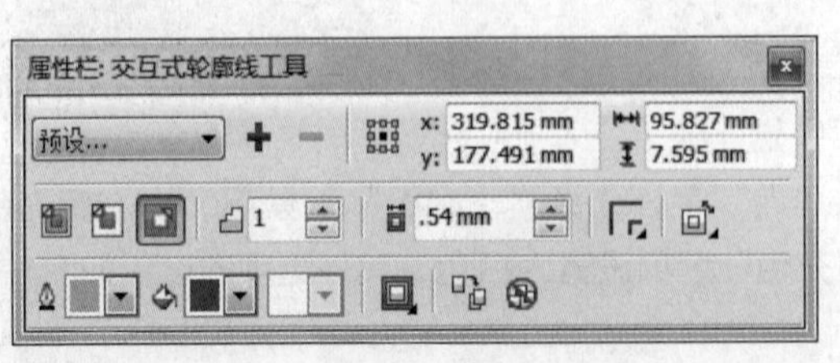

图 9-43

图 9-44

（9）选择“选择”工具，选取需要的文字。选择“轮廓图”工具，向左侧拖曳光标，为图形添加轮廓化效果。在属性栏中将“填充色”选项设置为白色，其他选项的设置如图 9-45 所示，按 Enter 键，效果如图 9-46 所示。

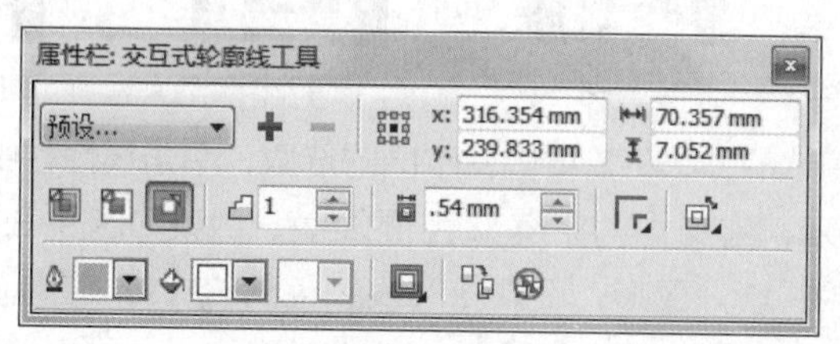

图 9-45

图 9-46

（10）选择“椭圆形”工具，按住 Ctrl 键的同时，绘制一个圆形，设置图形颜色的 CMYK 值为 0、60、100、0，填充图形，并去除图形的轮廓线，效果如图 9-47 所示。选择“选择”工具，选取圆形，按数字键盘上的 + 键，复制圆形，将其拖曳到适当的位置，效果如图 9-48 所示。设置图形颜色的 CMYK 值为 0、85、100、0，填充图形，效果如图 9-49 所示。

图 9-47

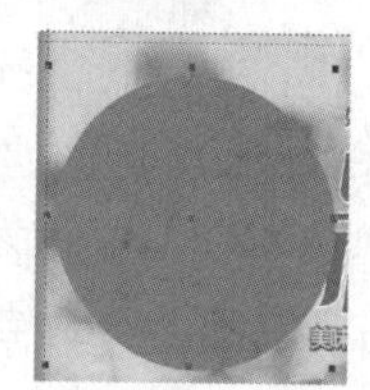
图 9-48

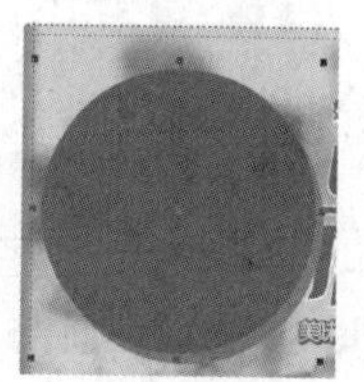
图 9-49

（11）按 Ctrl+I 组合键，弹出“导入”对话框，打开云盘中的“Ch09 > 素材 > 美食书籍封面设计 > 03.png”文件，单击“导入”按钮，在页面中单击导入图片，将其拖曳到适当的位置并调整其大小，如图 9-50 所示。

（12）选择“文本”工具，在页面中分别输入需要的文字，选择“选择”工具，在属性栏中选取适当的字体并设置文字大小，效果如图 9-51 所示。将两个文字同时选取，按 Ctrl+Q 组合键，将其转换为曲线，效果如图 9-52 所示。

图 9-50

图 9-51　　图 9-52

（13）选择“选择”工具，选取文字“时”。选择“形状”工具，按住 Shift 键的同时，选取需要的锚点，如图 9-53 所示。按 Delete 键，删除选取的锚点，效果如图 9-54 所示。选择“选择”工具，选取文字“尚”，将其拖曳到适当的位置，效果如图 9-55 所示。

（14）选择“形状”工具，按住 Shift 键的同时，选取需要的锚点，如图 9-56 所示。向上拖曳选取的锚点到适当的位置，效果如图 9-57 所示。

图 9-53 　　图 9-54 　　图 9-55 　　图 9-56 　　图 9-57

（15）选择“选择”工具，用圈选的方法将需要的文字同时选取，单击属性栏中的“合并”按钮，合并文字图形，如图 9-58 所示，拖曳文字图形到适当的位置，效果如图 9-59 所示。设置图形颜色的 CMYK 值为 0、0、100、0，填充图形，设置轮廓线颜色的 CMYK 值为 0、20、40、60，填充轮廓线。在属性栏中的“轮廓宽度” 框中设置数值为 1mm，按 Enter 键，效果如图 9-60 所示。

图 9-58

图 9-59

图 9-60

（16）选择“文本”工具，在页面中输入需要的文字，选择“选择”工具，在属性栏中选取适当的字体并设置文字大小，设置文字颜色的 CMYK 值为 0、0、20、80，填充文字，效果如图 9-61 所示。连续按 Ctrl+PageDown 组合键，将文字后移到适当的位置，效果如图 9-62 所示。

图 9-61

图 9-62

（17）保持文字的选取状态，选择“轮廓图”工具，向左侧拖曳光标，为图形添加轮廓化效果。在属性栏中将“填充色”选项设置为白色，其他选项的设置如图 9-63 所示，按 Enter 键，效果如图 9-64 所示。

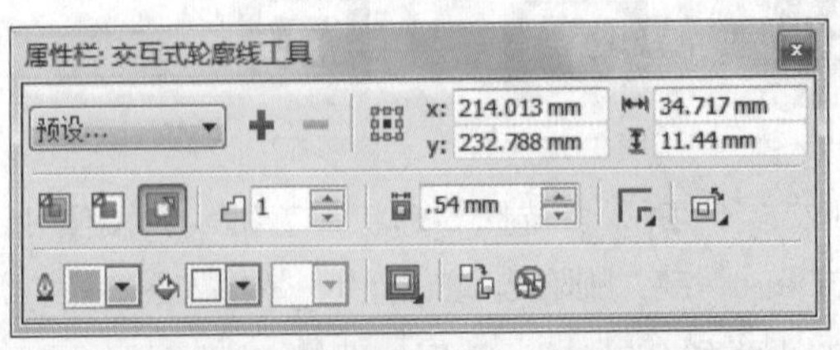

图 9-63

图 9-64

（18）选择“文本”工具，在页面中输入需要的文字，选择“选择”工具，在属性栏中选取适当的字体并设置文字大小，效果如图 9-65 所示。“文本属性”面板中选项的设置如图 9-66 所示，按 Enter 键，效果如图 9-67 所示。

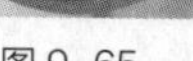
图 9-65

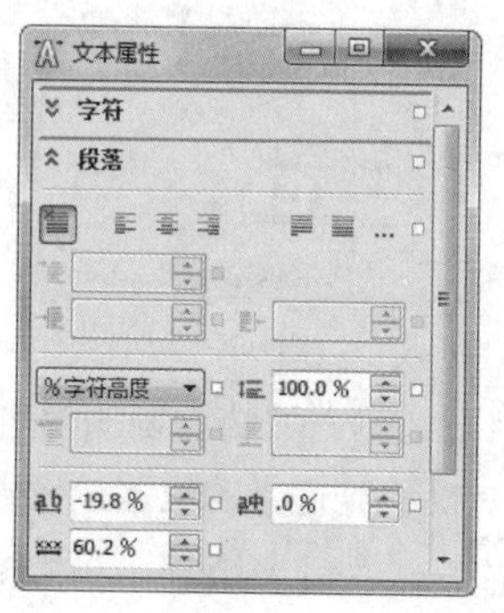

图 9-66

图 9-67

（19）保持文字的选取状态，设置文字颜色的 CMYK 值为 0、85、100、0，填充文字，效果如图 9-68 所示。选择“选择”工具，选取需要的圆形。按数字键盘上的 + 键，复制圆形。按 Shift+PageUp 组合键，将复制的圆形移到图层的前面，效果如图 9-69 所示。设置图形颜色的 CMYK 值为 0、20、60、20，填充图形，效果如图 9-70 所示。

图 9-68

图 9-69

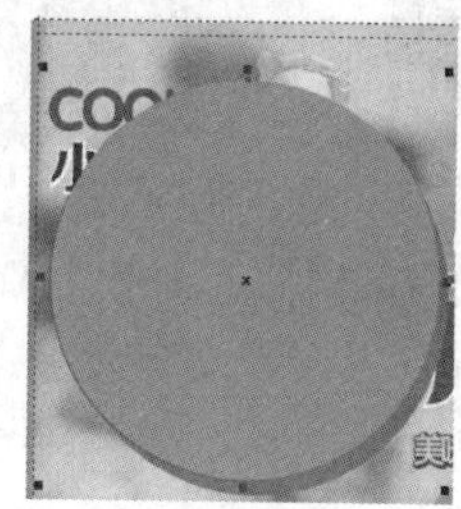
图 9-70

（20）保持图形的选取状态。选择“效果 > 图框精确剪裁 > 置于图文框内部”命令，鼠标光标变为黑色箭头后在文字上单击，如图 9-71 所示，将图形置入文字中，效果如图 9-72 所示。连续按 Ctrl+PageDown 组合键，将文字后移到适当的位置，效果如图 9-73 所示。

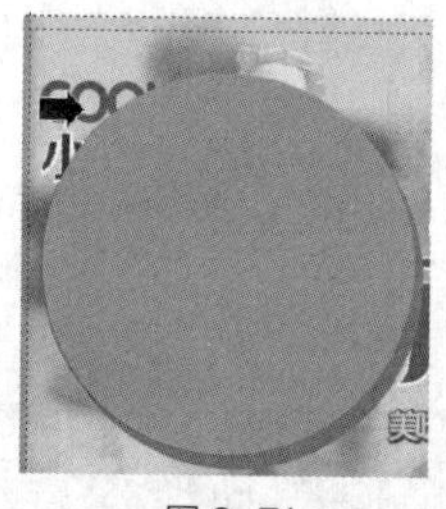
图 9-71

图 9-72

图 9-73

（21）选择“文本”工具，在适当的位置输入需要的文字，选择“选择”工具，在属性栏中选取适当的字体并设置文字大小，设置文字颜色的 CMYK 值为 0、0、20、80，填充文字，效果如图 9-74 所示。

（22）按 F12 键，弹出“轮廓笔”对话框，将“颜色”选项设置为白色，其他选项的设置如图 9-75 所示，单击“确定”按钮，效果如图 9-76 所示。

图 9-74

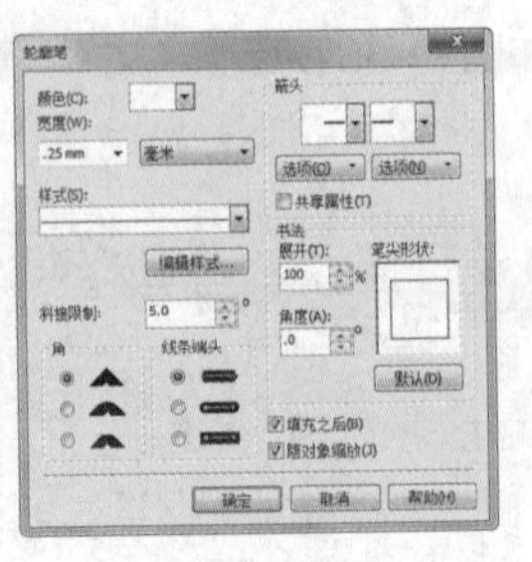
图 9-75

图 9-76

（23）选择“选择”工具，用圈选的方法将需要的图形和文字同时选取，如图 9-77 所示。连续按 Ctrl+PageDown 组合键，将其后移到适当的位置，效果如图 9-78 所示。

（24）选择“矩形”工具，在适当的位置绘制一个矩形，设置图形颜色的 CMYK 值为 0、85、100、0，填充图形，并去除图形的轮廓线。在属性栏中的“圆角半径”框中设置数值为 10mm，如图 9-79 所示，按 Enter 键，效果如图 9-80 所示。

图 9-77

图 9-78

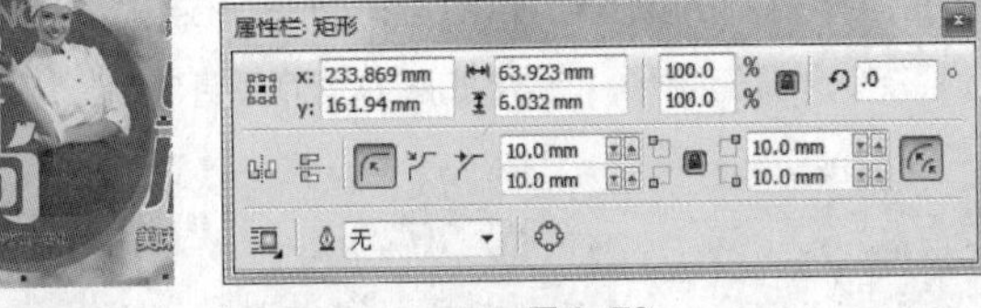

图 9-79

图 9-80

（25）选择“文本”工具，在适当的位置输入需要的文字，选择“选择”工具，在属性栏中选取适当的字体并设置文字大小，填充文字为白色，效果如图 9-81 所示。选择“椭圆形”工具，按住 Ctrl 键的同时，绘制一个圆形，填充图形为白色，并去除图形的轮廓线，效果如图 9-82 所示。

揉面发面　基础学起

图 9-81

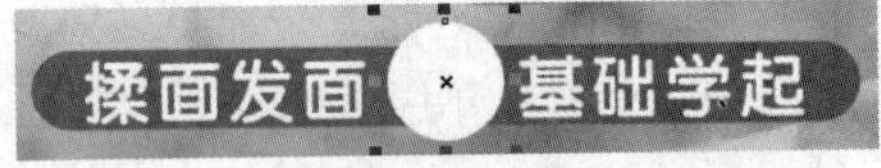

图 9-82

（26）选择“文本”工具，在适当的位置输入需要的文字，选择“选择”工具，在属性栏中选取适当的字体并设置文字大小，设置文字颜色的 CMYK 值为 0、85、100、0，填充文字，效果如图 9-83 所示。在属性栏中的“旋转角度”框中设置数值为 22°，按 Enter 键，效果如图 9-84 所示。

图 9-83

图 9-84

9.1.4　制作标签

（1）选择“椭圆形”工具，按住 Ctrl 键的同时，绘制一个圆形。填充为白色，设置轮廓线颜色的 CMYK 值为 53、46、100、1，填充轮廓线。在属性栏中的“轮廓宽度”框中设置数值为 1.4mm，按 Enter 键，效果如图 9-85 所示。

扫码观看
本案例视频

（2）选择“选择”工具，按数字键盘上的 + 键，复制圆形。按住 Shift 键的同时，向内拖曳控制手柄，等比例缩小圆形。设置轮廓线颜色的 CMYK 值为 0、0、20、80，填充轮廓线。在属性栏中的“轮廓宽度”框 中设置数值为 0.5mm，按 Enter 键，效果如图 9-86 所示。

（3）按 Ctrl+I 组合键，弹出“导入”对话框，打开云盘中的“Ch09 > 素材 > 美食书籍封面设计 > 04”.cdr 文件，单击“导入”按钮，在页面中单击导入图片，将其拖曳到适当的位置并调整其大小，如图 9-87 所示。

（4）选择“文本”工具，在适当的位置分别输入需要的文字，选择“选择”工具，在属性栏中选取适当的字体并设置文字大小，设置文字颜色的 CMYK 值为 53、46、100、1，填充文字，效果如图 9-88 所示。

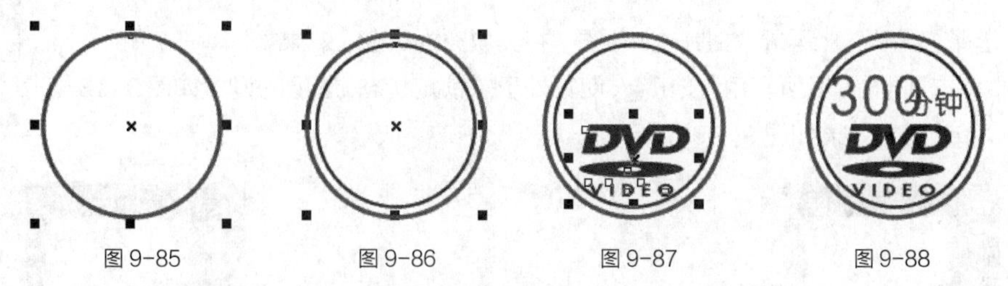

图 9-85　　图 9-86　　图 9-87　　图 9-88

（5）选取需要的文字，在“文本属性”面板中，选项的设置如图 9-89 所示，按 Enter 键，效果如图 9-90 所示。用圈选的方法将需要的图形和文字同时选取，将其拖曳到适当的位置，效果如图 9-91 所示。

图 9-89　　图 9-90　　图 9-91

9.1.5　添加出版社信息

（1）选择“文本”工具，在适当的位置分别输入需要的文字，选择“选择”工具，在属性栏中分别选取适当的字体并设置文字大小，效果如图 9-92 所示。选取需要的文字，在“文本属性”面板中，选项的设置如图 9-93 所示，按 Enter 键，效果如图 9-94 所示。

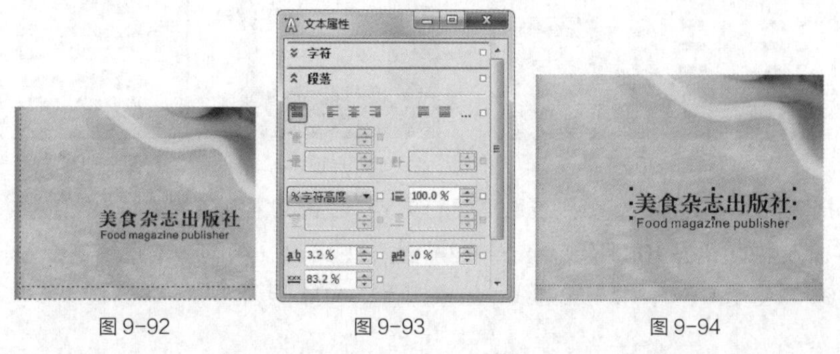

图 9-92　　图 9-93　　图 9-94

（2）选择“贝塞尔”工具，绘制一个图形。设置图形颜色的 CMYK 值为 0、100、100、

20，填充图形，并去除图形的轮廓线，效果如图9-95所示。选择“文本”工具字，在适当的位置输入需要的文字，选择“选择”工具，在属性栏中分别选取适当的字体并设置文字大小，设置文字颜色的CMYK值为0、0、20、0，填充文字，效果如图9-96所示。

图9-95

图9-96

9.1.6 制作封底图形和文字

扫码观看
本案例视频

（1）选择“矩形”工具，绘制一个矩形，将其填充为白色，效果如图9-97所示。在属性栏中单击“同时编辑所有角”按钮，使其处于未锁定状态，选项的设置如图9-98所示，按Enter键，效果如图9-99所示。

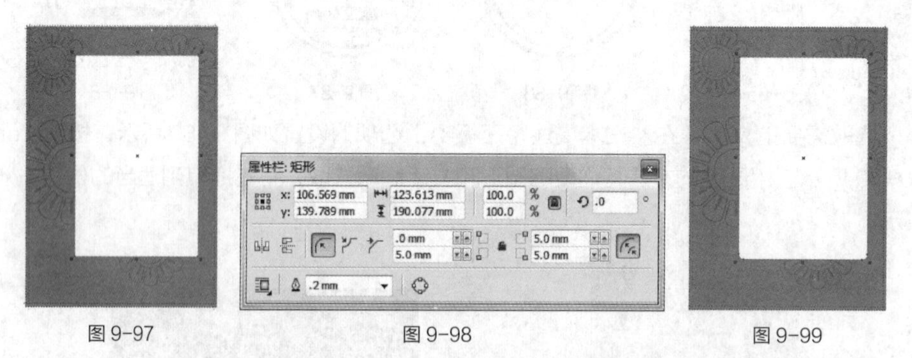
图9-97　图9-98　图9-99

（2）按F12键，弹出“轮廓笔”对话框，将“颜色”选项的CMYK值设置为0、85、100、0，其他选项的设置如图9-100所示，单击“确定”按钮，效果如图9-101所示。

（3）选择“文本”工具字，在适当的位置分别拖曳文本框并输入需要的文字，选择“选择”工具，在属性栏中分别选取适当的字体并设置文字大小，效果如图9-102所示。

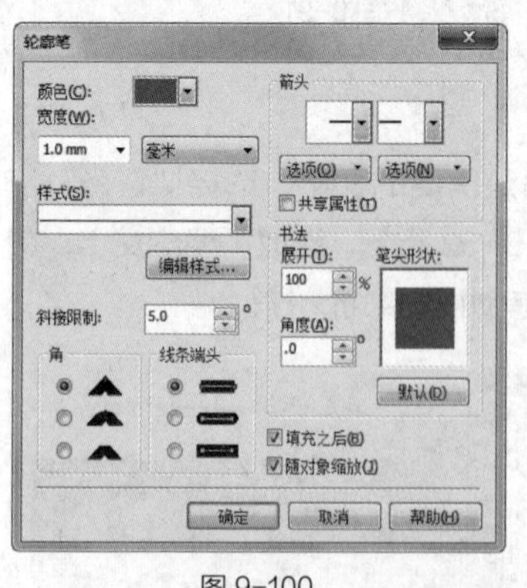
图9-100

图9-101

图9-102

（4）选择“文本”工具字，分别选取需要的文字，设置文字颜色的CMYK值为0、85、100、0，填充文字，效果如图9-103所示。选择“2点线”工具，绘制一条直线，设置轮廓线颜色的CMYK值为0、85、100、0，填充轮廓线，效果如图9-104所示。

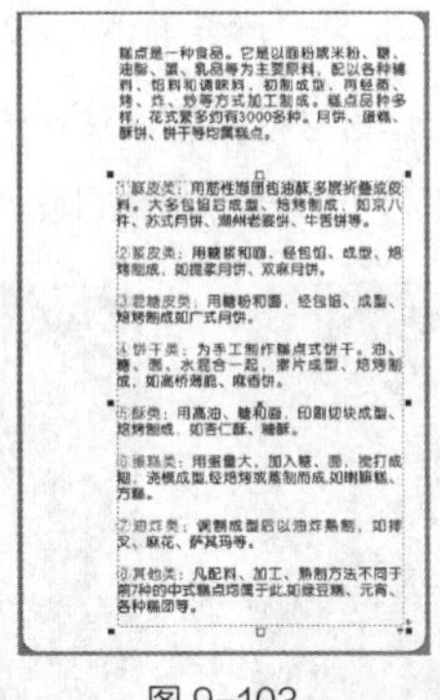
图 9-103

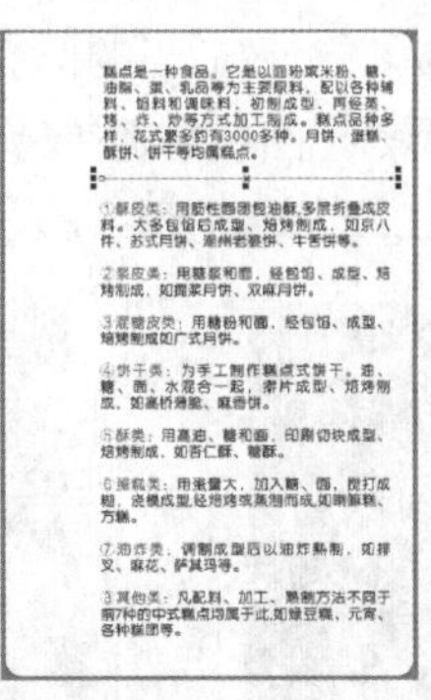
图 9-104

（5）按 Ctrl+I 组合键，弹出“导入”对话框，打开云盘中的“Ch09 > 素材 > 美食书籍封面设计 > 03.png”文件，单击“导入”按钮，在页面中单击导入图片，将其拖曳到适当的位置并调整其大小，如图 9-105 所示。

（6）选择“矩形”工具，绘制一个矩形，设置图形颜色的 CMYK 值为 0、85、100、0，填充图形，并去除图形的轮廓线。在属性栏中的“圆角半径”框中设置数值为 3mm，如图 9-106 所示，按 Enter 键，效果如图 9-107 所示。

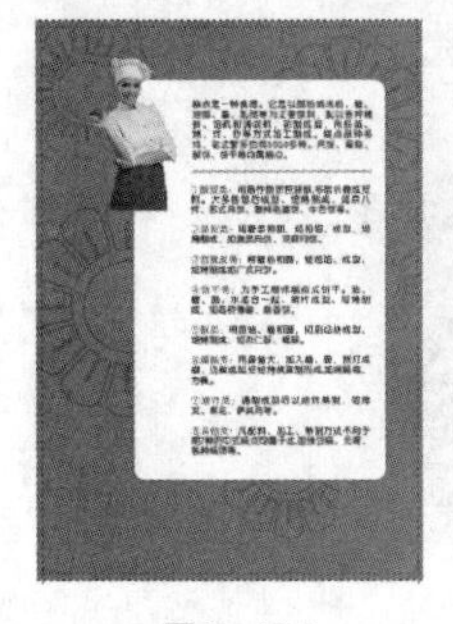
图 9-105

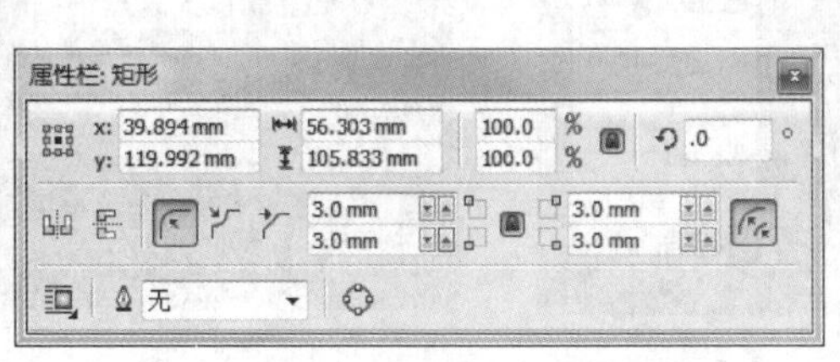

图 9-106

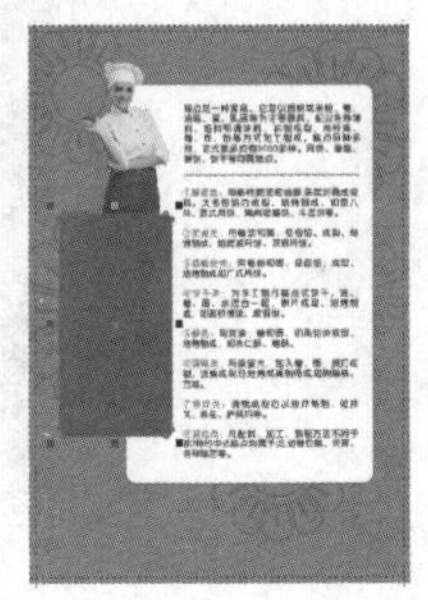
图 9-107

（7）选择“选择”工具，分别选取需要的文字，复制并调整其位置和大小，效果如图 9-108 所示。分别选取文字，设置文字颜色的 CMYK 值为 0、0、100、0 和 0、0、20、0，分别填充文字，效果如图 9-109 所示。

（8）按 Ctrl+I 组合键，弹出“导入”对话框，打开云盘中的“Ch09 > 素材 > 美食书籍封面设计 > 05.jpg”文件，单击“导入”按钮，在页面中单击导入图片，将其拖曳到适当的位置并调整其大小，如图 9-110 所示。

图 9-108

图 9-109

图 9-110

（9）选择“矩形”工具，在适当的位置绘制一个矩形，如图 9-111 所示。选择“选择”工具，选取图片。选择“效果 > 图框精确剪裁 > 置于图文框内部”命令，鼠标光标变为黑色箭头后在矩形框上单击，如图 9-112 所示，将图片置入矩形中，并去除图形的轮廓线，效果如图 9-113 所示。

图 9-111

图 9-112

图 9-113

（10）选择“选择”工具，选取需要的标签。按数字键盘上的 + 键复制图形，将其拖曳到适当的位置并调整其大小，效果如图 9-114 所示。选择“文本”工具，在适当的位置输入需要的文字，选择“选择”工具，在属性栏中选取适当的字体并设置文字大小，效果如图 9-115 所示。

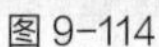
图 9-114

图 9-115

（11）选择“对象 > 插入条码”命令，弹出“条码向导”对话框，在各选项中按要求进行设置，如图 9-116 所示。设置好后，单击“下一步”按钮，各选项设置如图 9-117 所示。设置好后，单击“下一步”按钮，各选项设置如图 9-118 所示。单击“完成”按钮，效果如图 9-119 所示。选择“选择”工具，选取条形码，将其拖曳到适当的位置并调整其大小，如图 9-120 所示。

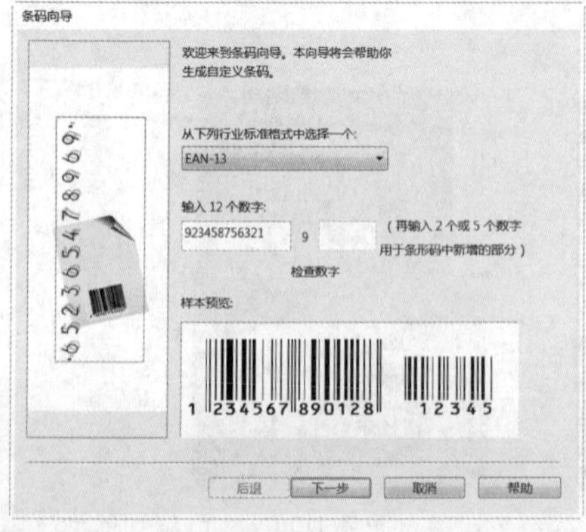

图 9-116

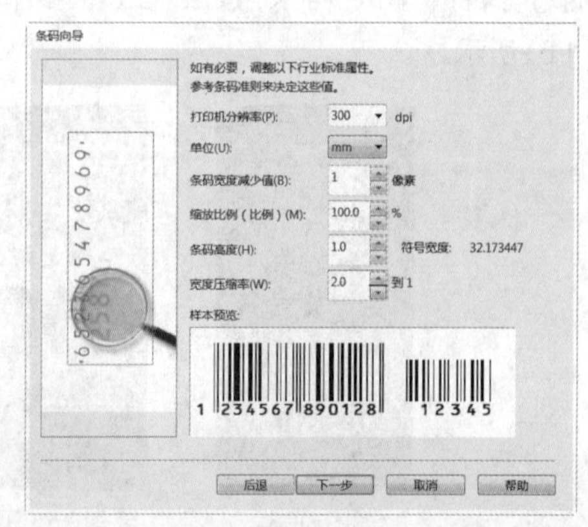

图 9-117

图 9-118　　图 9-119　　图 9-120

（12）选择“矩形”工具，在适当的位置绘制一个矩形，将其填充为白色，并去除图形的轮廓线，如图 9-121 所示。按 Ctrl+PageDown 组合键，后移矩形，效果如图 9-122 所示。

图 9-121　　图 9-122

9.1.7　制作书脊

（1）选择“矩形”工具，在适当的位置绘制一个矩形。设置图形颜色的 CMYK 值为 0、85、100、0，填充图形，并去除图形的轮廓线。单击属性栏中的“扇形角”按钮，在“圆角半径”框中设置数值为 10mm，如图 9-123 所示，按 Enter 键，效果如图 9-124 所示。

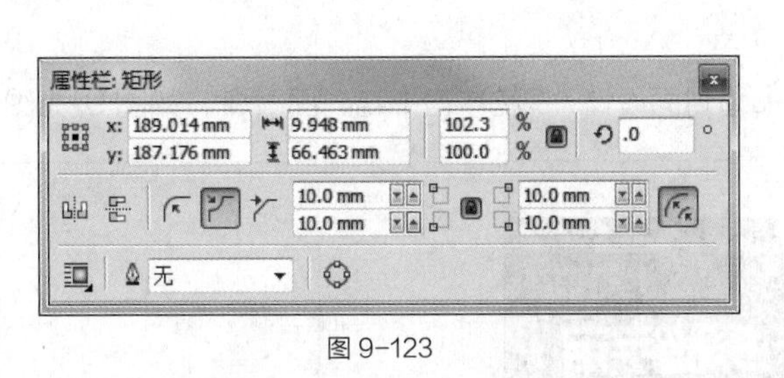

图 9-123　　图 9-124

（2）选择“文本”工具，在适当的位置输入需要的文字并选取文字，在属性栏中选取适当的字体并设置文字大小。分别设置文字颜色的 CMYK 值为 0、0、100、0，并设置颜色为白色，填充文字，效果如图 9-125 所示。

（3）选择“选择”工具，选取需要的文字和图形。按数字键盘上的 + 键，复制图形和文字，将其拖曳到适当的位置并调整其大小，效果如图 9-126 所示。选取需要的文字，单击属性栏中的“将文本更改为垂直方向”按钮，将文字更改为垂直方向，效果如图 9-127 所示。美食书籍封面制作完成，效果如图 9-128 所示。

图 9-125

图 9-126

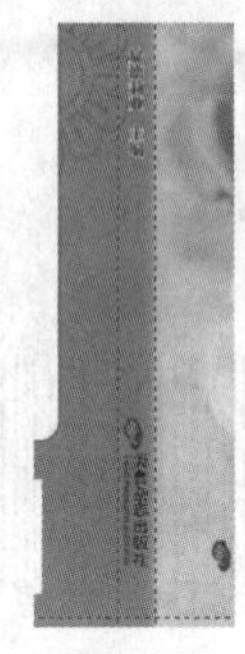
图 9-127

图 9-128

9.2 课后习题——探秘宇宙书籍封面设计

习题知识要点

在 Photoshop 中，使用新建参考线命令分割页面，使用图层的混合模式和不透明度选项制作图片融合效果，使用滤镜库命令制作图片的滤镜效果；在 CorelDRAW 中，使用文本工具和对象属性面板编辑文本，使用导入命令和置入图文框命令编辑图片，使用投影命令添加投影。

素材所在位置

云盘 /Ch09/ 素材 / 探秘宇宙书籍封面设计 /01~15。

效果所在位置

云盘 /Ch09/ 效果 / 探秘宇宙书籍封面设计 / 探秘宇宙书籍封面 .cdr，如图 9-129 所示。

图 9-129

10 第10章 包装设计

本章介绍

包装代表着一个商品的品牌形象。包装可以起到保护和美化商品及传达商品信息的作用。好的包装更可以极大地提高商品的价值，还可以让商品在同类产品中脱颖而出，吸引消费者的注意力并引发其购买行为。本章以薯片包装设计为例，讲解包装的设计方法和制作技巧。

学习目标

- ✔ 掌握包装的设计思路和过程。
- ✔ 掌握包装的制作方法和技巧。

技能目标

- ✱ 掌握“薯片包装”的制作方法。
- ✱ 掌握“糖果包装”的制作方法。

10.1 薯片包装设计

扫码观看
扩展案例

案例学习目标

在 Photoshop 中，学习使用钢笔工具和画笔工具制作包装立体效果；在 CorelDRAW 中，学习使用绘图工具、文本工具和对象属性面板添加包装内容及相关信息。

案例知识要点

在 CorelDRAW 中，使用矩形工具、形状工具和图框精确剪裁命令制作背景底图，使用文本工具和文本属性面板添加包装的相关信息，使用导入命令导入需要的图片，使用艺术笔工具添加装饰笔触，使用椭圆形工具、对象属性面板、星形工具和贝塞尔工具制作标牌；在 Photoshop 中，使用图案填充工具填充背景底图，使用钢笔工具、模糊滤镜和画笔工具制作立体效果。

效果所在位置

云盘 /Ch10/ 效果 / 薯片包装设计 / 薯片包装立体效果 .psd，如图 10-1 所示。

图 10-1

CorelDRAW 应用

10.1.1 制作背景底图

扫码观看
本案例视频

（1）打开 CorelDRAW X6 软件，按 Ctrl+N 组合键，新建一个页面，如图 10-2 所示。选择“矩形”工具，在页面中绘制一个矩形，设置图形颜色的 CMYK 值为 75、20、0、0，填充图形，并去除图形的轮廓线，效果如图 10-3 所示。

（2）选择“矩形”工具，在适当的位置再绘制一个矩形，如图 10-4 所示。按 Ctrl+Q 组合键，将矩形转化为曲线。选择“形状”工具，向上拖曳右下角的节点到适当的位置，效果如图 10-5 所示。

（3）选择“选择”工具，选取图形，将其填充为白色，并去除图形的轮廓线，效果如图 10-6 所示。选择“效果 > 图框精确剪裁 > 置于图文框内部”命令，鼠标光标变为黑色箭头形状后，在背景图形上单击鼠标，将图形置入背景图形中，效果如图 10-7 所示。

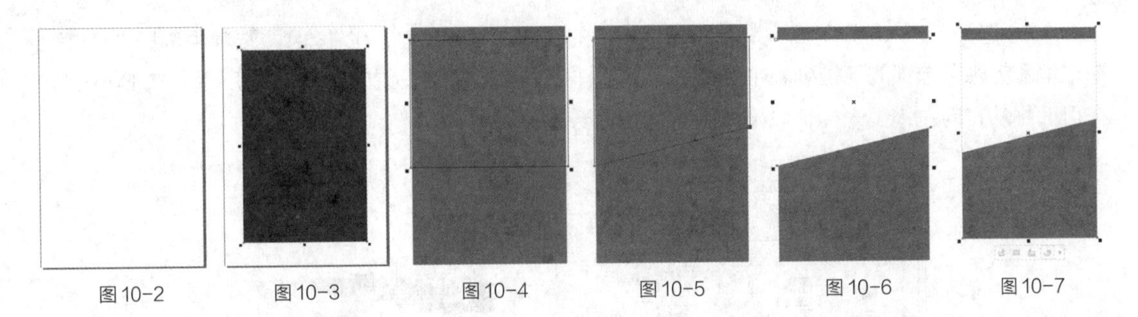

图 10-2　图 10-3　图 10-4　图 10-5　图 10-6　图 10-7

10.1.2　制作主体文字

（1）选择“文本”工具，在页面上输入需要的文字，选择“选择”工具，在属性栏中选取适当的字体并设置文字大小，效果如图 10-8 所示。按 Ctrl+T 组合键，弹出“文本属性”面板，在弹出的面板中进行设置，如图 10-9 所示，按 Enter 键，文字效果如图 10-10 所示。

（2）按 Ctrl+I 组合键，弹出“导入”对话框，打开云盘中的“Ch10 > 素材 > 薯片包装设计 > 01.png”文件，单击“导入”按钮，在页面中单击导入图片，选择“选择”工具，将其拖曳到适当的位置并调整其大小，效果如图 10-11 所示。再次单击图片，使其处于旋转状态，将其旋转到适当的角度，效果如图 10-12 所示。

图 10-8　图 10-9　图 10-10　图 10-11　图 10-12

（3）选择“选择”工具，选取文字，按数字键盘上的 + 键，复制文字，并将其拖曳到适当的位置，效果如图 10-13 所示。单击属性栏中的“水平镜像”按钮和“垂直镜像”按钮，翻转文字，效果如图 10-14 所示。

（4）选择“矩形”工具，在适当的位置绘制矩形，填充图形为黑色，并去除图形的轮廓线，效果如图 10-15 所示。选择“选择”工具，选取矩形，单击矩形，使其处于选取状态，向右拖曳上方中间的控制手柄到适当的位置，效果如图 10-16 所示。

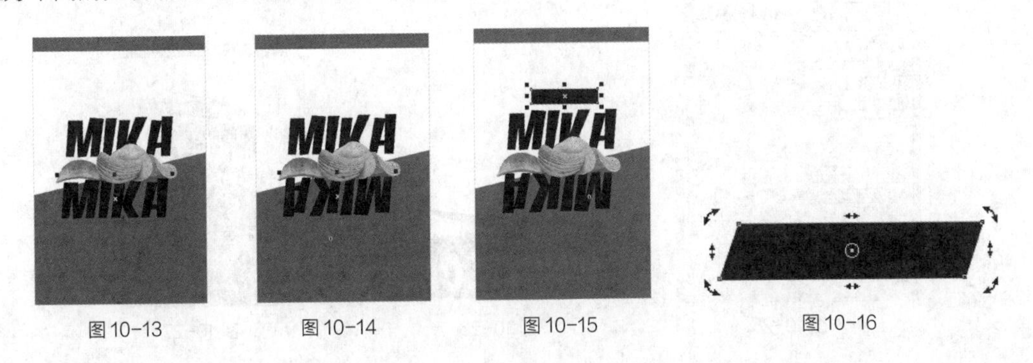

图 10-13　图 10-14　图 10-15　图 10-16

（5）选择“艺术笔”工具，单击属性栏中的“笔刷”按钮，在“类别”选项中选择“底纹”，在“笔刷笔触”选项的下拉列表中选择需要的图样，其他选项的设置如图 10-17 所示，按 Enter 键。在页面中从右向左拖曳光标，效果如图 10-18 所示。

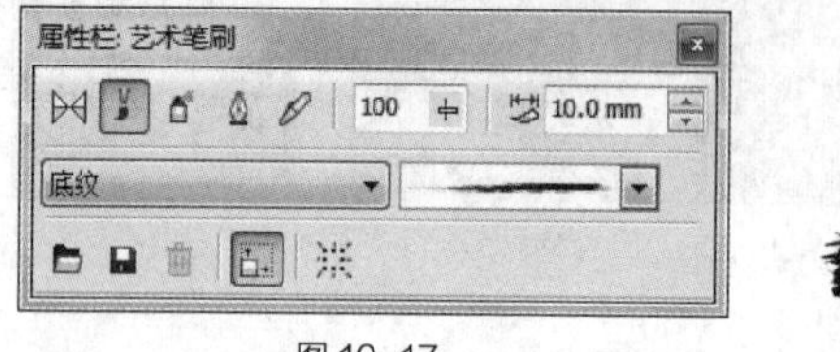

图 10-17

图 10-18

（6）选择“艺术笔”工具，单击属性栏中的“笔刷”按钮，在“类别”选项中选择“底纹”，在“笔刷笔触”选项的下拉列表中选择需要的图样，其他选项的设置如图 10-19 所示，按 Enter 键。在页面中从右向左拖曳光标，效果如图 10-20 所示。

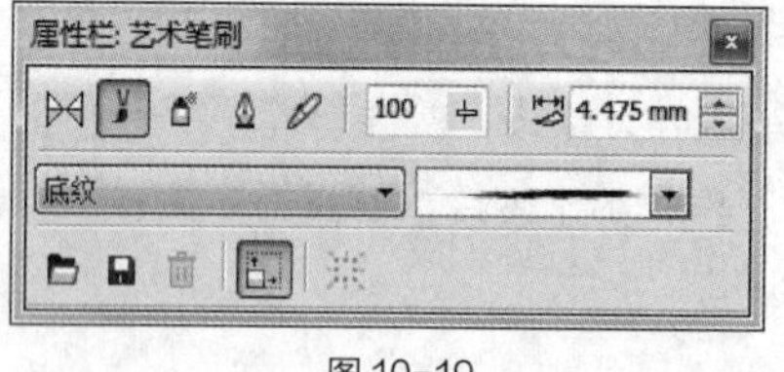

图 10-19

图 10-20

（7）选择“选择”工具，选取需要的图形，将其拖曳到适当的位置，效果如图 10-21 所示。用相同的方法将另一个图形拖曳到适当的位置，效果如图 10-22 所示。

（8）选择“文本”工具，在适当的位置输入需要的文字，选择“选择”工具，在属性栏中选取适当的字体并设置文字大小，将其填充为白色，效果如图 10-23 所示。在属性栏中的“旋转角度”框 .0 °中设置数值为 358°，按 Enter 键，效果如图 10-24 所示。

图 10-21　图 10-22　图 10-23　图 10-24

（9）保持文字的选取状态。在“文本属性”面板中进行设置，如图 10-25 所示，按 Enter 键，文字效果如图 10-26 所示。选择“选择”工具，用圈选的方法将需要的图形和文字同时选取，按 Ctrl+G 组合键，群组图形。再次单击图形，使其处于旋转状态，拖曳鼠标将其旋转到适当的角度，效果如图 10-27 所示。

图 10-25

图 10-26

图 10-27

（10）选择“文本”工具，在适当的位置分别输入需要的文字，选择“选择”工具，在属性栏中分别选取适当的字体并设置文字大小，效果如图 10-28 所示。

（11）选择“选择”工具，选取需要的文字，将其填充为白色，效果如图 10-29 所示。用圈选的方法将需要的图形和文字同时选取，单击图形，使其处于旋转状态，将其旋转到适当的角度，效果如图 10-30 所示。

图 10-28

图 10-29

图 10-30

10.1.3 制作标牌

（1）选择“椭圆形”工具，按住 Ctrl 键的同时，绘制圆形，如图 10-31 所示。将圆形填充为白色，并设置轮廓线颜色的 CMYK 值为 0、40、100、0，填充图形的轮廓线。在属性栏中的“轮廓宽度”框中设置数值为 2mm，效果如图 10-32 所示。

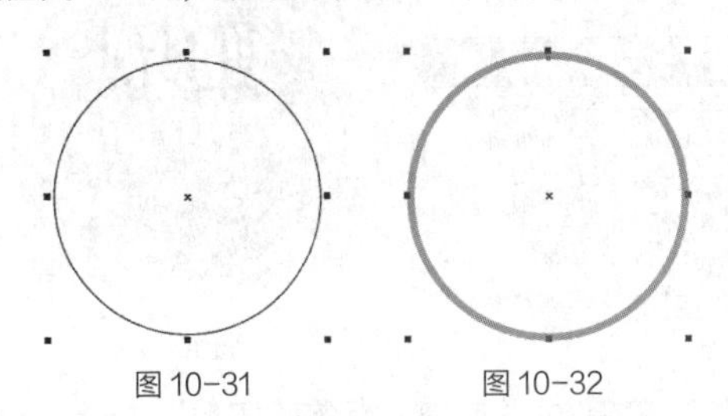
图 10-31　　图 10-32

（2）选择“选择”工具，选取圆形。按数字键盘上的 + 键，复制圆形。按住 Alt+Shift 组合键的同时，向内拖曳控制手柄，等比例缩小圆形。设置填充颜色的 CMYK 值为 0、40、100、0，填充图形，并去除图形的轮廓线，效果如图 10-33 所示。

（3）选择“选择”工具，选取圆形。按数字键盘上的 + 键，复制圆形。按住 Alt+Shift 组合键的同时，向内拖曳控制手柄，等比例缩小圆形。设置轮廓线颜色为白色，并去除图形填充色；按 Alt+Enter 组合键，弹出“对象属性”泊坞窗，选项的设置如图 10-34 所示，按 Enter 键，图形效果如图 10-35 所示。

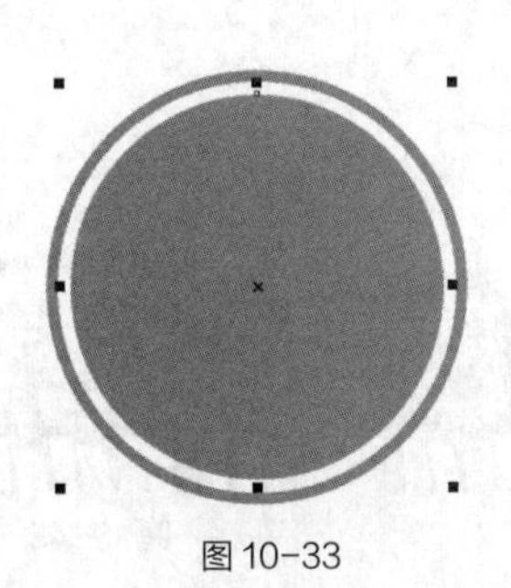
图 10-33

图 10-34

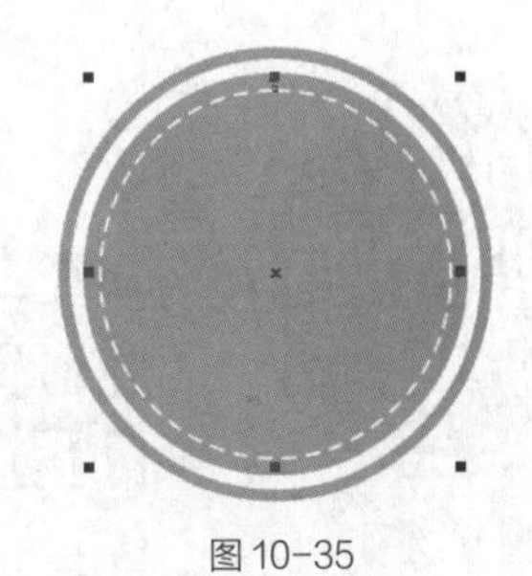
图 10-35

（4）选择“文本”工具，在适当的位置分别输入需要的文字，选择“选择”工具，在属性栏中分别选取适当的字体并设置文字大小，将其填充为白色，效果如图10-36所示。按住Shift键的同时，将文字同时选取。在“文本属性”面板中进行设置，如图10-37所示，按Enter键，文字效果如图10-38所示。

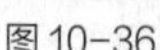
图10-36

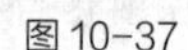
图10-37

图10-38

（5）选择“选择”工具，选取需要的文字。选择“轮廓图”工具，在属性栏中的设置如图10-39所示，按Enter键，效果如图10-40所示。用相同的方法为另一个文字添加轮廓图，效果如图10-41所示。

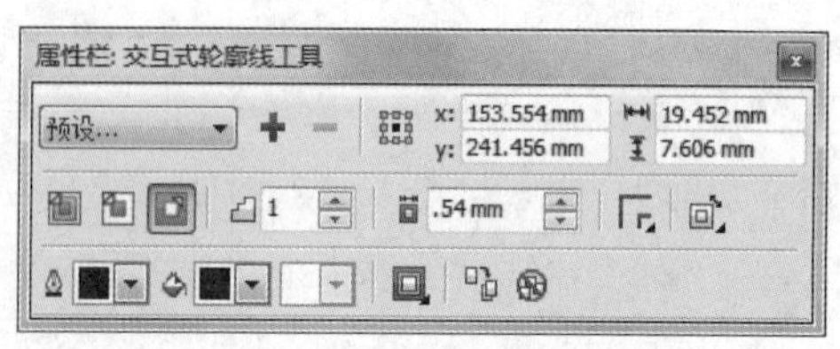

图10-39

图10-40

图10-41

（6）选择“星形”工具，在属性栏中的“点数或边数”框中设置数值为5，在“锐度”框中设置数值为39，在适当的位置绘制星形。设置填充颜色的CMYK值为0、100、100、20，填充图形，并去除图形的轮廓线，效果如图10-42所示。

（7）选择“选择”工具，选取星形，按住Shift键的同时，将其拖曳到适当的位置并单击鼠标右键，复制星形，调整其大小，效果如图10-43所示。

（8）用相同的方法复制星形并调整其大小，效果如图10-44所示。选择“选择”工具，用圈选的方法选取需要的星形。按住Shift键的同时，将其拖曳到适当的位置并单击鼠标右键，复制星形，效果如图10-45所示。

图10-42

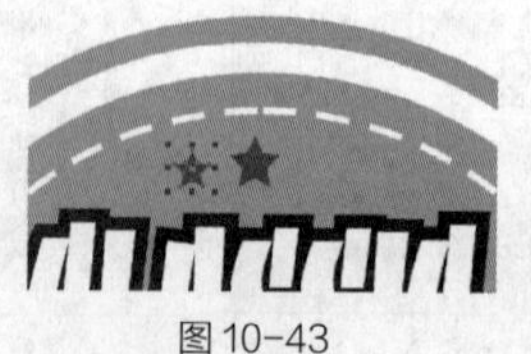
图10-43

图10-44

图10-45

(9)选择“贝塞尔”工具，在适当的位置绘制图形，如图10-46所示。设置填充颜色的CMYK值为0、100、100、20，填充图形，并去除图形的轮廓线，效果如图10-47所示。

(10)再次绘制图形，设置填充颜色的CMYK值为0、100、100、40，填充图形，并去除图形的轮廓线，效果如图10-48所示。按Ctrl+PageDown组合键，后移图形，效果如图10-49所示。

图10-46　图10-47　图10-48　图10-49

(11)选择“选择”工具，选取需要的图形，将其拖曳到适当的位置并单击鼠标右键，复制图形，效果如图10-50所示。单击属性栏中的“水平镜像”按钮，水平翻转图形，效果如图10-51所示。

(12)选择“贝塞尔”工具，绘制一条曲线，如图10-52所示。选择“文本”工具字，在曲线上单击插入光标，如图10-53所示。属性栏中的设置如图10-54所示，按Enter键，效果如图10-55所示。

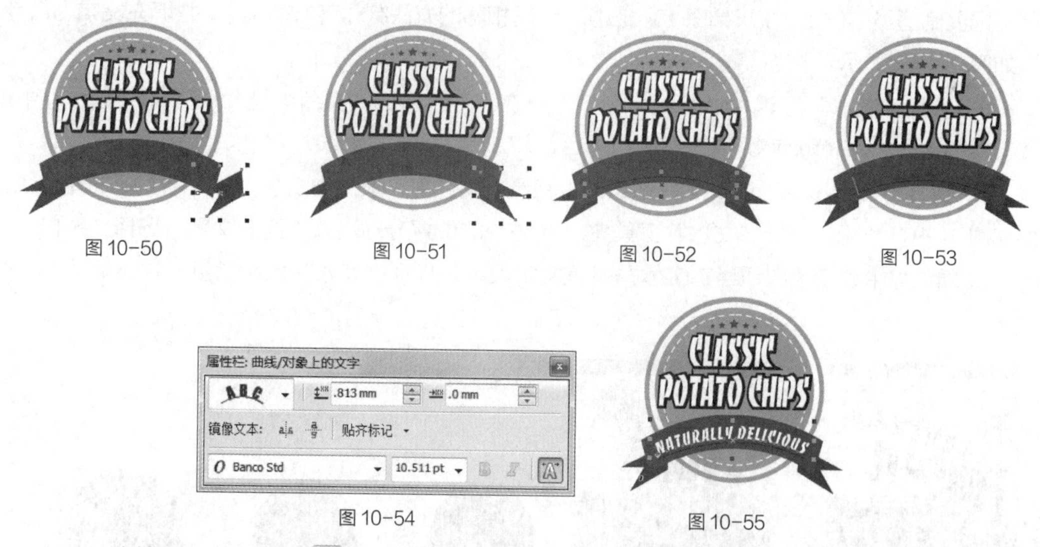

图10-50　图10-51　图10-52　图10-53

图10-54　图10-55

(13)选择“形状”工具，选取曲线，如图10-56所示。设置轮廓线颜色为无，效果如图10-57所示。选择“选择”工具，用圈选的方法选取需要的图形，将其拖曳到适当的位置，效果如图10-58所示。

图10-56　图10-57　图10-58

10.1.4 添加其他信息

（1）选择“文本”工具字，在页面上输入需要的文字，选择“选择”工具，在属性栏中选取适当的字体并设置文字大小。设置填充颜色的CMYK值为75、20、0、0，填充文字，效果如图10-59所示。在“文本属性”面板中进行设置，如图10-60所示，按Enter键，文字效果如图10-61所示。

图10-59

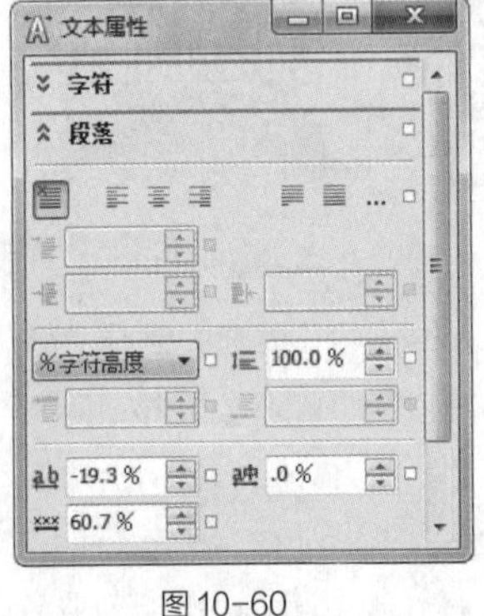

图10-60

图10-61

（2）保持文字的选取状态，在属性栏中的“旋转角度”框中设置数值为90°，旋转文字，并将其拖曳到适当的位置，效果如图10-62所示。用相同的方法制作下方的文字，并填充文字为白色，效果如图10-63所示。

（3）选择“矩形”工具，绘制一个矩形，在属性栏中的“圆角半径”框中设置数值为5mm，按Enter键。填充图形为黑色，并去除图形的轮廓线，效果如图10-64所示。

（4）选择“椭圆形”工具，在适当的位置绘制椭圆形，填充为白色，并去除图形的轮廓线，效果如图10-65所示。选择“文本”工具字，在适当的位置分别输入需要的文字，选择“选择”工具，在属性栏中分别选取适当的字体并设置文字大小，分别填充为白色和黑色，效果如图10-66所示。

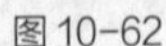

图10-62

图10-63

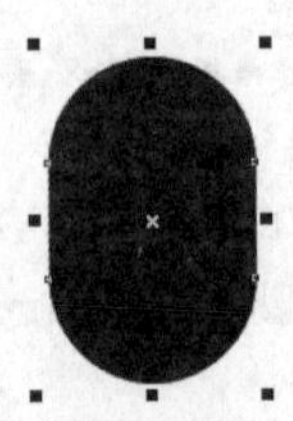

图10-64

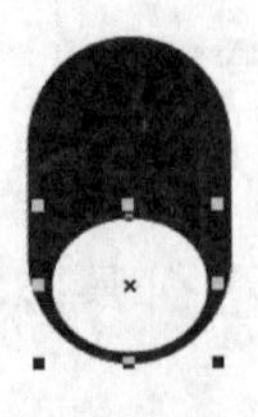

图10-65

图10-66

（5）选择“选择”工具，按住Shift键的同时，将需要的文字同时选取。在“文本属性”面板中进行设置，如图10-67所示，按Enter键，文字效果如图10-68所示。

（6）选择“选择”工具，用圈选的方法将需要的图形和文字同时选取，将其拖曳到适当的位置，效果如图10-69所示。选择“文本”工具字，在适当的位置分别输入需要的文字，选择“选择”工具，在属性栏中分别选取适当的字体并设置文字大小，效果如图10-70所示。

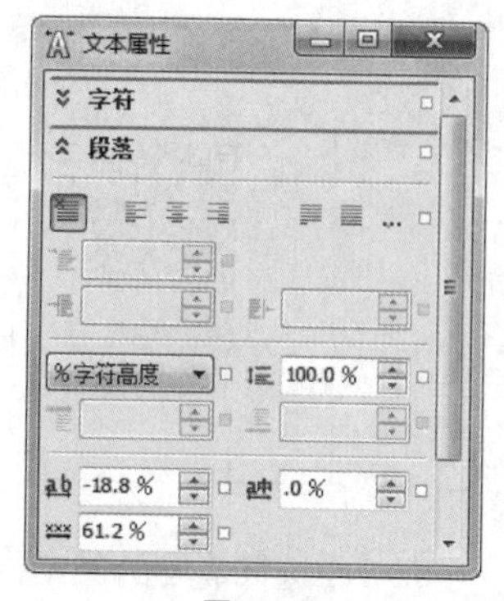

图 10-67

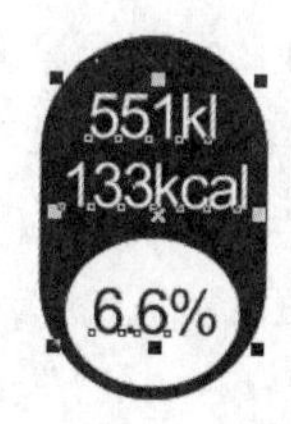

图 10-68

图 10-69

图 10-70

（7）选择“选择”工具，按住 Shift 键的同时，将需要的文字同时选取。在“文本属性”面板中进行设置，如图 10-71 所示，按 Enter 键，文字效果如图 10-72 所示。

（8）按 Ctrl+I 组合键，弹出“导入”对话框，打开云盘中的“Ch10 > 素材 > 薯片包装设计 > 02.png”文件，单击“导入”按钮，在页面中单击导入图片，选择“选择”工具，将其拖曳到适当的位置并调整其大小，效果如图 10-73 所示。

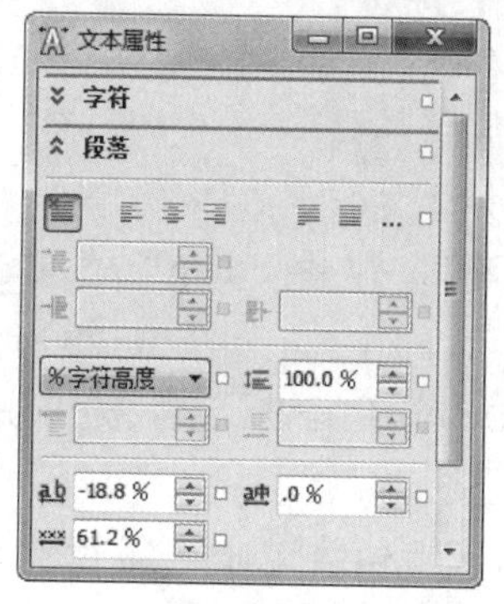

图 10-71

图 10-72

图 10-73

（9）选择“文本”工具，在适当的位置输入需要的文字，选择“选择”工具，在属性栏中分别选取适当的字体并设置文字大小，效果如图 10-74 所示。薯片包装平面图制作完成，效果如图 10-75 所示。选择“文件 > 导出”命令，弹出“导出”对话框，将文件名设置为“薯片包装平面图”，保存图像为 JPEG 格式。

图 10-74

图 10-75

Photoshop 应用

10.1.5 制作包装底图

（1）打开 Photoshop CS6 软件，按 Ctrl+N 组合键，新建一个文件，设置其宽度为 20 厘米，高度为 28 厘米，分辨率为 150 像素 / 英寸，色彩模式为 RGB，背景内容为白色。选择“油漆桶”工具，在属性栏中设置为“图案”填充，单击“图案”选项右侧的按钮，在弹出的面板中单击右上角的按钮，在弹出的菜单中选择“彩色纸”命令，弹出提示对话框，单击“追加”按钮，在面板中选择需要的图案，如图 10-76 所示。在图像窗口中单击鼠标填充图案，效果如图 10-77 所示。

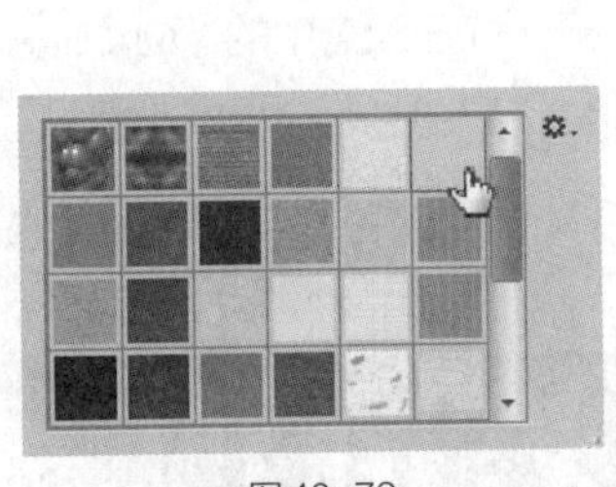
图 10-76

图 10-77

（2）新建图层并将其命名为“包装外形”。将前景色设为黑色。选择“钢笔”工具，在属性栏的“选择工具模式”选项中选择“路径”，在图像窗口中绘制路径，如图 10-78 所示。按 Ctrl+Enter 组合键，将路径转化为选区，如图 10-79 所示。按 Alt+Delete 组合键，用前景色填充选区，取消选区后，效果如图 10-80 所示。

（3）按 Ctrl+O 组合键，打开云盘中的“Ch10 > 效果 > 薯片包装设计 > 薯片包装平面图 .jpg”文件，选择“移动”工具，将图像拖曳到正在编辑的图像窗口中，并调整其大小，效果如图 10-81 所示，在“图层”控制面板中生成新的图层并将其命名为“薯片包装平面图”。按 Ctrl+Alt+G 组合键，创建剪贴蒙版，效果如图 10-82 所示。

图 10-78

图 10-79

图 10-80

图 10-81

图 10-82

10.1.6 添加阴影和高光

（1）新建图层并将其命名为“褶皱 1”。将前景色设为灰色（其 R、G、B 的值分别为 237、237、237）。选择“钢笔”工具，在图像窗口中绘制路径，如图 10-83 所示。按 Ctrl+Enter 组合键，将路径转化为选区，如图 10-84 所示。按 Alt+Delete 组合键，用前景色填充选区，取消选区即可。

图10-83

图10-84

（2）选择“滤镜 > 模糊 > 高斯模糊”命令，在弹出的对话框中进行设置，如图10-85所示，单击“确定”按钮，效果如图10-86所示。按Ctrl+Alt+G组合键，创建剪贴蒙版，效果如图10-87所示。用相同的方法制作其他褶皱效果，如图10-88所示。

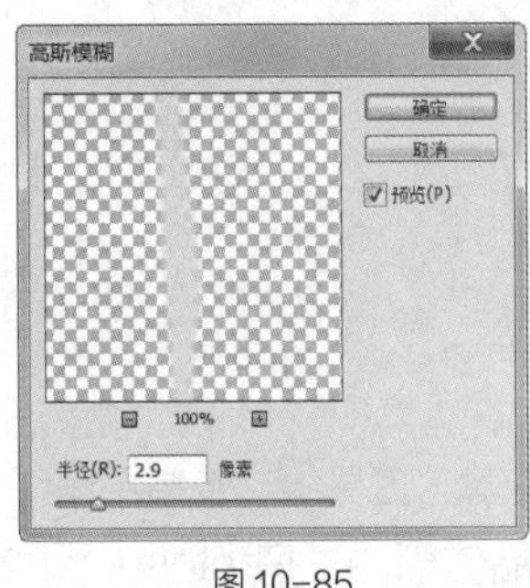

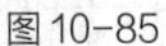

图10-85

图10-86

图10-87

图10-88

（3）新建图层并将其命名为“暗部”。将前景色设为黑色。选择“画笔”工具，单击“画笔”选项右侧的按钮，在弹出的面板中选择需要的画笔形状，并设置适当的画笔大小，如图10-89所示。在属性栏中将“不透明度”选项设为24%，“流量”选项均设为9%，在图像窗口中绘制需要的图像，效果如图10-90所示。按Ctrl+Alt+G组合键，创建剪贴蒙版，效果如图10-91所示。

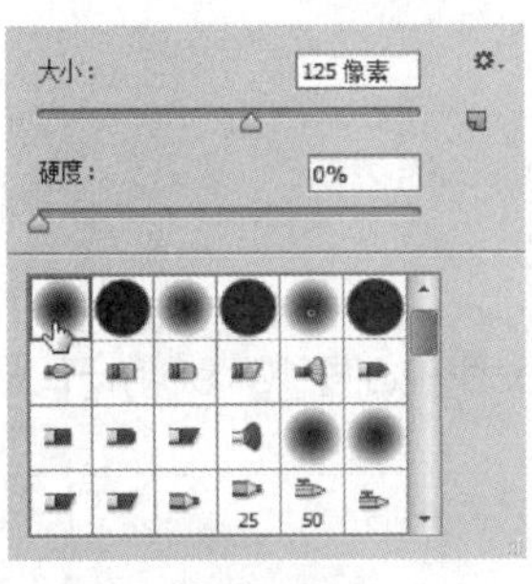

图10-89

图10-90

图10-91

（4）新建图层并将其命名为“亮部”。将前景色设为白色。选择“画笔”工具，在图像窗口中绘制需要的图像，效果如图10-92所示。按Ctrl+Alt+G组合键，创建剪贴蒙版，效果如图10-93所示。

（5）单击“图层”控制面板下方的“创建新的填充或调整图层”按钮，在弹出的菜单中选择“色阶”命令，在“图层”控制面板中生成“色阶1”图层，同时弹出相应的调整面板，选项的设置如图10-94所示，按Enter键，效果如图10-95所示。薯片包装制作完成。

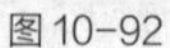
图10-92

图10-93

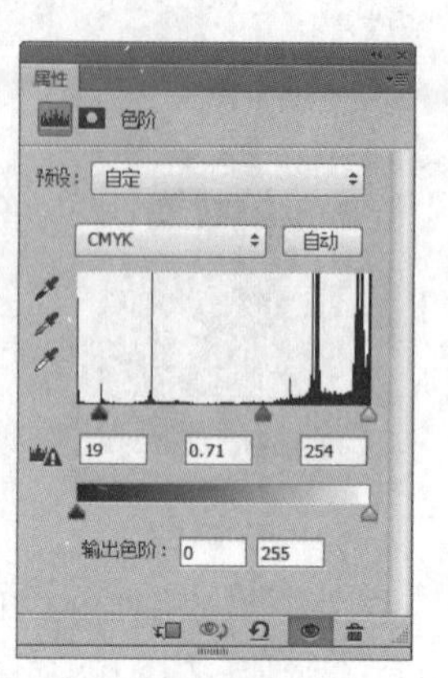

图10-94

图10-95

10.2 课后习题——糖果包装设计

习题知识要点

在CorelDRAW中，使用矩形工具、形状工具、造形工具和贝塞尔工具绘制包装平面图，使用贝塞尔工具和导入命令制作装饰图形和图片，使用文本工具添加产品信息；在Photoshop中，使用选框工具和变换命令制作立体效果，使用钢笔工具绘制包装提手。

素材所在位置

云盘/Ch10/素材/糖果包装设计/01。

效果所在位置

云盘/Ch10/效果/糖果包装设计/糖果包装立体效果.psd，如图10-96所示。

图10-96

11 第11章 网页设计

本章介绍

网页是构成网站的基本元素，是承载各种网站应用的平台。它实际上是一个文件，存放在世界某个角落的某一台计算机中，而这台计算机必须是与互联网相连接的。网页通过网址（URL）来识别与存取，当输入网址后，浏览器就会运行一段复杂而又快速的程序，将网页文件传送到用户的计算机中，并解释网页的内容，最后将网页展示到用户的眼前。本章以家庭厨卫网页设计为例，讲解网页的设计方法和制作技巧。

学习目标

- 掌握网页的设计思路和过程。
- 掌握网页的制作方法和技巧。

技能目标

- 掌握“家庭厨卫网页”的制作方法。
- 掌握“慕斯网页”的制作方法。

11.1 家庭厨卫网页设计

扫码观看
扩展案例

案例学习目标

在 Photoshop 中，学习使用绘图工具、选框工具、渐变工具和文字工具制作家庭厨卫网页。

案例知识要点

在 Photoshop 中，使用矩形选框工具、渐变工具和横排文字工具制作导航条，使用直线工具、矩形工具和自定形状工具添加装饰图形，使用图层样式命令添加投影效果。

效果所在位置

云盘 /Ch11/ 效果 / 家庭厨卫网页设计 / 家庭厨卫网页 .psd，如图 11-1 所示。

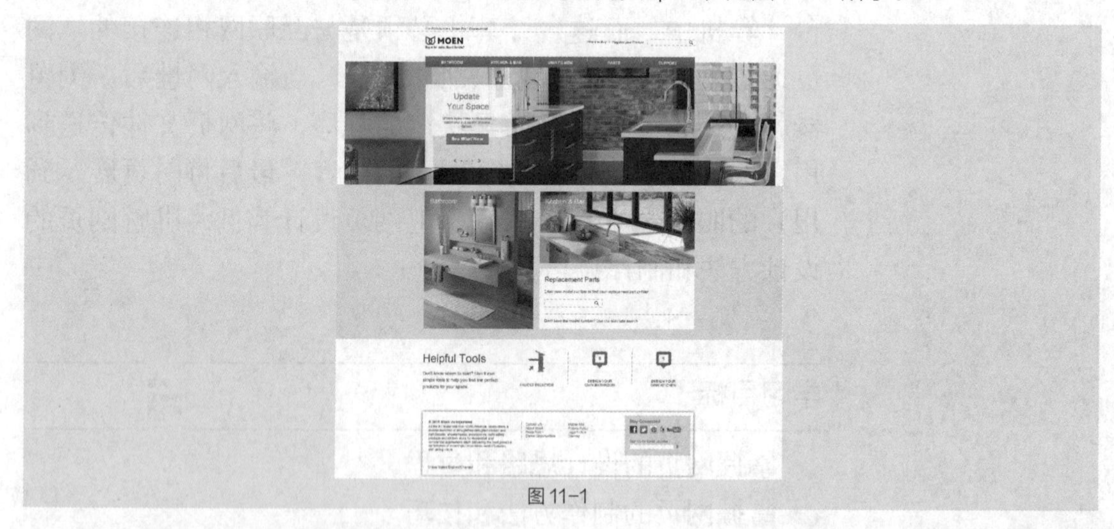

图 11-1

Photoshop 应用

11.1.1 制作导航条

扫码观看
本案例视频

（1）打开 Photoshop CS6 软件，按 Ctrl + N 组合键，新建一个文件，设置其宽度为 1657 像素，高度为 1633 像素，分辨率为 72 像素 / 英寸，颜色模式为 RGB，背景内容为白色，单击“确定”按钮。

（2）新建图层组并将其命名为“头部”，新建图层并将其命名为“导航条”，如图 11-2 所示。选择“矩形选框”工具，绘制一个矩形选框，如图 11-3 所示。

（3）选择“渐变”工具，单击属性栏中的“点按可编辑渐变”按钮，弹出“渐变编辑器”对话框，将渐变色设为从深蓝色（其R、G、B的值分别为0、140、189）到浅蓝色（其R、G、B的值分别为0、167、220），如图11-4所示，单击“确定”按钮，在图像窗口中从上向下拖曳光标，效果如图11-5所示。按Ctrl+D组合键，取消选区。

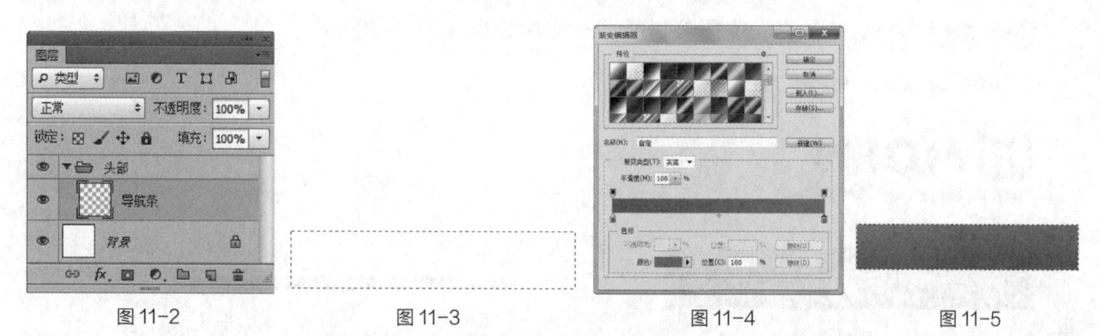

图11-2　　图11-3　　图11-4　　图11-5

（4）选择“移动”工具，按住Alt+Shift组合键的同时，水平向右拖曳图形到适当的位置，复制图形，效果如图11-6所示。用相同的方法复制其他图形，效果如图11-7所示。

图11-6 　　图11-7

（5）将前景色设为白色。选择“横排文字”工具，在适当的位置输入需要的文字并选取文字，在属性栏中选择合适的字体并设置大小，效果如图11-8所示，在“图层”控制面板中生成新的文字图层。用相同方法添加其他文字，效果如图11-9所示。

图11-8 　　图11-9

（6）按Ctrl+O组合键，打开云盘中的“Ch11 > 素材 > 家庭厨卫网页设计 > 01.png”文件。选择“移动”工具，将“01”图片拖曳到图像窗口中的适当位置并调整其大小，效果如图11-10所示，在“图层”控制面板中生成新的图层并将其命名为“标志”。

（7）将前景色设为灰色（其R、G、B的值分别为118、118、118）。选择“横排文字”工具，在适当的位置输入需要的文字并选取文字，在属性栏中选择合适的字体并设置其大小，效果如图11-11所示，在“图层”控制面板中生成新的文字图层。

图11-10 　　图11-11

（8）选择“横排文字”工具T，选取需要的文字，设置文字颜色为蓝色（其R、G、B的值分别为0、148、198），填充文字，并在属性栏中设置适当的字体，效果如图11-12所示。

（9）新建图层并将其命名为“横线”。将前景色设为灰色（其R、G、B的值分别为206、206、206）。选择“直线”工具，在属性栏的“选择工具模式”选项中选择“像素”选项，将“粗细”选项设为1像素，在适当的位置绘制直线，效果如图11-13所示。

For Professionals: Moen Pro Commercial

图11-12　　图11-13

（10）将前景色设为蓝色（其R、G、B的值分别为0、148、198）。选择“横排文字”工具T，在适当的位置输入需要的文字并选取文字，在属性栏中选择合适的字体并设置其大小，效果如图11-14所示，在“图层”控制面板中生成新的文字图层。用相同方法添加其他文字，效果如图11-15所示。

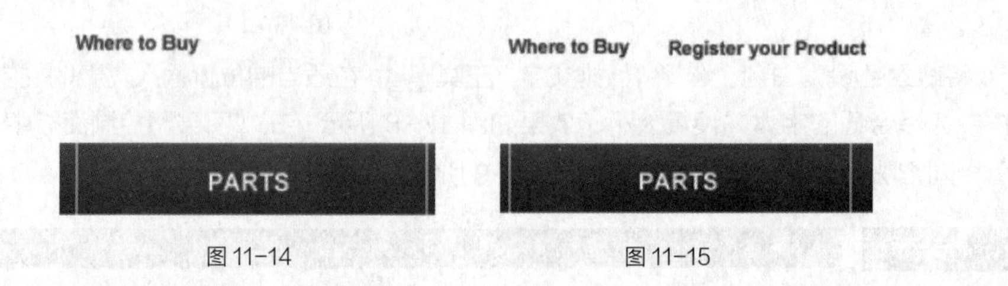

图11-14　　图11-15

（11）选择“矩形”工具，在属性栏的“选择工具模式”选项中选择“形状”选项，将“填充”选项设为无，“描边”选项设为灰色（其R、G、B的值分别为206、206、206），“描边宽度”设为1像素，在图像窗口中拖曳鼠标绘制一个矩形，效果如图11-16所示，在“图层”控制面板中生成新的形状图层并将其命名为“矩形1”。

（12）新建图层并将其命名为“图标”。将前景色设为蓝色（其R、G、B的值分别为36、144、208）。选择“自定形状”工具，单击属性栏中的“形状”选项，弹出“形状”面板，单击右上角的按钮，在弹出的菜单中选择“全部”命令，弹出提示对话框，单击“确定”按钮。在面板中选中需要的图形，如图11-17所示。在属性栏中的“选择工具模式”选项中选择“像素”选项，在图像窗口中绘制一个图形，效果如图11-18所示。

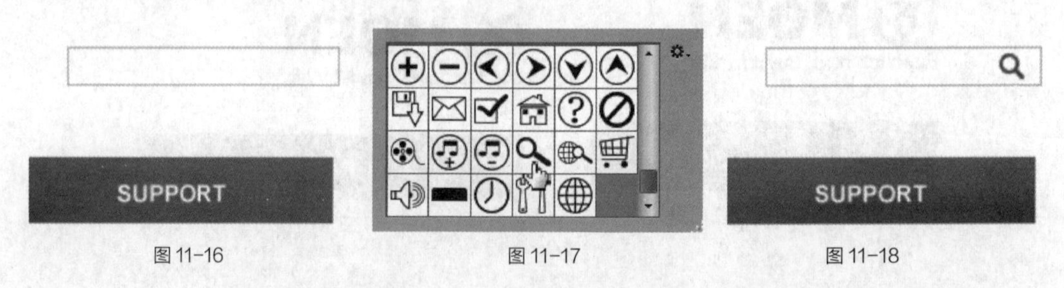

图11-16　　图11-17　　图11-18

（13）新建图层并将其命名为“小竖线”。将前景色设为灰色（其R、G、B的值分别为206、206、206）。选择“直线”工具，在属性栏的“选择工具模式”选项中选择“像素”选项，将“粗细”选项设为1像素，在适当的位置绘制直线，效果如图11-19所示。选择“移动”工具，按住Alt键的同时，拖曳图形到适当的位置，复制图形，效果如图11-20所示。用相同的方法复制其他直线，效果如图11-21所示。单击“头部”图层组前的按钮，隐藏“头部”图层组内的图层。

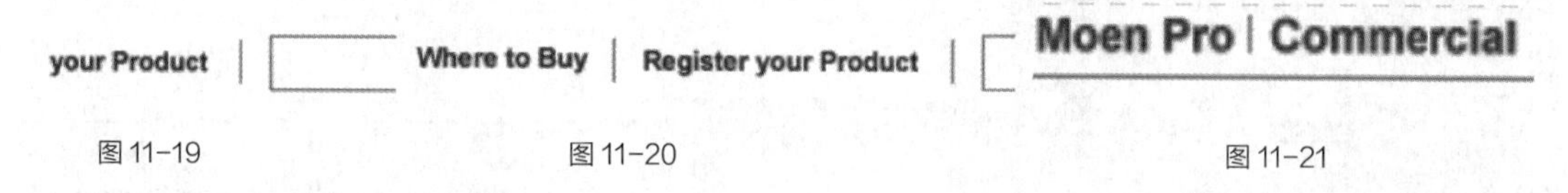

图11-19　　图11-20　　图11-21

11.1.2 制作焦点广告

（1）新建图层组并将其命名为“焦点广告”，将其拖曳至“头部”图层组的下方，如图11-22所示。按Ctrl+O组合键，打开云盘中的“Ch11 > 素材 > 家庭厨卫网页设计 > 02.jpg”文件。选择“移动”工具，将图片拖曳到图像窗口中适当的位置并调整其大小，效果如图11-23所示，在“图层”控制面板中生成新的图层并将其命名为“图片”，拖曳到“焦点广告”图层组内，如图11-24所示。

扫码观看
本案例视频

图11-22

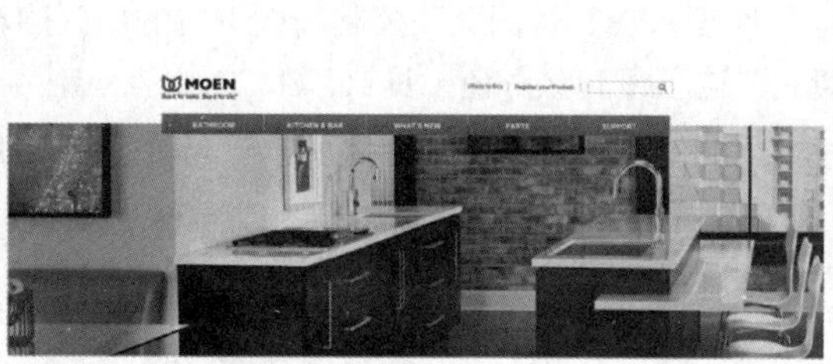

图11-23

图11-24

（2）选择“矩形”工具，在属性栏的“选择工具模式”选项中选择“形状”选项，将“填充”选项设为白色，“描边”选项设为黑色，“描边宽度”选项设为1像素，在图像窗口中拖曳鼠标绘制一个矩形，效果如图11-25所示。在“图层”控制面板中生成新的形状图层并将其命名为“矩形2”，在控制面板上方将“不透明度”选项设为90%，图像效果如图11-26所示。

图11-25

图11-26

（3）单击“图层”控制面板下方的“添加图层样式”按钮，在弹出的菜单中选择“投影”命令，弹出对话框，将阴影颜色设为黑色，其他选项的设置如图11-27所示，单击“确定”按钮，效果如图11-28所示。

（4）将前景色设为蓝色（其 R、G、B 的值分别为 21、169、225）。选择“横排文字”工具T，在适当的位置输入需要的文字并选取文字，在属性栏中选择合适的字体并设置大小，效果如图 11-29 所示，在“图层”控制面板中生成新的文字图层。用相同方法添加其他文字，并设置适当的字体和颜色，效果如图 11-30 所示。

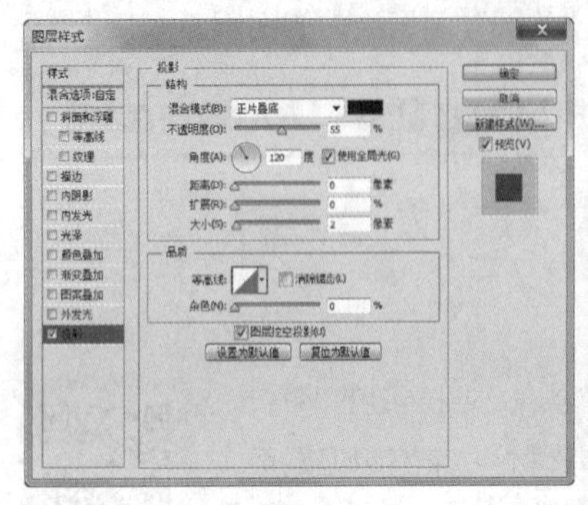

图 11-27

图 11-28

图 11-29

图 11-30

（5）选择“圆角矩形”工具，在属性栏中将“填充”选项设为绿色（其 R、G、B 值为 58、181、100），“描边”选项设为黑色，“描边宽度”选项设为 0.1 像素，在图像窗口中拖曳鼠标绘制一个圆角矩形，效果如图 11-31 所示，在“图层”控制面板中生成“圆角矩形 1”图层。

（6）将“圆角矩形 1”图层拖曳到“图层”控制面板下方的“创建新图层”按钮上，复制图层。在属性栏中将“填充”选项设为深绿色（其 R、G、B 的值分别为 23、96、48）。选择“移动”工具，将其拖曳至适当的位置，效果如图 11-32 所示。将“圆角矩形 1 副本”图层拖曳至“圆角矩形 I”图层的下方，如图 11-33 所示，图像效果如图 11-34 所示。

图 11-31

图 11-32

图 11-33

图 11-34

（7）选择“圆角矩形 1”图层。将前景色设为白色。选择“横排文字”工具T，在适当的位置输入需要的文字并选取文字，在属性栏中选择合适的字体并设置文字大小，效果如图 11-35 所示，在“图层”控制面板中生成新的文字图层。

（8）将前景色设为蓝色（其 R、G、B 的值分别为 36、144、208）。选择“自定形状”工具，单击属性栏中的“形状”选项，弹出“形状”面板，选中需要的图形，如图 11-36 所示。在图像窗口中绘制一个图形，效果如图 11-37 所示。在“图层”控制面板中生成新的形状图层，并将其命名为“形状 1”。

（9）将“形状 1”图层拖曳到“图层”控制面板下方的“创建新图层”按钮上，复制图层。按 Ctrl+T 组合键，在图形周围出现变换框，在变换框中单击鼠标右键，在弹出的菜单中选择“水平翻转”命令，翻转图形，按 Enter 键确认操作，效果如图 11-38 所示。选择“移动”工具，将图形拖曳至适当的位置，效果如图 11–39 所示。

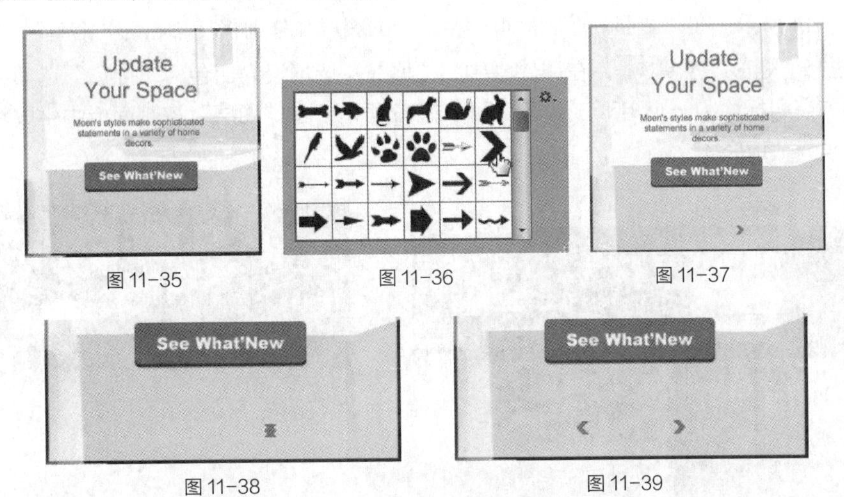

图 11–35　图 11–36　图 11–37

图 11–38　图 11–39

（10）将前景色设为蓝色（其 R、G、B 的值分别为 61、189、232）。选择“椭圆形”工具，在属性栏的“选择工具模式”选项中选择“形状”选项，按住 Shift 键的同时，在图像窗口中拖曳鼠标绘制一个圆形，效果如图 11–40 所示。用相同的方法绘制其他图形，效果如图 11–41 所示。单击“焦点广告”图层组前的按钮，隐藏“焦点广告”图层组内的图层。

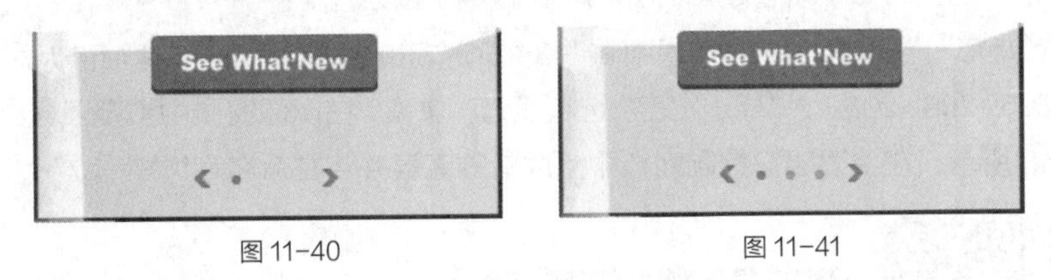

图 11–40　图 11–41

11.1.3　制作内容 1

（1）新建图层组并将其命名为“内容 1”，将其拖曳至“焦点广告”图层组下方，如图 11–42 所示。选择“矩形”工具，在属性栏中将“填充”选项设为灰色（其 R、G、B 的值分别为 234、234、234），“描边”选项设为无，在图像窗口中拖曳鼠标绘制一个矩形，效果如图 11–43 所示。在“图层”控制面板中生成新的形状图层并将其命名为“矩形 3”。

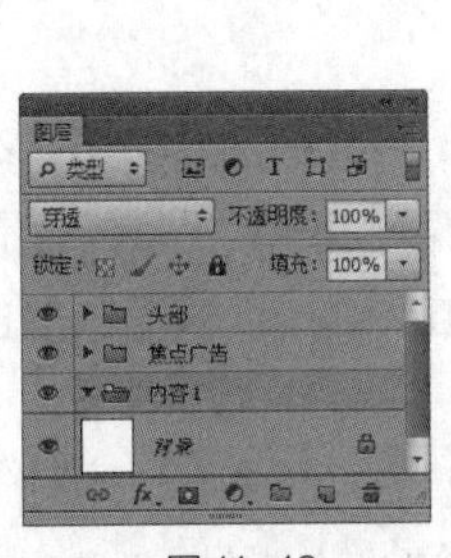

图 11–42

图 11–43

（2）按 Ctrl+O 组合键，打开云盘中的“Ch11 > 素材 > 制作家庭卫厨网页 > 03.jpg、04.jpg”

文件。选择“移动”工具，分别将“03”“04”图片拖曳到图像窗口中的适当位置并调整其大小，效果如图 11-44 所示，在“图层”控制面板中生成新的图层并分别将其命名为“浴室”“厨房”。

（3）选择“矩形”工具，在属性栏中将“填充”选项设为白色，“描边”选项设为无，在图像窗口中拖曳鼠标绘制一个矩形，效果如图 11-45 所示，在“图层”控制面板中生成新的形状图层并将其命名为“矩形 4”。

图 11-44

图 11-45

（4）将前景色设为白色。选择“横排文字”工具，在适当的位置输入需要的文字并选取文字，在属性栏中选择合适的字体并设置文字大小，效果如图 11-46 所示，在“图层”控制面板中生成新的文字图层。用相同方法添加其他文字，效果如图 11-47 所示。

（5）选择“矩形”工具，在属性栏中将“填充”选项设为无，“描边”选项设为灰色（其 R、G、B 的值分别为 206、206、206），“描边宽度”选项设为 1 像素，在图像窗口中拖曳鼠标绘制一个矩形，效果如图 11-48 所示。在“图层”控制面板中生成新的图层并将其命名为“矩形 7”。

图 11-46

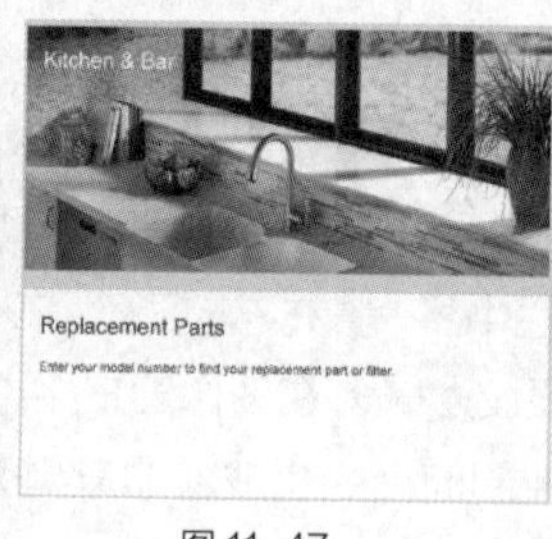

图 11-47

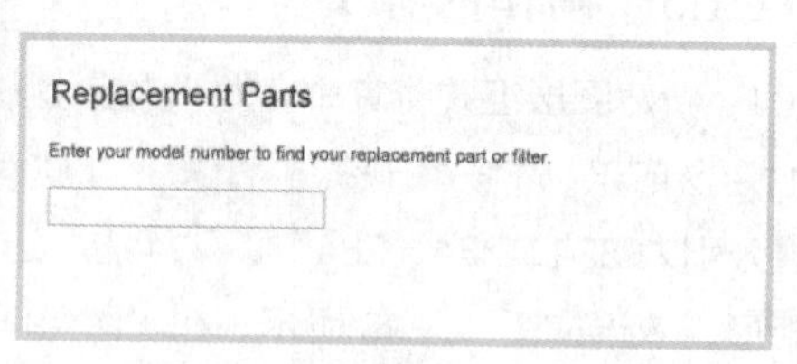

图 11-48

（6）将前景色设为灰色（其 R、G、B 的值分别为 106、106、106）。选择“横排文字”工具，在适当的位置输入需要的文字并选取文字，在属性栏中选择合适的字体并设置文字大小，效果如图 11-49 所示，在“图层”控制面板中生成新的文字图层。

（7）选取需要的文字，设置文字颜色为蓝色（其 R、G、B 的值分别为 0、157、210），填充文字，效果如图 11-50 所示。选取“头部”图层组中的“图标”图层，将其拖曳到“图层”控制面板下方的“创建新图层”按钮上，复制图层，并拖曳至“内容 1”图层组。选择“移动”工具，在图像窗口中将其拖曳到适当的位置，效果如图 11-51 所示。

（8）新建图层并将其命名为“横线 2”。将前景色设为灰色（其 R、G、B 的值分别为 206、206、206）。选择“直线”工具，在属性栏中将“粗细”选项设为 1 像素，在适当的位置绘制直线，效果如图 11-52 所示。单击“内容 1”图层组前的按钮，隐藏“内容 1”图层组内的图层。

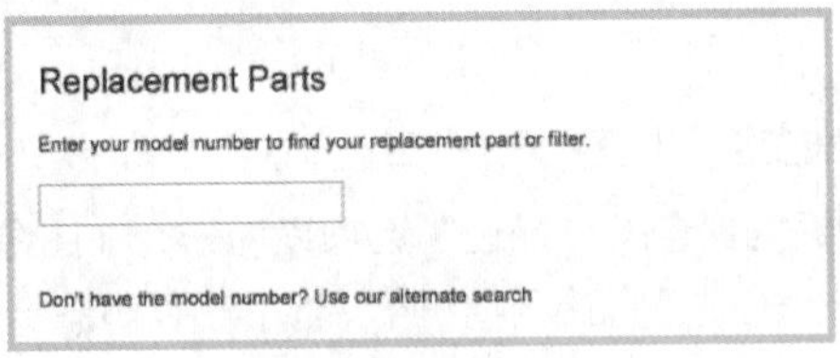

图 11-49

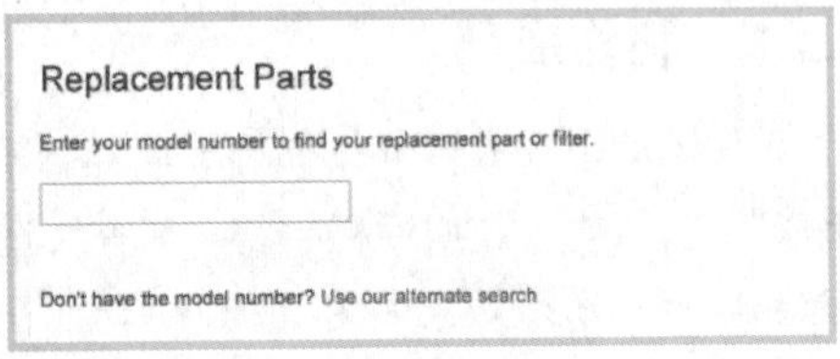

图 11-50

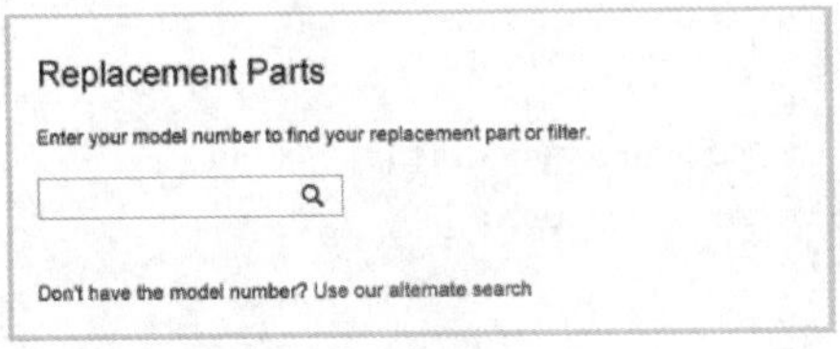

图 11-51

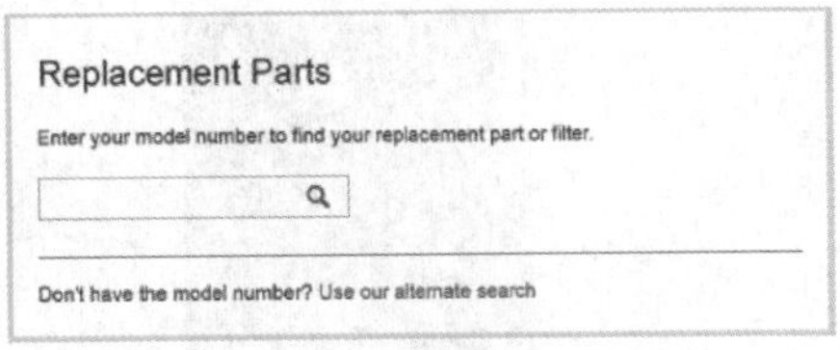

图 11-52

11.1.4　制作内容 2

（1）新建图层组并将其命名为“内容 2”，将其拖曳至“内容 1”图层组的下方，如图 11-53 所示。将前景色设为灰色（其 R、G、B 的值分别为 98、98、98）。选择“横排文字”工具T，在适当的位置输入需要的文字并选取文字，在属性栏中选择合适的字体并设置文字大小，效果如图 11-54 所示，在“图层”控制面板中生成新的文字图层。用相同方法添加其他文字，效果如图 11-55 所示。

图 11-53　图 11-54　图 11-55

（2）按 Ctrl+O 组合键，打开云盘中的“Ch11 > 素材 > 家庭厨卫网页设计 > 05 文件。选择“移动”工具，将“05”图片拖曳到图像窗口中的适当位置并调整其大小，效果如图 11-56 所示，在“图层”控制面板中生成新的图层并将其命名为“图标 2”

（3）将前景色设为蓝色（其 R、G、B 的值分别为 0、157、210）。选择“横排文字”工具T，在适当的位置输入需要的文字并选取文字，在属性栏中选择合适的字体并设置文字大小，效果如图 11-57 所示，在“图层”控制面板中生成新的文字图层。用相同的方法添加其他文字，效果如图 11-58 所示。单击“内容 2”图层组前的▼按钮，隐藏“内容 2”图层组内的图层。

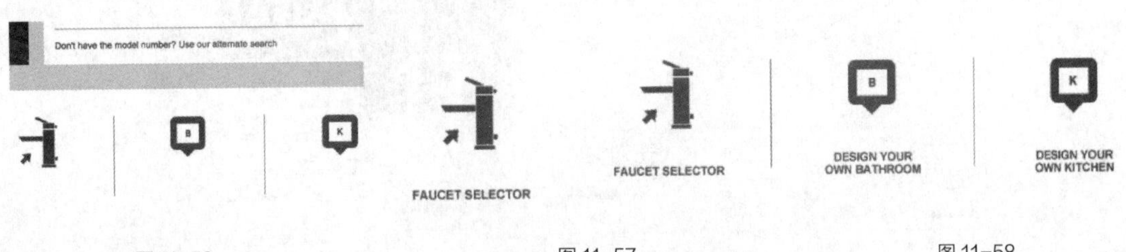

图 11-56　图 11-57　图 11-58

11.1.5 制作底部

（1）新建图层组并将其命名为“底部”，将其拖曳至“内容 2”图层组下方，如图 11-59 所示。选择“矩形”工具，在属性栏中将“填充”选项设为白色，“描边”选项设为无，在图像窗口中拖曳鼠标绘制一个矩形，效果如图 11-60 所示。在“图层”控制面板中生成新的图层并将其命名为“矩形 5”。

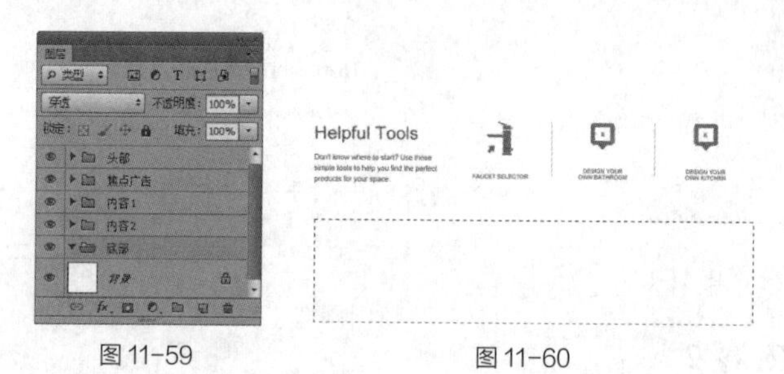

图 11-59　　图 11-60

（2）单击“图层”控制面板下方的“添加图层样式”按钮 *fx*，在弹出的菜单中选择“投影”命令，弹出对话框，将阴影颜色设为黑色，其他选项的设置如图 11-61 所示。单击“确定”按钮，效果如图 11-62 所示。

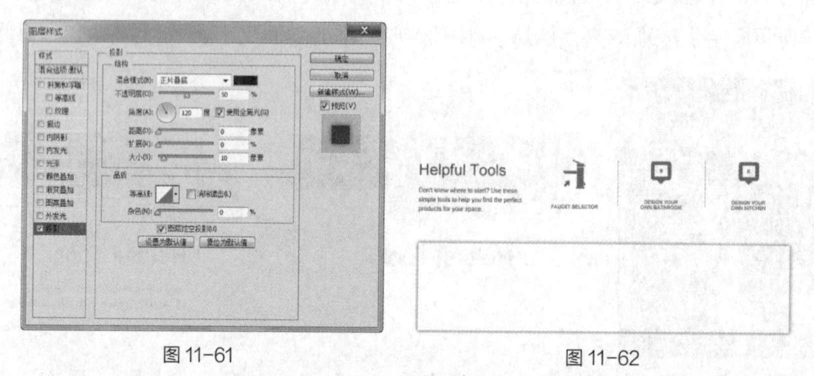

图 11-61　　图 11-62

（3）按 Ctrl+O 组合键，打开云盘中的“Ch11 > 素材 > 家庭厨卫网页设计 > 06.png”文件。选择“移动”工具，将图片拖曳到图像窗口中的适当位置并调整其大小，效果如图 11-63 所示。在“图层”控制面板中生成新的图层并将其命名为“图标 3”。家庭厨卫网页制作完成，效果如图 11-64 所示。

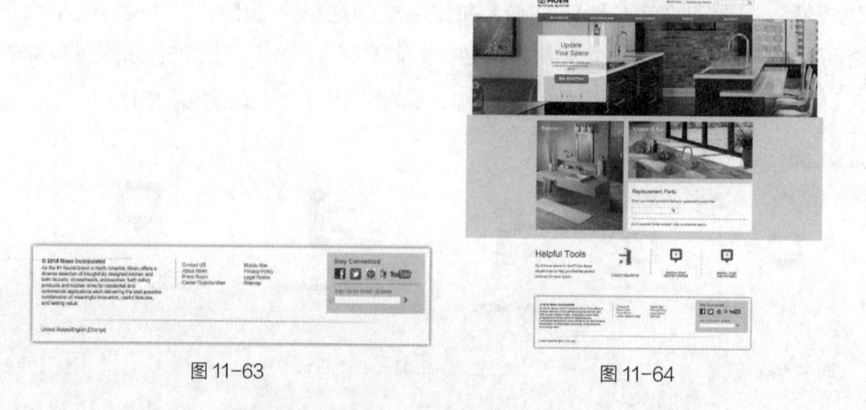

图 11-63　　图 11-64

11.2 课后习题——慕斯网页设计

习题知识要点

在 Photoshop 中，使用钢笔工具、矩形工具和自定形状工具绘制图形，使用文字工具添加宣传文字，创建剪贴蒙版命令制作图片剪切效果，使用图层蒙版命令为图形添加蒙版，使用图层样式命令为图片和文字添加特殊效果。

素材所在位置

云盘 /Ch11/ 素材 / 慕斯网页设计 /01~07。

效果所在位置

云盘 /Ch11/ 效果 / 慕斯网页设计 / 慕斯网页 .psd，如图 11-65 所示。

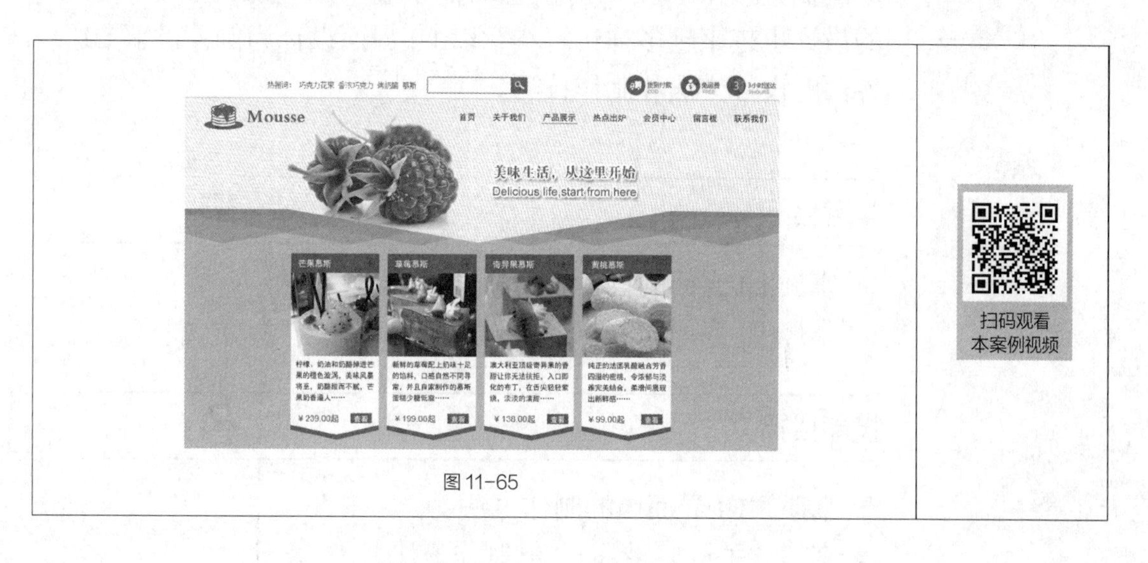

图 11-65

12 第12章 UI设计

本章介绍

UI（User Interface）设计，即用户界面设计，主要包括人机交互、操作逻辑和界面美观的整体设计。随着信息技术的高速发展，用户对信息的需求量不断增加，图形界面的设计也越来越多样化。本章以 UI 界面设计为例，讲解 UI 界面的设计方法和制作技巧。

学习目标

- ✔ 掌握 UI 界面的设计思路和过程。
- ✔ 掌握 UI 界面的制作方法和技巧。

技能目标

- ✱ 掌握“UI 界面”的制作方法。
- ✱ 掌握“手机 UI 界面”的制作方法。

12.1 UI界面设计

扫码观看
扩展案例

案例学习目标

在 CorelDRAW 中，学习使用导入命令、绘图工具、图框精确剪裁命令、插入符号命令和文本工具制作 UI 界面；在 Photoshop 中，学习使用魔棒工具、置入命令制作 UI 界面展示效果。

案例知识要点

在 CorelDRAW 中，使用导入命令、矩形工具、透明度工具处理背景图片；使用贝塞尔工具、椭圆形工具、填充工具和置于图文框内部命令制作山雀形象，使用矩形工具、置于图文框内部命令制作图片精确剪裁效果，使用直线工具、多边形工具、插入符号命令和文本工具制作界面 2 和界面 3；在 Photoshop 中，使用高斯模糊命令处理背景图片，使用魔棒工具、置入命令制作 UI 界面展示效果。

效果所在位置

云盘 /Ch12/ 效果 /UI 界面设计 /UI 界面展示 .psd，如图 12-1 所示。

图 12-1

CorelDRAW 应用

12.1.1 制作界面 1

（1）打开 CorelDRAW X6 软件，按 Ctrl+N 组合键，弹出“创建新文档”对话框，设置文档的宽度为 1080 像素，高度为 1920 像素，原色模式为 RGB，单击“确定”按钮，新建一个文档。

扫码观看
本案例视频

（2）按 Ctrl+I 组合键，弹出“导入”对话框，选择云盘中的“Ch12 > 素材 > UI 界面设计 > 01.jpg”文件，单击“导入”按钮，在页面中单击导入图片，如图

12-2 所示。按 P 键，使图片在页面中居中对齐，效果如图 12-3 所示。

（3）双击“矩形”工具，绘制一个与页面大小相等的矩形，设置图形颜色的 RGB 值为 238、238、239，填充图形，并去除图形的轮廓线，效果如图 12-4 所示。

（4）选择“透明度”工具，在属性栏中将“透明度类型”选项设为“标准”，其他选项的设置如图 12-5 所示，按 Enter 键，效果如图 12-6 所示。

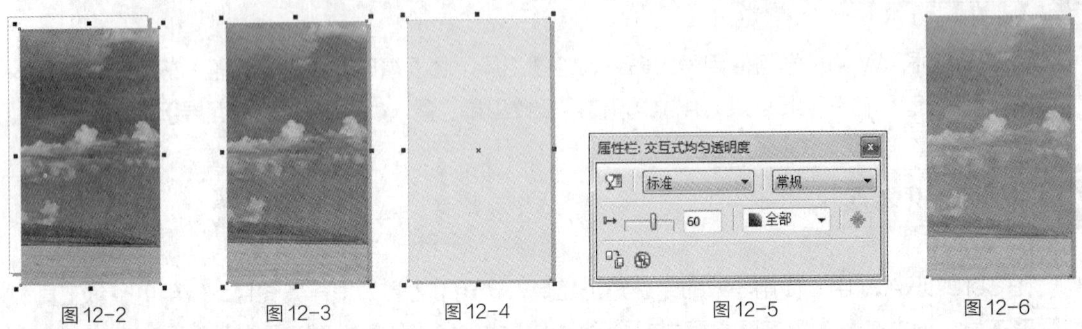

图 12-2　图 12-3　图 12-4　图 12-5　图 12-6

（5）按 Ctrl+I 组合键，弹出“导入”对话框，选择云盘中的“Ch12 > 素材 > UI 界面设计 > 02.png”文件，单击“导入”按钮，在页面中单击导入图片，将其拖曳到适当的位置并调整其大小，效果如图 12-7 所示。

（6）选择“贝塞尔”工具，在适当的位置分别绘制不规则图形，如图 12-8 所示，选择“选择”工具，选取需要的图形，设置图形颜色的 RGB 值为 252、72、1，填充图形，并去除图形的轮廓线，效果如图 12-9 所示。

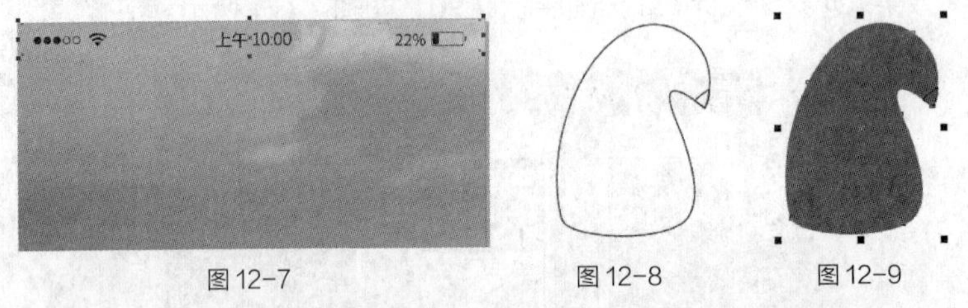

图 12-7　图 12-8　图 12-9

（7）选择“椭圆形”工具，按住 Ctrl 键的同时，在适当的位置绘制一个圆形，如图 12-10 所示。选择“选择”工具，按住 Shift 键的同时，选取需要的图形，设置图形颜色的 RGB 值为 99、50、98，填充图形，并去除图形的轮廓线，效果如图 12-11 所示。

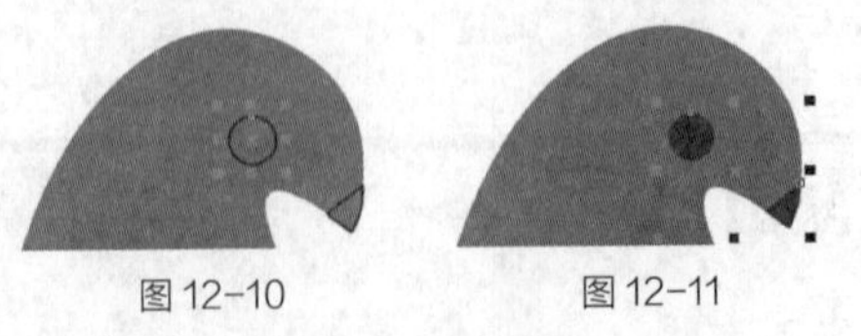

图 12-10　图 12-11

（8）选择“贝塞尔”工具，在适当的位置绘制一条曲线，如图 12-12 所示。按 F12 键，弹出“轮廓笔”对话框，在“颜色”选项中设置轮廓线颜色的 RGB 值为 252、72、1，其他选项的设置如图 12-13 所示。单击“确定”按钮，效果如图 12-14 所示。

（9）选择“选择”工具，选取紫色圆形，如图 12-15 所示。按数字键盘上的 + 键，复制圆形。拖曳复制的圆形到适当的位置，并调整其大小，效果如图 12-16 所示。用相同的方法绘制其他图形，效果如图 12-17 所示。

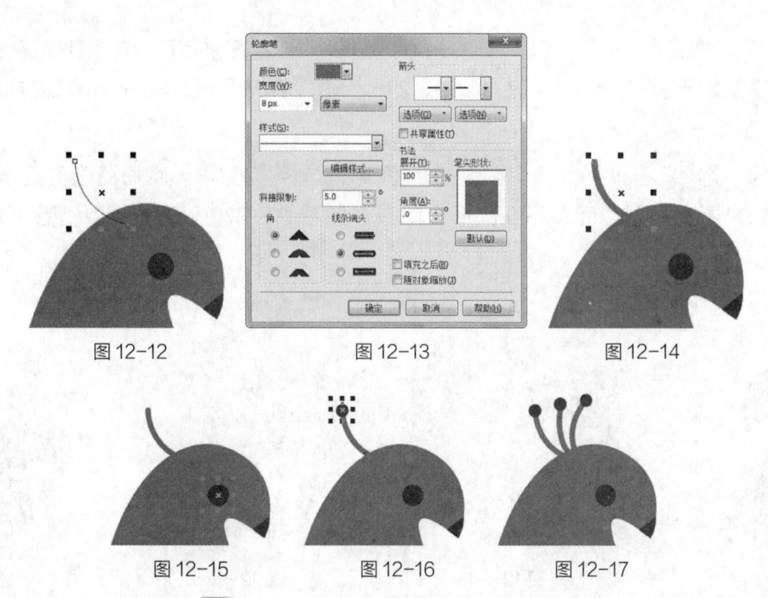

图 12-12　　图 12-13　　图 12-14

图 12-15　　图 12-16　　图 12-17

（10）选择“贝塞尔”工具，在适当的位置绘制一个不规则图形，设置图形颜色的 RGB 值为 238、238、239，填充图形，并去除图形的轮廓线，效果如图 12-18 所示。

（11）选择“手绘”工具，按住 Ctrl 键的同时，在适当的位置绘制一条竖线，如图 12-19 所示。按 F12 键，弹出“轮廓笔”对话框，在“颜色”选项中设置轮廓线颜色的 RGB 值为 238、238、239，其他选项的设置如图 12-20 所示。单击“确定”按钮，效果如图 12-21 所示。

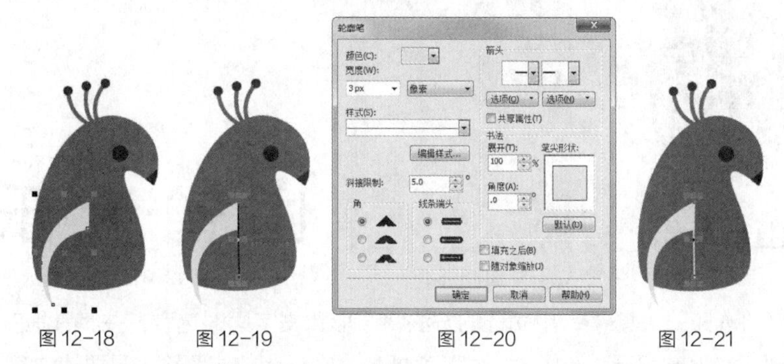

图 12-18　　图 12-19　　图 12-20　　图 12-21

（12）选择“椭圆形”工具，在适当的位置绘制一个椭圆形，如图 12-22 所示。设置图形颜色的 RGB 值为 238、238、239，填充图形，并去除图形的轮廓线，效果如图 12-23 所示。

（13）选择“选择”工具，用圈选的方法将所绘制的图形全部选取，按 Ctrl+G 组合键，将其群组，效果如图 12-24 所示。

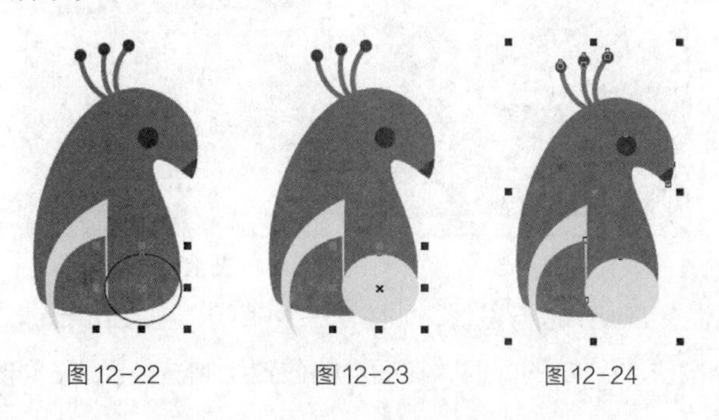

图 12-22　　图 12-23　　图 12-24

（14）选择“椭圆形”工具，按住 Ctrl 键的同时，在适当的位置绘制一个圆形，如图 12-25 所示。设置图形颜色的 RGB 值为 254、215、83，填充图形，并去除图形的轮廓线，效果如图 12-26 所示。

（15）选择“选择”工具，选取下方群组图形，选择“效果 > 图框精确剪裁 > 置于图文框内部”命令，鼠标光标变为黑色箭头后在圆形上单击，如图 12-27 所示，将图片置入圆形中，效果如图 12-28 所示。

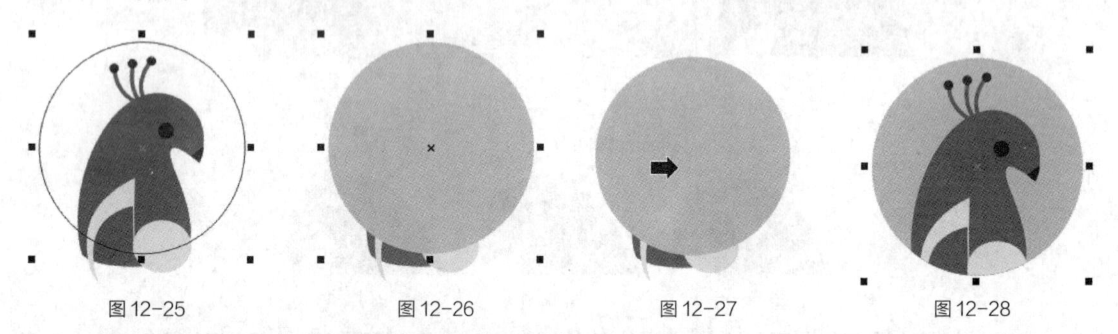

图 12-25　图 12-26　图 12-27　图 12-28

（16）选择“文本”工具，在适当的位置分别输入需要的文字。选择“选择”工具，在属性栏中分别选择合适的字体并设置文字大小，效果如图 12-29 所示。

（17）选取文字“山雀音乐”，选择“文本 > 文本属性”命令，在弹出的“文本属性”面板中进行设置，如图 12-30 所示，按 Enter 键，效果如图 12-31 所示。

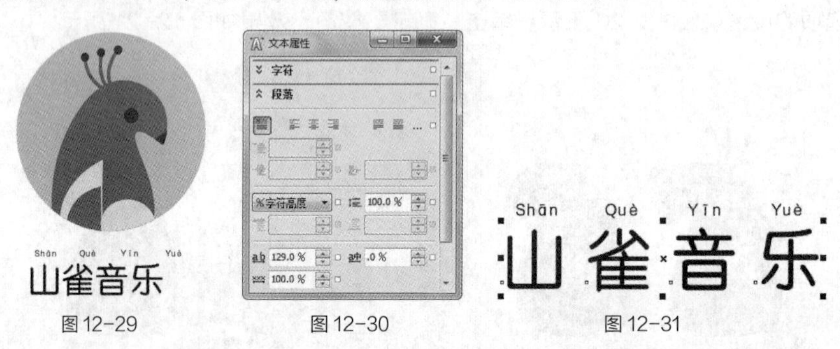

图 12-29　图 12-30　图 12-31

（18）选择“选择”工具，用圈选的方法将图形和文字同时选取，并将其拖曳到页面中适当的位置，效果如图 12-32 所示。选择“文本”工具，在适当的位置输入需要的文字。选择“选择”工具，在属性栏中选择合适的字体并设置文字大小，单击“将文本更改为垂直方向”按钮，更改文字方向，效果如图 12-33 所示。

图 12-32　图 12-33

（19）在“文本属性”面板中进行设置，如图 12-34 所示，按 Enter 键，效果如图 12-35 所示。选择“手绘”工具，按住 Ctrl 键的同时，在适当的位置绘制一条竖线，如图 12-36 所示。

（20）按数字键盘上的 + 键，复制竖线。选择“选择”工具，按住 Shift 键的同时，水平向右拖曳复制的竖线到适当的位置，效果如图 12-37 所示。

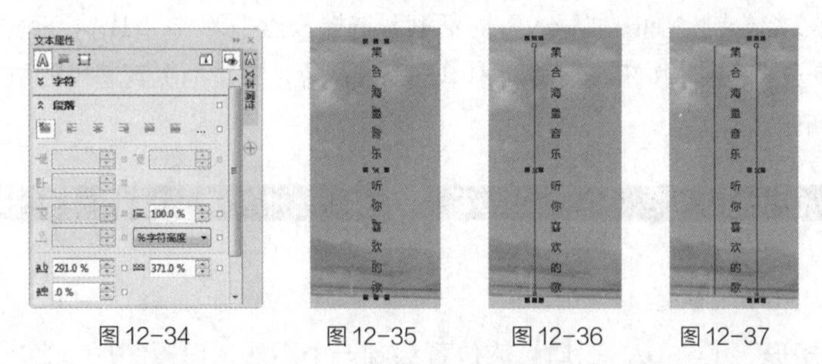

图 12-34　　图 12-35　　图 12-36　　图 12-37

（21）选择“文本”工具字，在适当的位置输入需要的文字，选择“选择”工具，在属性栏中选取合适的字体并设置文字大小，单击“将文本更改为水平方向”按钮，更改文字方向，效果如图 12-38 所示。选择“形状”工具，向右拖曳文字下方的图标，调整文字的间距，效果如图 12-39 所示。

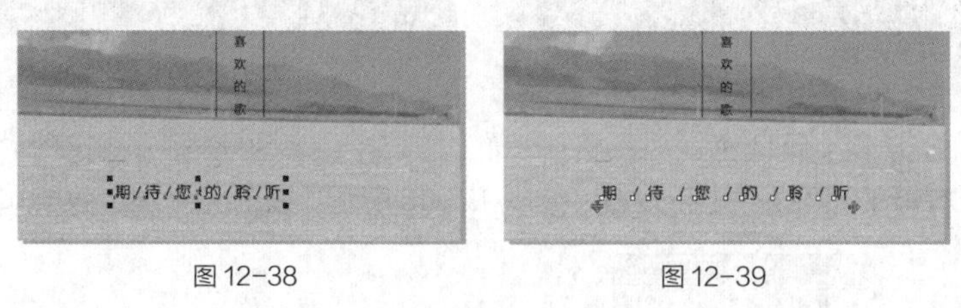

图 12-38　　图 12-39

（22）选择“椭圆形”工具，按住 Ctrl 键的同时，在适当的位置绘制一个圆形，填充图形为黑色，并去除图形的轮廓线，效果如图 12-40 所示。

（23）按数字键盘上的 + 键，复制圆形。选择“选择”工具，按住 Shift 键的同时，水平向右拖曳复制的圆形到适当的位置，效果如图 12-41 所示。

图 12-40　　图 12-41

12.1.2　制作界面 2 顶部

扫码观看
本案例视频

（1）选择“布局 > 插入页面”命令，弹出“插入页面”对话框，选项的设置如图 12-42 所示，单击“确定”按钮，插入页面。双击“矩形”工具，绘制一个与页面大小相等的矩形，如图 12-43 所示。

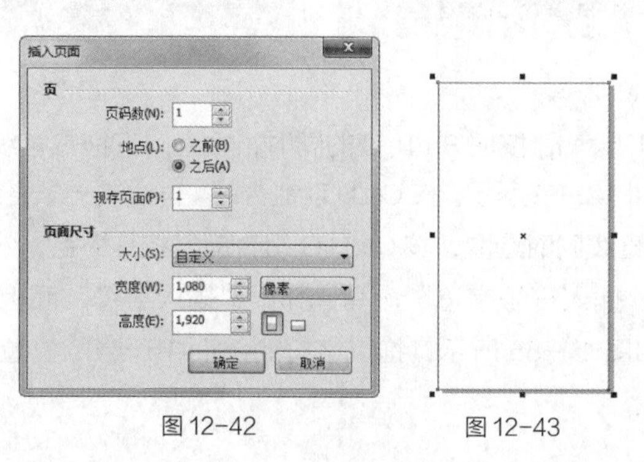

图 12-42　　图 12-43

（2）按数字键盘上的+键，复制矩形。选择“选择”工具，向上拖曳矩形下边中间的控制手柄到适当的位置，调整其大小，填充图形为黑色，并去除图形的轮廓线，效果如图12-44所示。

（3）按Ctrl+I组合键，弹出“导入”对话框，选择云盘中的“Ch12 > 素材 > UI界面设计 > 03.png”文件，单击“导入”按钮，在页面中单击导入图片，将其拖曳到适当的位置并调整其大小，效果如图12-45所示。

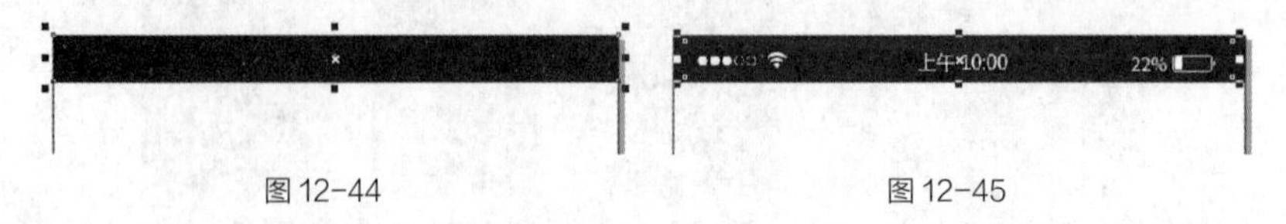

图12-44 图12-45

（4）选择“矩形”工具，在适当的位置绘制一个矩形，设置图形颜色的RGB值为254、215、83，填充图形，并去除图形的轮廓线，效果如图12-46所示。

（5）选择“文本”工具，在适当的位置输入需要的文字，选择“选择”工具，在属性栏中选取合适的字体并设置文字大小，效果如图12-47所示。

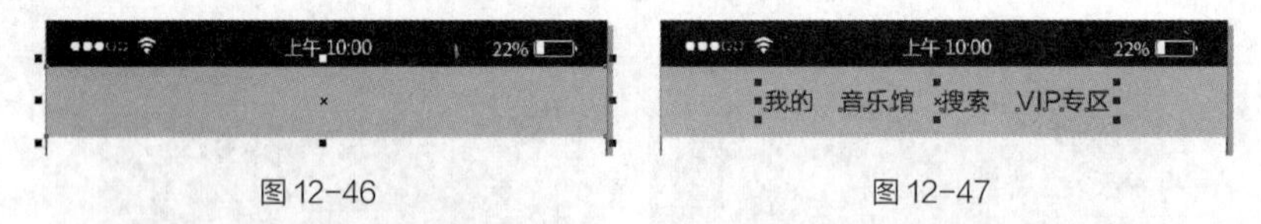

图12-46 图12-47

（6）在“文本属性”面板中进行设置，如图12-48所示，按Enter键，效果如图12-49所示。

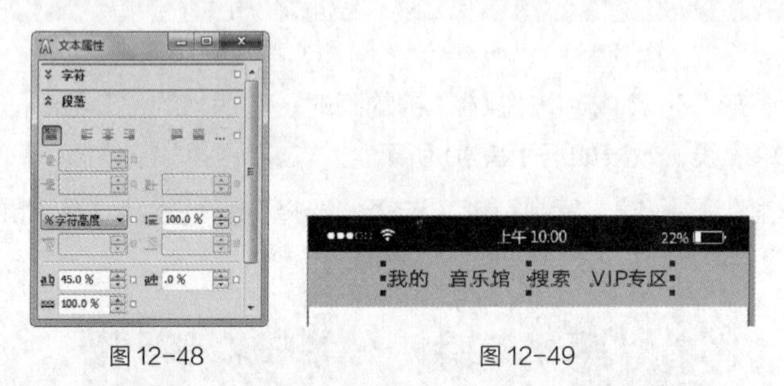

图12-48 图12-49

（7）选择“文本”工具，选取文字“音乐馆”，设置文字颜色的RGB值为252、72、1，填充文字，效果如图12-50所示。

（8）选择“手绘”工具，按住Ctrl键的同时，在适当的位置绘制一条直线，在属性栏中的“轮廓宽度”框中设置数值为4px，按Enter键，效果如图12-51所示。

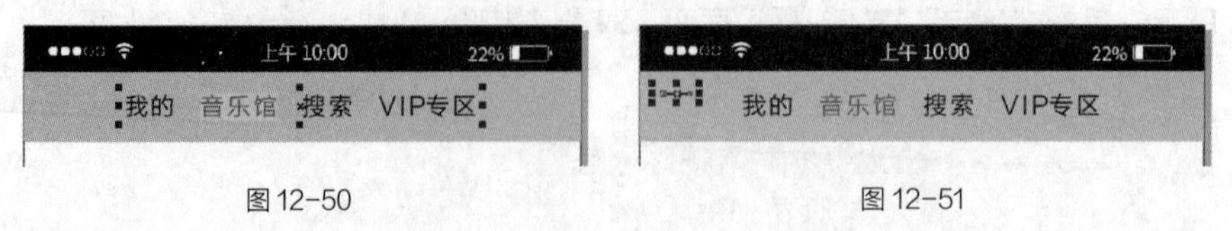

图12-50 图12-51

（9）选择“选择”工具，按住Shift键的同时，垂直向下拖曳直线到适当的位置并单击鼠标右键，复制直线，效果如图12-52所示。按Ctrl+D组合键，再绘制一条直线，效果如图12-53所示。用圈选的方法将所绘制的直线同时选取，按Ctrl+G组合键，将其群组，效果如图12-54所示。

（10）选择“文本 > 插入符号字符”命令，弹出“插入字符”面板，在面板中按需要进行设置并选择需要的字符，如图12-55所示，拖曳字符到页面中适当的位置并调整其大小，效果如图12-56所示。

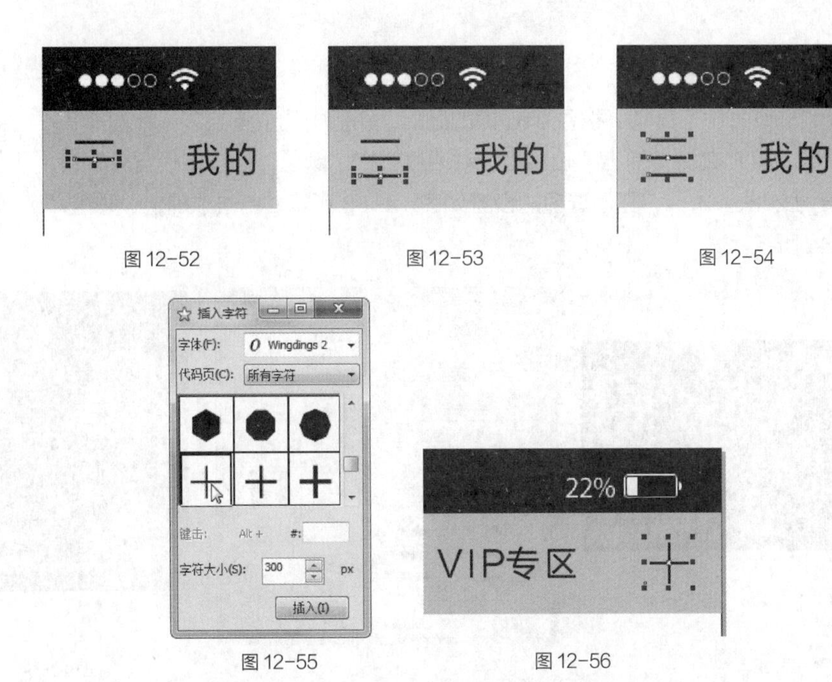

图12-52　　图12-53　　图12-54

图12-55　　图12-56

（11）选择“矩形”工具，在适当的位置绘制一个矩形，如图12-57所示。按Ctrl+I组合键，弹出“导入”对话框，选择云盘中的“Ch12 > 素材 > UI界面设计 > 04.jpg”文件，单击“导入”按钮，在页面中单击导入图片，将其拖曳到适当的位置并调整其大小，效果如图12-58所示。按Ctrl+PageDown组合键，后移图片，效果如图12-59所示。

图12-57　　图12-58　　图12-59

（12）选择“选择”工具，选取下方图片，选择“效果 > 图框精确剪裁 > 置于图文框内部”命令，鼠标光标变为黑色箭头后在矩形上单击，如图12-60所示，将图片置入矩形框中，并去除图形的轮廓线，效果如图12-61所示。

图12-60　　图12-61

12.1.3 制作界面2中、底部

扫码观看
本案例视频

（1）选择“椭圆形”工具，按住Ctrl键的同时，在适当的位置绘制一个圆形，如图12-62所示。按F12键，弹出“轮廓笔”对话框，在“颜色”选项中设置轮廓线颜色的RGB值为252、72、1，其他选项的设置如图12-63所示。单击“确定”按钮，效果如图12-64所示。

图12-62

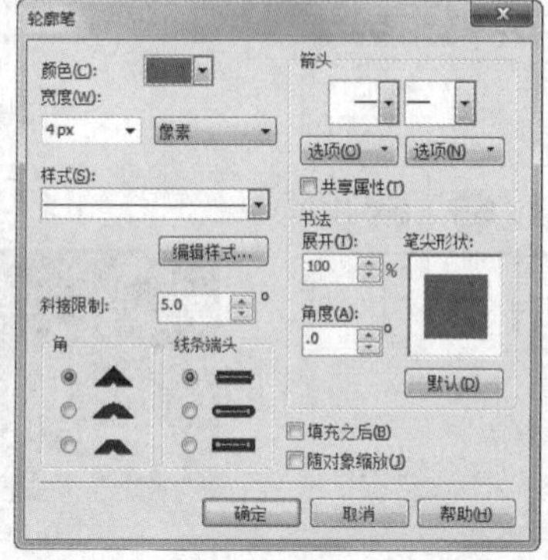

图12-63

图12-64

（2）按数字键盘上的+键，复制圆环。选择“选择”工具，按住Shift键的同时，垂直向下拖曳圆环到适当的位置，效果如图12-65所示。

（3）选择“选择”工具，按住Shift键的同时，向外拖曳圆形右上角的控制手柄到适当的位置，等比例放大圆环，效果如图12-66所示。在属性栏中单击“弧”按钮，其他选项的设置如图12-67所示，按Enter键，效果如图12-68所示。

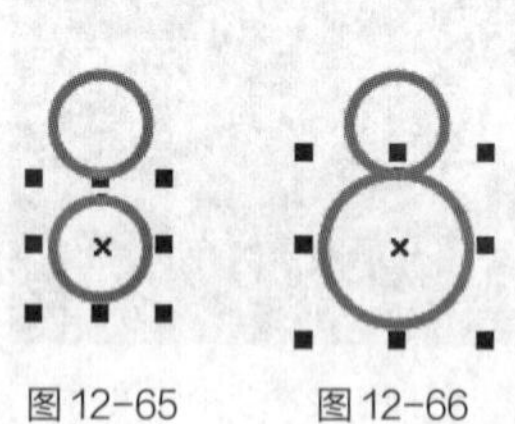

图12-65 图12-66

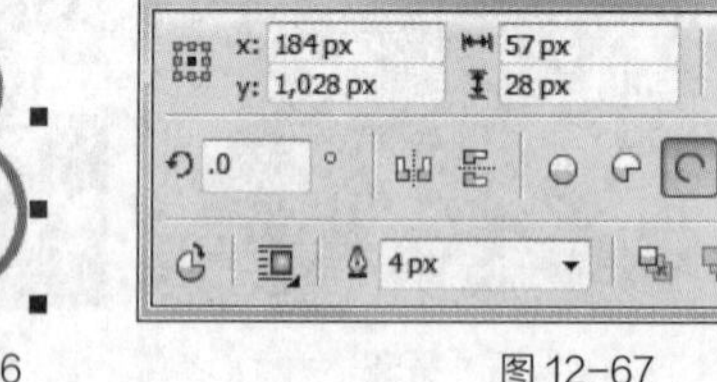

图12-67

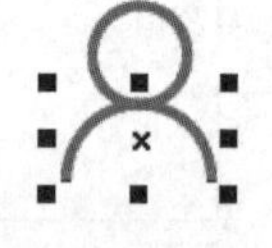

图12-68

（4）选择“文本”工具，在适当的位置输入需要的文字，选择“选择”工具，在属性栏中选取合适的字体并设置文字大小，效果如图12-69所示。选择“矩形”工具，在右侧适当的位置绘制一个矩形，如图12-70所示。

图12-69 图12-70

（5）在属性栏中将“转角半径”选项均设为3px，按Enter键，效果如图12-71所示。设置图形颜色的RGB值为252、72、1，填充图形，并去除图形的轮廓线，效果如图12-72所示。

图 12-71　　图 12-72

（6）选择“选择”工具，按住 Shift 键的同时，水平向右拖曳图形到适当的位置并单击鼠标右键，复制图形，效果如图 12-73 所示。按 Ctrl+D 组合键，再绘制一个图形，效果如图 12-74 所示。

（7）选择“选择”工具，向上拖曳最右边矩形上边中间的控制手柄到适当的位置，调整其大小，效果如图 12-75 所示。用相同的方法调整中间矩形的大小，效果如图 12-76 所示。

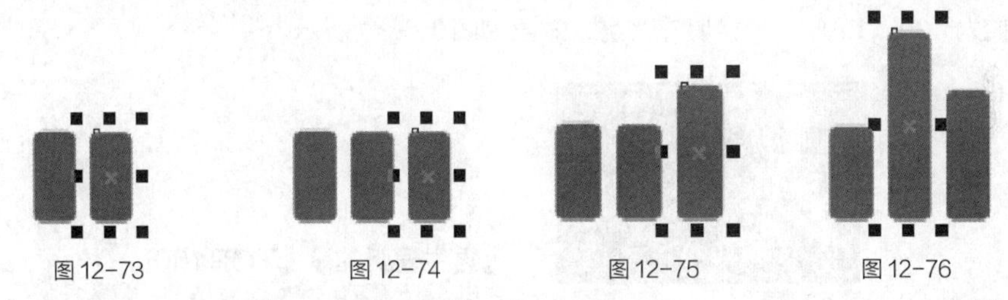

图 12-73　　图 12-74　　图 12-75　　图 12-76

（8）选择“文本”工具，在适当的位置输入需要的文字，选择“选择”工具，在属性栏中选取合适的字体并设置文字大小，效果如图 12-77 所示。用相同的方法绘制其他图形效果，如图 12-78 所示。

图 12-77　　图 12-78

（9）按 Ctrl+I 组合键，弹出“导入”对话框，选择云盘中的“Ch12 > 素材 > UI 界面设计 > 05.jpg”文件，单击“导入”按钮，在页面中单击导入图片，将其拖曳到适当的位置并调整其大小，效果如图 12-79 所示。选择“矩形”工具，在适当的位置绘制一个矩形，如图 12-80 所示。

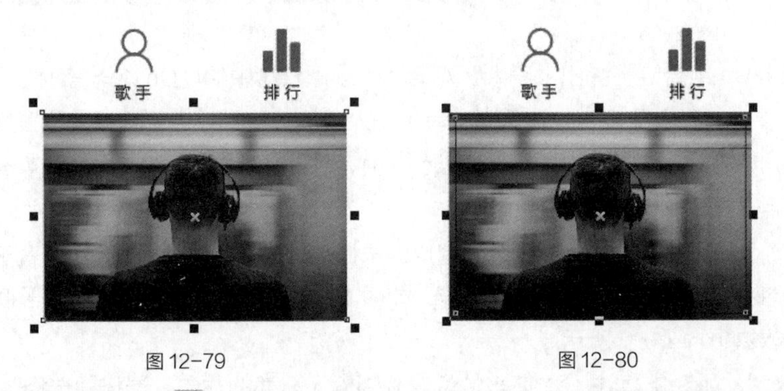

图 12-79　　图 12-80

（10）选择“选择”工具，选取下方图片，选择“效果 > 图框精确剪裁 > 置于图文框内部”命令，鼠标光标变为黑色箭头后在矩形上单击，如图 12-81 所示，将图片置入矩形框中，并去除图形的轮廓线，效果如图 12-82 所示。

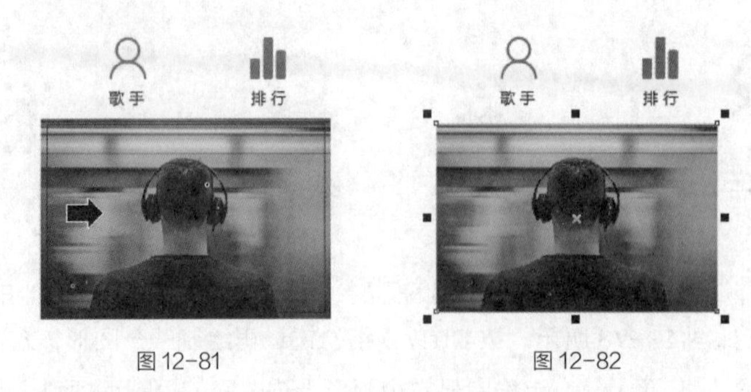

图12-81　　图12-82

（11）选择“文本”工具，在适当的位置分别输入需要的文字，选择“选择”工具，在属性栏中分别选取合适的字体并设置文字大小，效果如图12-83所示。选取下方的文字，设置文字颜色的RGB值为139、139、140，填充文字，效果如图12-84所示。

图12-83　　图12-84

（12）用相同的方法导入其他图片并添加文字，效果如图12-85所示。选择“矩形”工具，在适当的位置绘制一个矩形，设置图形颜色的RGB值为254、215、83，填充图形，并去除图形的轮廓线，效果如图12-86所示。

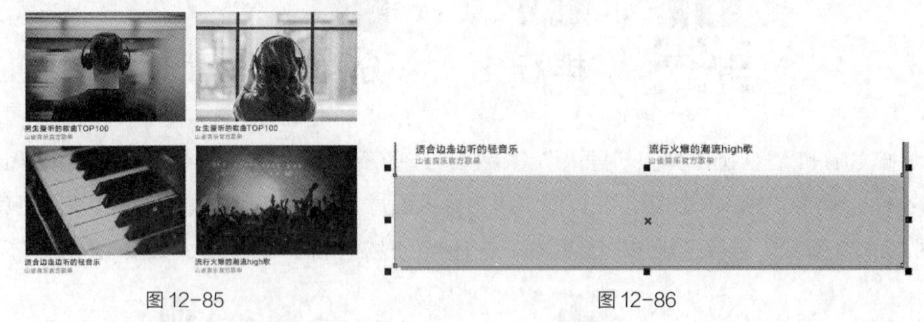

图12-85　　图12-86

（13）按Ctrl+I组合键，弹出“导入”对话框，选择云盘中的“Ch12 > 素材 > UI界面设计 > 09.jpg”文件，单击“导入”按钮，在页面中单击导入图片，将其拖曳到适当的位置并调整其大小，效果如图12-87所示。选择“椭圆形”工具，按住Ctrl键的同时，在适当的位置绘制一个圆形，如图12-88所示。

（14）选择“选择”工具，选取下方图片，选择“效果 > 图框精确剪裁 > 置于图文框内部”命令，鼠标光标变为黑色箭头后在圆形上单击，如图12-89所示，将图片置入圆形框中，并去除图形的轮廓线，效果如图12-90所示。

（15）选择“文本”工具，在适当的位置分别输入需要的文字，选择“选择”工具，在属性栏中分别选取合适的字体并设置文字大小，效果如图12-91所示。选择“椭圆形”工具，按住Ctrl键的同时，在适当的位置绘制一个圆形，填充图形为黑色，并去除图形的轮廓线，效果如图12-92所示。

图12-87

图12-88

图12-89

图12-90

图12-91

图12-92

（16）选择“多边形”工具，属性栏中的设置如图12-93所示，按住Ctrl键的同时，拖曳光标绘制一个三角形，如图12-94所示。设置图形颜色的RGB值为254、215、83，填充图形，并去除图形的轮廓线，效果如图12-95所示。

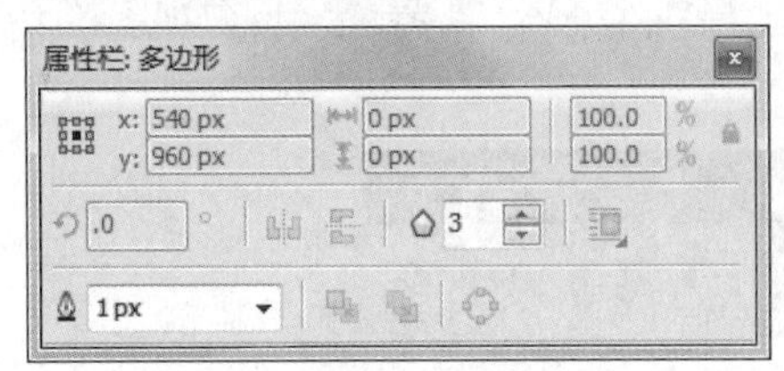

图12-93

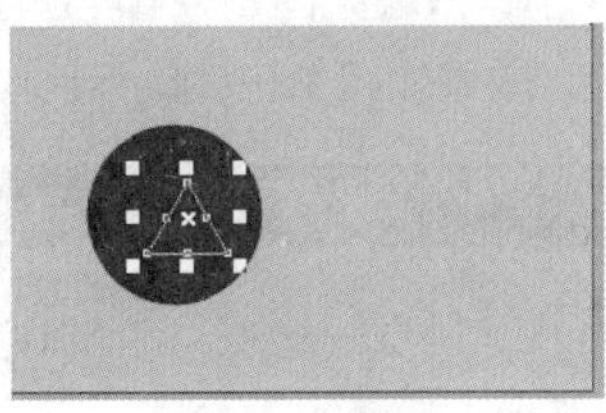
图12-94

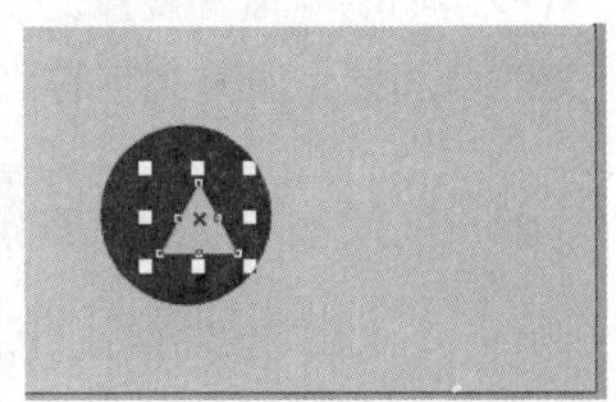
图12-95

（17）在属性栏中的“旋转角度”框中设置数值为270°，按Enter键，效果如图12-96所示。选择“选择”工具，在界面顶部选择需要的直线，如图12-97所示，按数字键盘上的+键，复制直线。向右下角拖曳复制的直线到适当的位置，效果如图12-98所示。

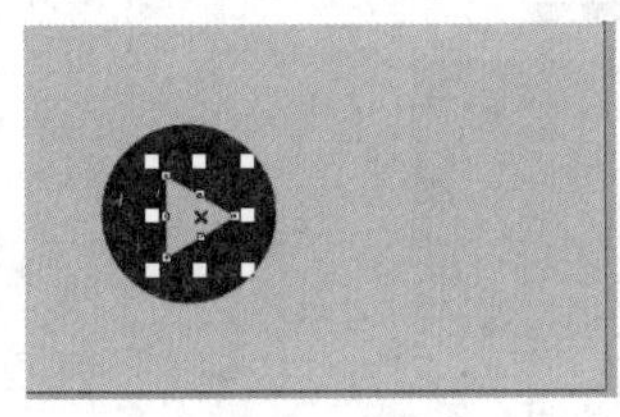
图12-96

图12-97

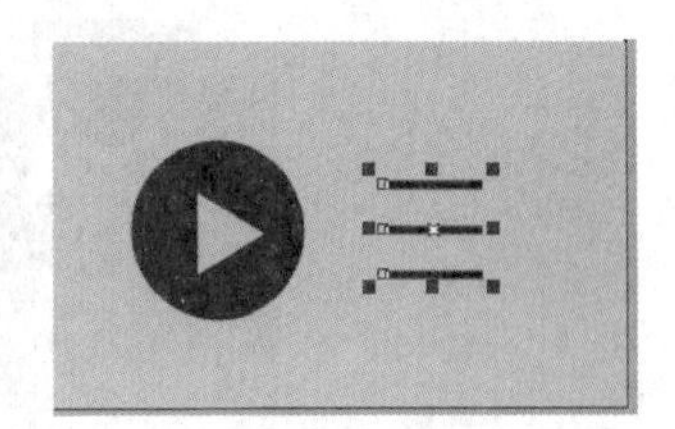
图12-98

12.1.4 制作界面3

（1）选择“选择”工具，按住Shift键的同时，在界面2中选取需要的图形，如图12-99所示。按Ctrl+C组合键，复制选中的图形。选择“布局 > 插入页面”命令，弹出“插入页面”对话框，选项的设置如图12-100所示，单击“确定”按钮，插入页面。按Ctrl+V组合键，粘贴图形，效果如图12-101所示。

（2）选择“选择”工具，选取需要的直线，按住Shift键的同时，水平向右拖曳直线到适当的位置，效果如图12-102所示。向左拖曳直线右侧中间的控制手柄到适当的位置，调整其大小，效果如图12-103所示。

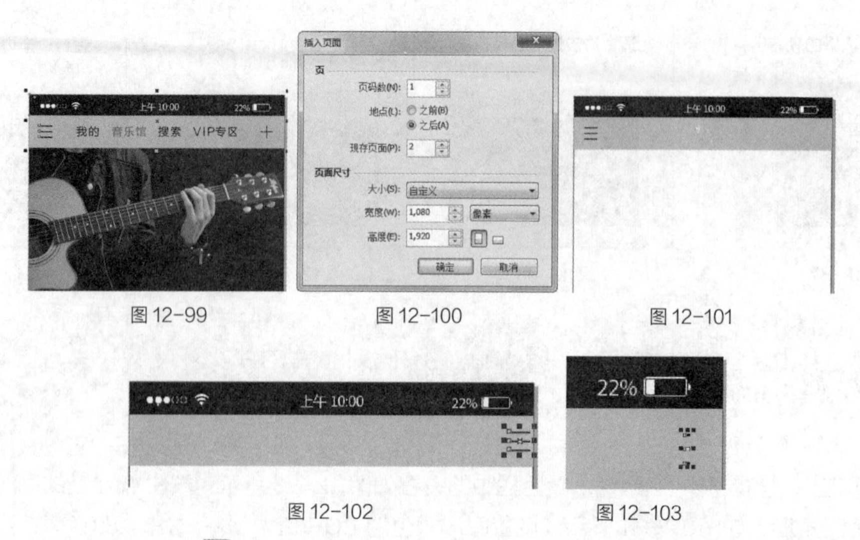

图 12-99　　图 12-100　　图 12-101

图 12-102　　图 12-103

（3）选择“文本”工具字，在适当的位置输入需要的文字，选择“选择”工具，在属性栏中选取合适的字体并设置文字大小，效果如图 12-104 所示。选择“形状”工具，向右拖曳文字下方的图标，调整文字的间距，效果如图 12-105 所示。

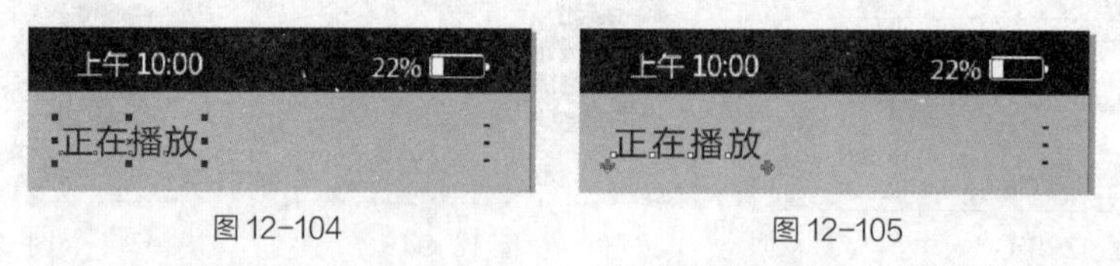

图 12-104　　图 12-105

（4）按 Ctrl+I 组合键，弹出“导入”对话框，选择云盘中的“Ch12 > 素材 > UI 界面设计 > 09.jpg”文件，单击“导入”按钮，在页面中单击导入图片，将其拖曳到适当的位置并调整其大小，效果如图 12-106 所示。选择“矩形”工具，在适当的位置绘制一个矩形，如图 12-107 所示。

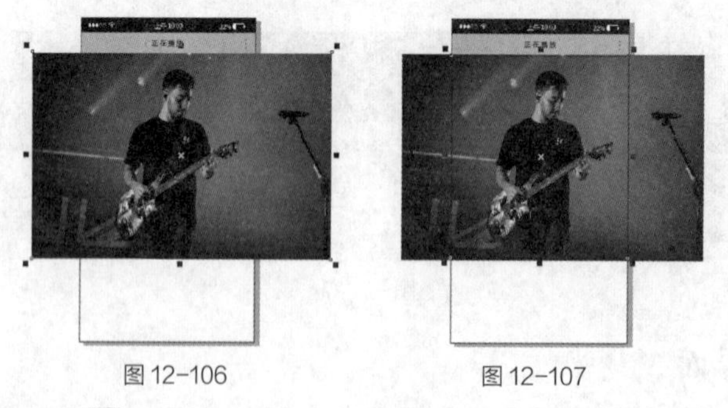

图 12-106　　图 12-107

（5）选择“选择”工具，选取下方图片，选择“效果 > 图框精确剪裁 > 置于图文框内部”命令，鼠标光标变为黑色箭头后在矩形上单击，如图 12-108 所示，将图片置入矩形框中，并去除图形的轮廓线，效果如图 12-109 所示。选择“手绘”工具，按住 Ctrl 键的同时，在适当的位置绘制一条直线，如图 12-110 所示。

（6）按 F12 键，弹出“轮廓笔”对话框，在“颜色”选项中设置轮廓线颜色的 RGB 值为 252、72、1，在“箭头”设置区中，单击右侧样式框中的按钮，在弹出的“箭头样式”列表中选择需要的箭头样式，如图 12-111 所示，其他选项的设置如图 12-112 所示。单击“确定”按钮，效果如图 12-113 所示。

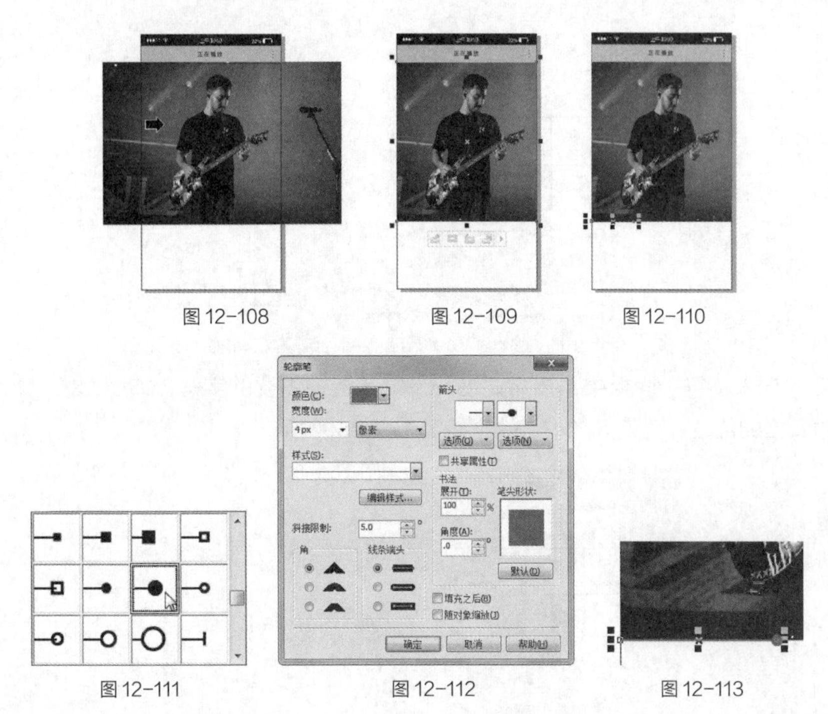

图 12-108　　图 12-109　　图 12-110

图 12-111　　图 12-112　　图 12-113

（7）选择“文本”工具字，在适当的位置输入需要的文字，选择“选择”工具，在属性栏中选取合适的字体并设置文字大小，效果如图 12-114 所示。选择“手绘”工具，按住 Ctrl 键的同时，在适当的位置绘制一条直线，如图 12-115 所示。

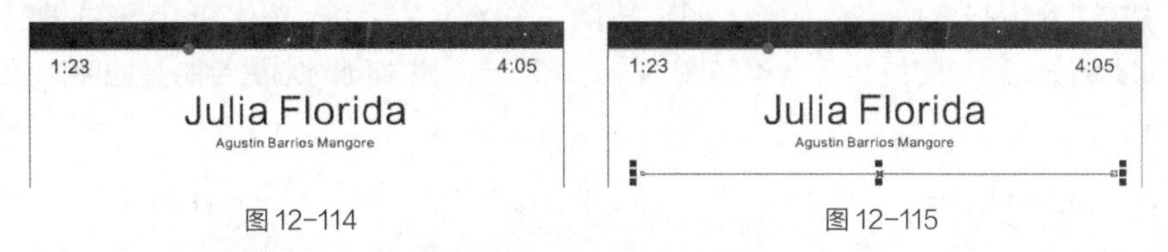

图 12-114　　图 12-115

（8）在“插入字符”面板中，按需要进行设置并选择需要的字符，如图 12-116 所示，拖曳字符到页面中适当的位置并调整其大小，效果如图 12-117 所示。

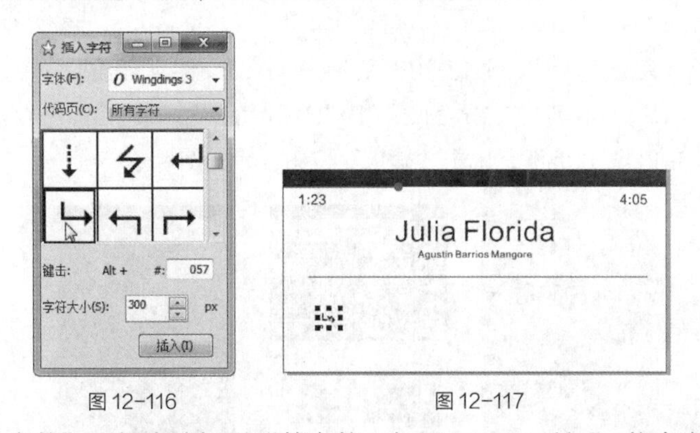

图 12-116　　图 12-117

（9）在“插入字符”面板中选择需要的字符，如图 12-118 所示，拖曳字符到页面中适当的位置并调整其大小，效果如图 12-119 所示。将输入的字符同时选取，设置字符颜色的 RGB 值为 252、72、1，填充字符，效果如图 12-120 所示。

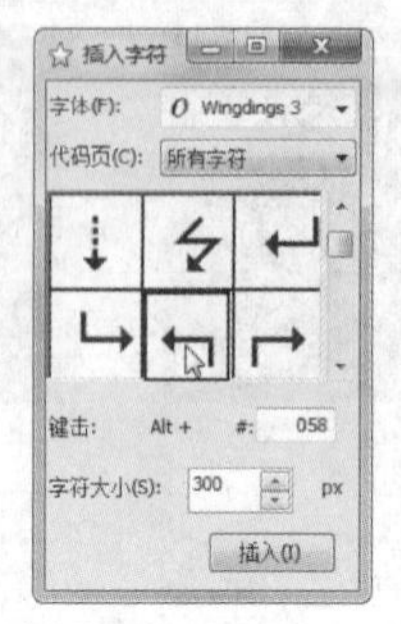

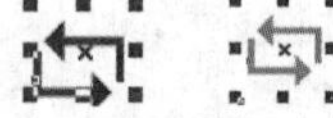

图 12-118　　图 12-119　图 12-120

（10）在“插入字符”面板中，按需要进行设置并选择需要的字符，如图 12-121 所示，拖曳字符到页面中适当的位置并调整其大小，效果如图 12-122 所示。

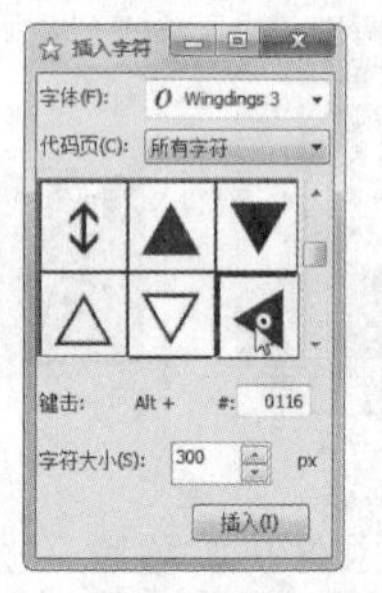

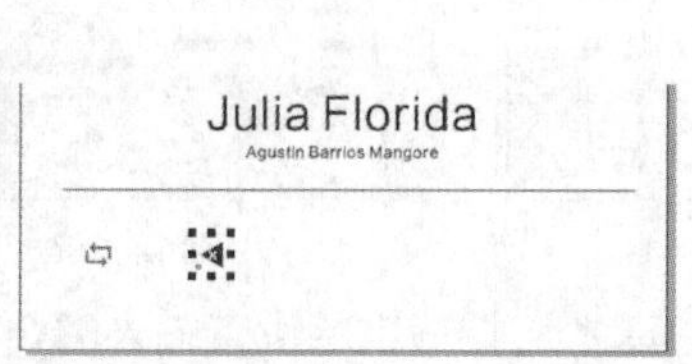

图 12-121　　图 12-122

（11）保持字符选取状态。设置字符颜色的 RGB 值为 252、72、1，填充字符，效果如图 12-123 所示。按数字键盘上的 + 键，复制字符。选择“选择”工具，按住 Shift 键的同时，水平向右拖曳复制的字符到适当的位置，效果如图 12-124 所示。用相同的方法绘制其他图形效果，如图 12-125 所示。

图 12-123　　图 12-124　　图 12-125

（12）UI 界面设计完成，效果如图 12-126 所示。选择“文件 > 导出”命令，弹出“导出”对话框，分别将其命名为“UI 界面 1”“UI 界面 2”和“UI 界面 3”，保存为 JPEG 格式。单击“导出”按钮，弹出“导出到 JPEG”对话框，单击“确定”按钮，导出图片。

图 12-126

Photoshop 应用

12.1.5 制作 UI 界面展示

扫码观看
本案例视频

（1）打开 Photoshop CS6 软件，按 Ctrl+O 组合键，打开云盘中的“Ch12 > 素材 > UI 界面设计 > 10.jpg”文件，如图 12-127 所示。

（2）选择“滤镜 > 模糊 > 高斯模糊”命令，在弹出的对话框中进行设置，如图 12-128 所示，单击“确定”按钮，效果如图 12-129 所示。

（3）按 Ctrl+O 组合键，打开云盘中的“Ch12 > 素材 > UI 界面设计 > 11.png”文件，选择“移动”工具，将手机图片拖曳到图像窗口中适当的位置，效果如图 12-130 所示，在“图层”控制面板中生成新图层并将其命名为“手机”。

图 12-127

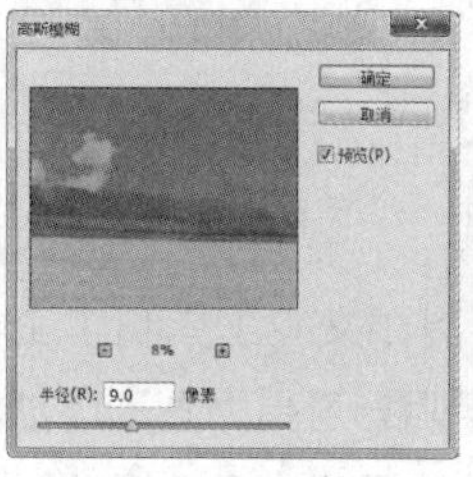

图 12-128

图 12-129

图 12-130

（4）选择“魔棒”工具，在属性栏中将“容差”选项设为 32，在图像窗口中灰色屏幕区域中单击鼠标，图像周围生成选区，如图 12-131 所示。按 Ctrl+J 组合键，复制选区中的图像，生成新的图层并将其命名为“色块”，如图 12-132 所示。

（5）选择“文件 > 置入”命令，弹出“置入”对话框，选择云盘中的“Ch12 > 效果 > UI 界面设计 > UI 界面 1.jpg”文件，单击“置入”按钮，将图片置入图像窗口中，选择“移动”工具，拖曳图片到适当的位置，并调整其大小，效果如图 12-133 所示，按 Enter 键确认操作，效果如图 12-134 所示。

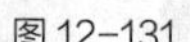
图 12-131

图 12-132

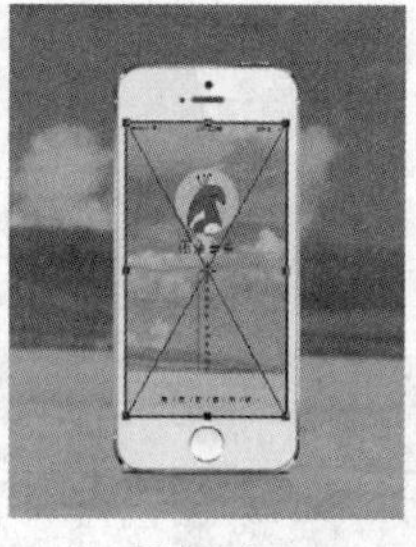

图 12-133

图 12-134

（6）按住 Alt 键的同时，将鼠标光标放在“UI 界面 1”图层和“色块”图层的中间，鼠标光标变为图标，如图 12-135 所示，单击鼠标左键，创建剪贴蒙版，效果如图 12-136 所示。

（7）使用相同的方法置入“UI 界面 2.jpg”“UI 界面 3.jpg”文件，并制作界面展示效果，如图 12-137 所示。界面展示效果制作完成。

图 12-135

图 12-136

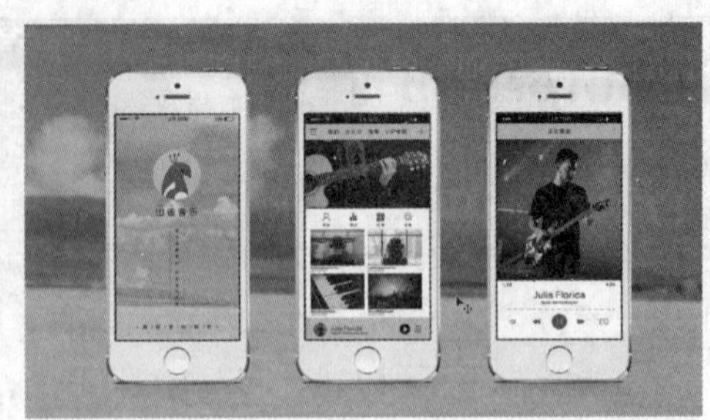
图 12-137

12.2 课后习题——手机 UI 界面设计

习题知识要点

在 CorelDRAW 中，使用椭圆形工具、矩形工具和文本工具制作注册及登录界面，使用矩形工具、图框精确剪裁命令制作图片精确剪裁效果，使用阴影工具为图形添加阴影效果，使用文本工具、文本属性面板添加介绍性文字。在 Photoshop 中，使用曲线命令调整图片颜色，使用魔棒工具、置入命令制作手机 UI 界面展示效果。

素材所在位置

云盘 /Ch12/ 素材 / 手机 UI 界面设计 /01~10。

效果所在位置

云盘 /Ch12/ 效果 / 手机 UI 界面设计 / 手机 UI 界面展示 .psd，如图 12-138 所示。

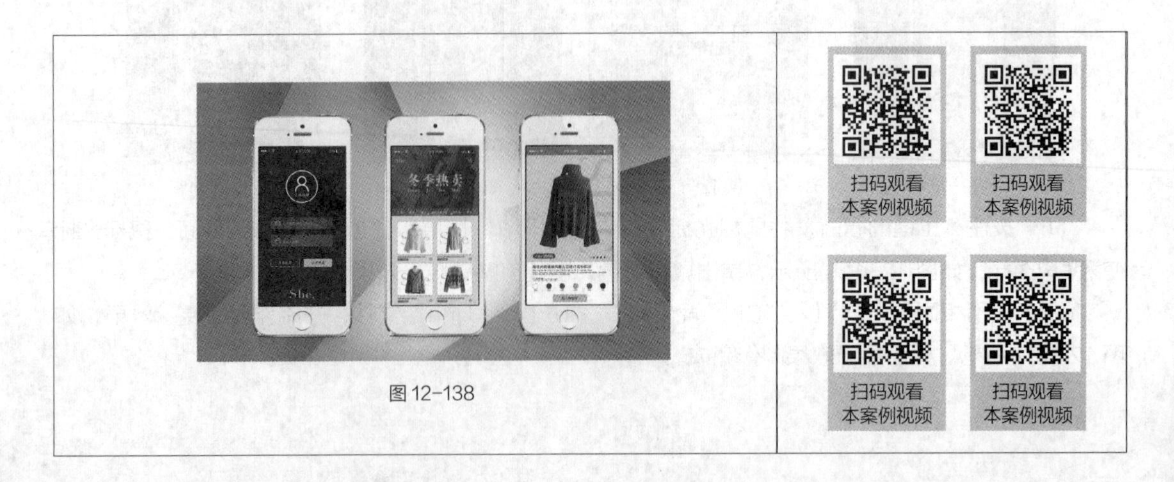

图 12-138

13

第13章 VI设计

本章介绍

VI（Visual Identity，即视觉识别系统），是企业形象设计的整合。它通过具体的符号将企业理念、企业文化、企业规范等抽象概念进行充分的表达，以标准化、系统化、统一化的方式塑造良好的企业形象，传播企业文化。本章以企业 VI 设计为例，讲解 VI 的设计方法和制作技巧。

学习目标

- ✔ 掌握 VI 的设计思路和过程。
- ✔ 掌握 VI 的制作方法和技巧。

技能目标

- ✱ 掌握“企业 VI 设计 A 部分”的制作方法。
- ✱ 掌握“企业 VI 设计 B 部分”的制作方法。
- ✱ 掌握“电影公司 VI 设计”的制作方法。

13.1 企业 VI 设计 A 部分

扫码观看
扩展案例

案例学习目标

在 CorelDRAW 中，学习使用绘图工具、文本工具、文本属性面板、对齐与分布命令和平行度量工具制作企业 VI 设计 A 部分。

案例知识要点

在 CorelDRAW 中，使用矩形工具、2 点线工具、文本工具和文本属性面板制作模板，使用颜色滴管工具制作颜色标注图标的填充效果，使用矩形工具、2 点线工具和变换泊坞窗制作预留空间框，使用平行度量工具标注最小比例，使用矩形工具、调和工具、拆分调和群组命令和填充工具制作辅助色。

效果所在位置

云盘 /Ch13/ 效果 / 企业 VI 设计 A 部分 /VI 设计 A 部分 .cdr，如图 13-1 所示。

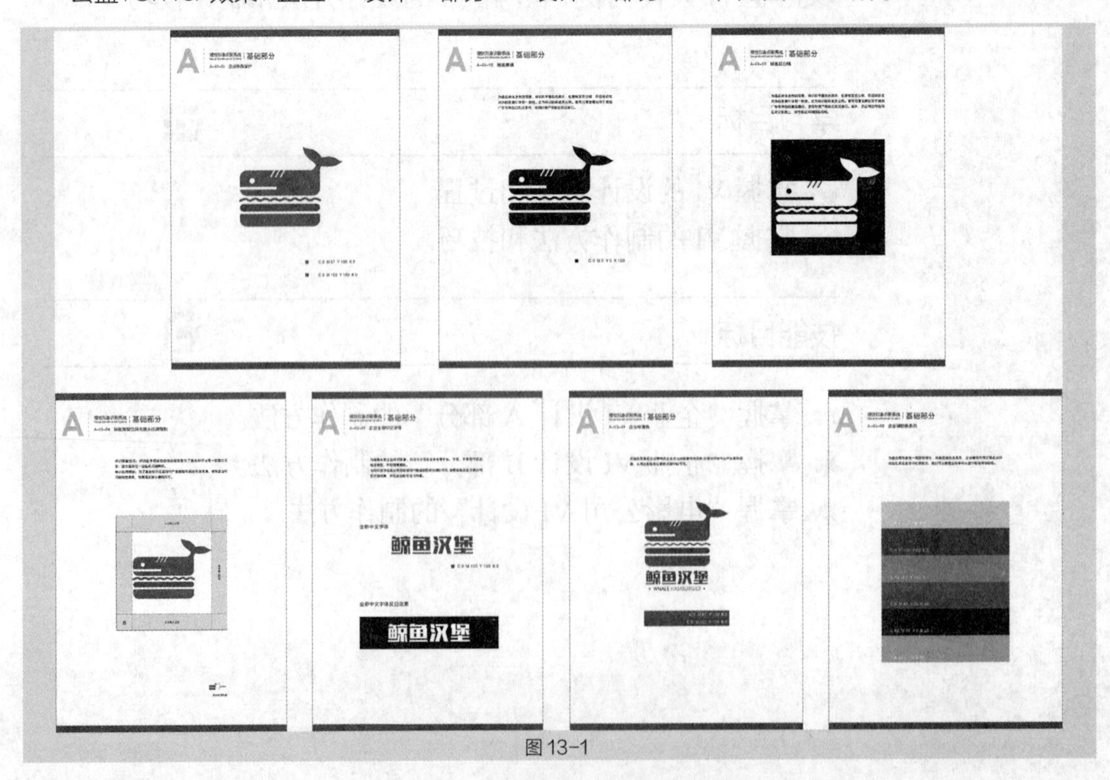

图 13-1

CorelDRAW 应用

13.1.1 制作企业标志

（1）打开 CorelDRAW X6 软件，按 Ctrl+N 组合键，新建一个 A4 页面，如图 13-2 所示。选择“布局 > 重命名页面”命令，在弹出的对话框中进行设置，如图 13-3 所示，单击“确定”按钮，重命名页面。

（2）选择“矩形”工具，在页面上方绘制一个矩形，如图 13-4 所示。设置图形颜色的 CMYK 值为 0、87、100、0，填充图形，并去除图形的轮廓线，效果如图 13-5 所示。

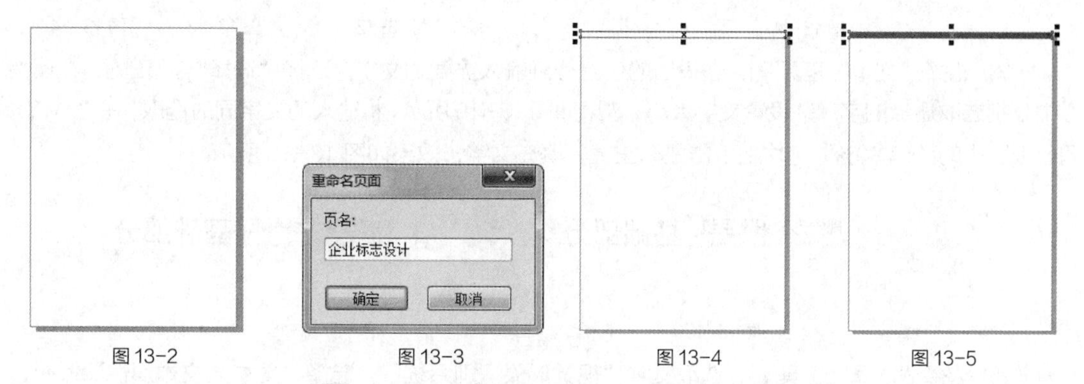

图 13-2　图 13-3　图 13-4　图 13-5

（3）选择“选择”工具，按数字键盘上的 + 键，复制矩形。向左拖曳复制的矩形右侧中间的控制手柄到适当的位置，调整其大小，效果如图 13-6 所示。在“CMYK 调色板”中的“红”色块上单击鼠标左键，填充图形，效果如图 13-7 所示。

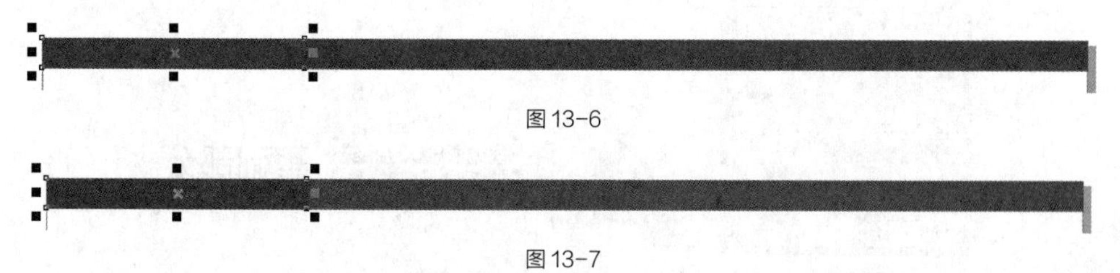

图 13-6

图 13-7

（4）选择“选择”工具，选取橘红色矩形，如图 13-8 所示，按数字键盘上的 + 键，复制矩形。按住 Shift 键的同时，垂直向下拖曳复制的矩形到适当的位置，效果如图 13-9 所示。在“CMYK 调色板”中的“红”色块上单击鼠标左键，填充图形，效果如图 13-10 所示。

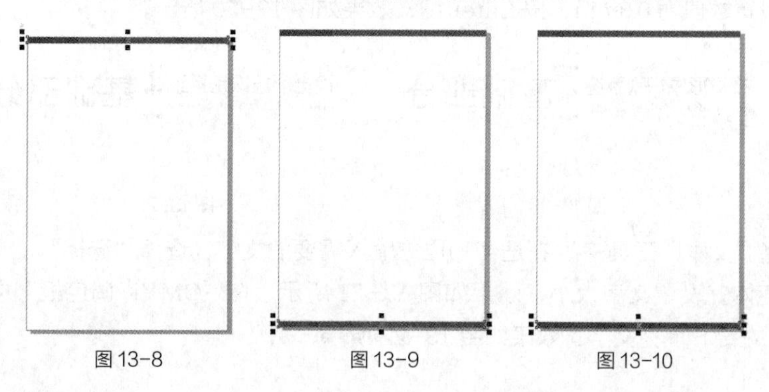

图 13-8　图 13-9　图 13-10

（5）选择“文本”工具，在适当的位置输入需要的文字，选择“选择”工具，在属性栏中选取适当的字体并设置文字大小，效果如图13-11所示。在“CMYK调色板”中的“黑20%”色块上单击鼠标左键，填充文字，效果如图13-12所示。

（6）选择“2点线”工具，按住Shift键的同时，在适当的位置绘制一条竖线，如图13-13所示。在“CMYK调色板”中的“黑20%”色块上单击鼠标右键，填充直线，在属性栏中的“轮廓宽度”框中设置数值为0.4mm，按Enter键，效果如图13-14所示。

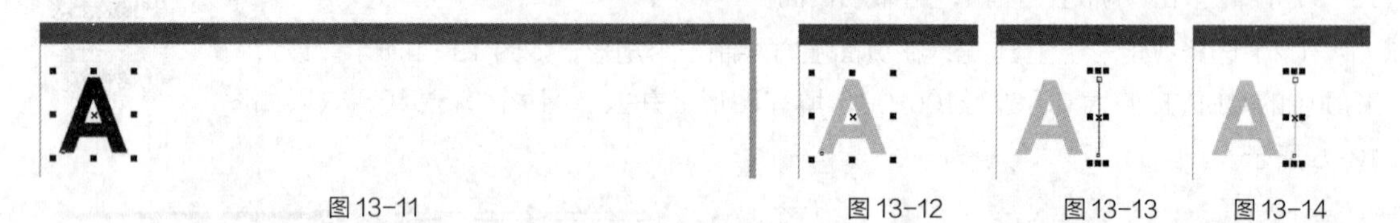

图13-11　图13-12　图13-13　图13-14

（7）选择“文本”工具，在适当的位置分别输入需要的文字，选择“选择”工具，在属性栏中分别选取适当的字体并设置文字大小，效果如图13-15所示。将输入的文字同时选取，在“CMYK调色板”中的“黑80%”色块上单击鼠标左键，填充文字，效果如图13-16所示。

视觉形象识别系统
Visual Identification System
基础部分

图13-15

视觉形象识别系统
Visual Identification System
基础部分

图13-16

（8）选择“选择”工具，选取文字“视觉形象识别系统”，选择“文本 > 文本属性”命令，在弹出的“文本属性”面板中进行设置，如图13-17所示，按Enter键，效果如图13-18所示。

图13-17

视觉形象识别系统
Visual Identification System
基础部分

图13-18

（9）选择“2点线”工具，按住Shift键的同时，在适当的位置绘制一条竖线，如图13-19所示。在“CMYK调色板”中的“黑80%”色块上单击鼠标右键，填充直线，在属性栏中的“轮廓宽度”框中设置数值为0.3mm，按Enter键，效果如图13-20所示。

视觉形象识别系统
Visual Identification System
基础部分

图13-19

视觉形象识别系统
Visual Identification System
基础部分

图13-20

（10）选择“文本”工具，在适当的位置输入需要的文字，选择“选择”工具，在属性栏中选取适当的字体并设置文字大小，效果如图13-21所示。在“CMYK调色板”中的“黑90%”色块上单击鼠标左键，填充文字，效果如图13-22所示。

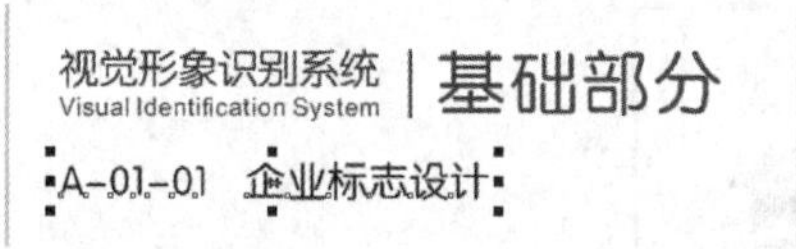

视觉形象识别系统 Visual Identification System | 基础部分
A-01-01 企业标志设计

图13-21

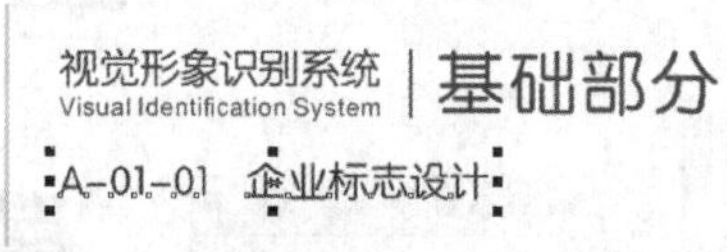

视觉形象识别系统 Visual Identification System | 基础部分
A-01-01 企业标志设计

图13-22

（11）按Ctrl+O组合键，弹出“打开绘图”对话框，选择云盘中的“Ch13 > 效果 > 鲸鱼汉堡标志设计 > 鲸鱼汉堡标志.cdr”文件，单击“打开”按钮打开文件。选择“选择”工具，选取标志图形，按Ctrl+C组合键，复制图形。返回到正在编辑的页面，按Ctrl+V组合键，粘贴图形。

（12）选择“选择”工具，将标志图形拖曳到适当的位置，并调整其大小，效果如图13-23所示。选择“矩形”工具，按住Ctrl键的同时，在适当的位置绘制一个正方形，如图13-24所示。

（13）选择“颜色滴管”工具，将鼠标光标放置在上方标志图形上，光标变为图标，如图13-25所示。在图形上单击鼠标吸取颜色，光标变为图标，如图13-26所示。在下方矩形上单击鼠标左键，填充图形，并去除图形的轮廓线，效果如图13-27所示。

图13-23

图13-24

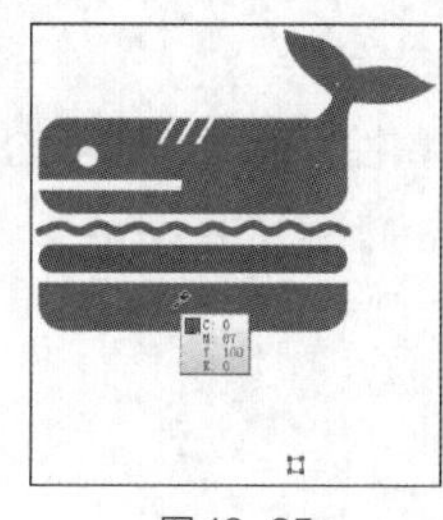

图13-25

图13-26

图13-27

（14）选择“文本”工具，在矩形的右侧输入需要的文字，选择“选择”工具，在属性栏中选取适当的字体并设置文字大小，如图13-28所示。用相同的方法制作下方的色值标注，如图13-29所示。企业标志设计制作完成，效果如图13-30所示。

■ C 0 M 87 Y 100 K 0

图13-28

■ C 0 M 87 Y 100 K 0

■ C 0 M 100 Y 100 K 0

图13-29

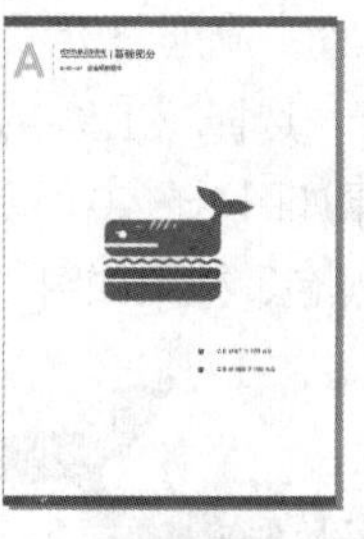

图13-30

13.1.2 制作标志墨稿

扫码观看
本案例视频

（1）选择“布局 > 再制页面”命令，弹出“再制页面”对话框，点选“复制图层及其内容”单选项，其他选项的设置如图13-31所示，单击“确定”按钮，再制页面。选择“布局 > 重命名页面”命令，在弹出的对话框中进行设置，如图13-32所示，单击“确定”按钮，重命名页面。

（2）选择“选择”工具，选取不需要的图形和文字，如图13-33所示，按Delete键，将其删除。选择“文本”工具，选取文字并将其修改，效果如图13-34所示。

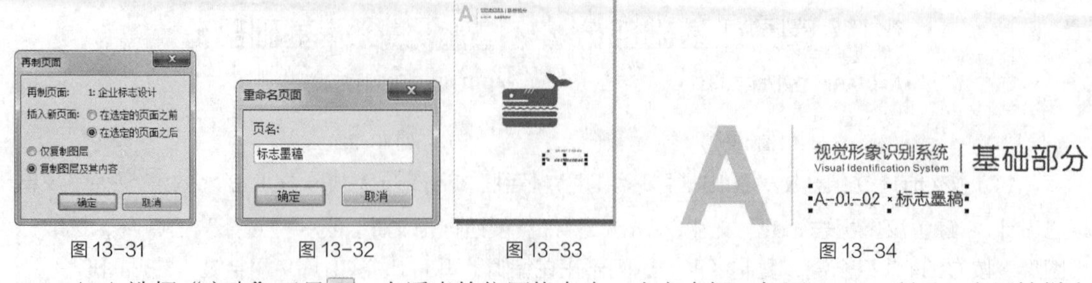

图 13-31　　图 13-32　　图 13-33　　图 13-34

（3）选择“文本”工具字，在适当的位置拖曳出一个文本框，如图 13-35 所示。在属性栏中选取适当的字体并设置文字大小，在文本框内输入需要的文字，效果如图 13-36 所示。

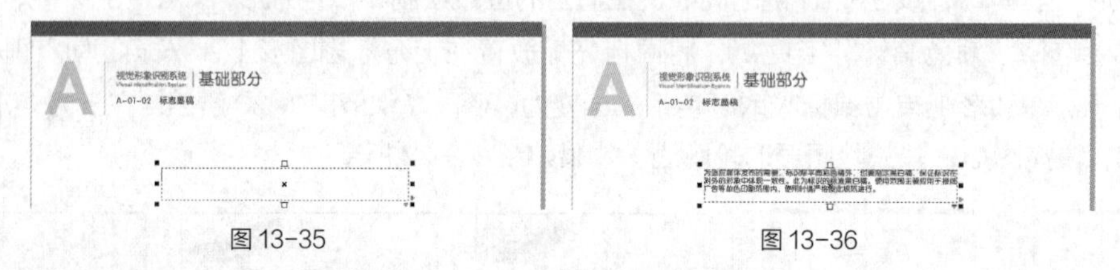

图 13-35　　图 13-36

（4）保持文本的选取状态，选择“文本属性”面板，选项的设置如图 13-37 所示，按 Enter 键，效果如图 13-38 所示。

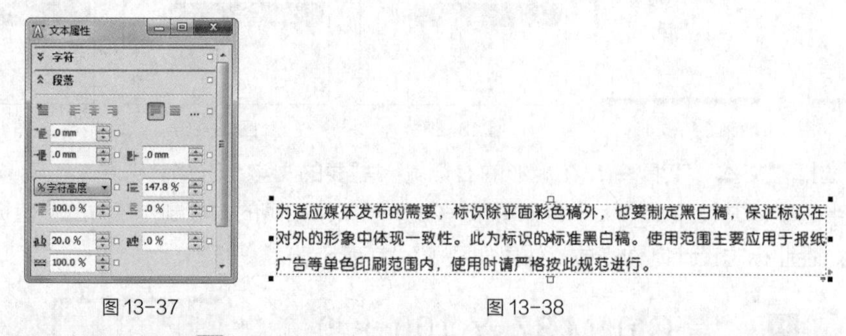

图 13-37　　图 13-38

（5）选择“选择”工具，选取曲线，如图 13-39 所示，按 Ctrl+Shift+Q 组合键，将轮廓转换为对象，效果如图 13-40 所示。用圈选的方法将标志图形全部选取，按 Ctrl+G 组合键，将其群组，并填充图形为黑色，效果如图 13-41 所示。

图 13-39　　图 13-40　　图 13-41

（6）选择“选择”工具，选取矩形，填充图形为黑色，效果如图 13-42 所示。选择“文本”工具字，在矩形的右侧选取文字并将其修改，效果如图 13-43 所示。标志墨稿制作完成，效果如图 13-44 所示。

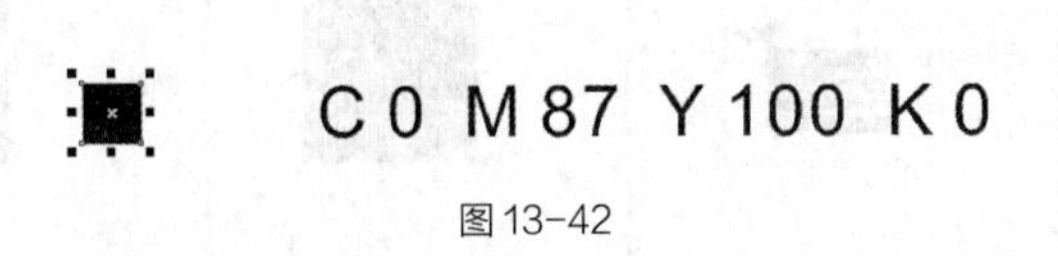

图13-42

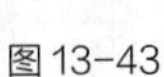

图13-43

图13-44

13.1.3 制作标志反白稿

扫码观看
本案例视频

（1）选择“布局 > 再制页面”命令，弹出“再制页面”对话框，点选“复制图层及其内容”单选项，其他选项的设置如图13-45所示，单击“确定”按钮，再制页面。选择“布局 > 重命名页面”命令，在弹出的对话框中进行设置，如图13-46所示，单击“确定”按钮，重命名页面。

（2）选择“选择”工具，选取不需要的图形和文字，如图13-47所示，按Delete键，将其删除。选择“文本”工具，选取文字并将其修改，效果如图13-48所示。

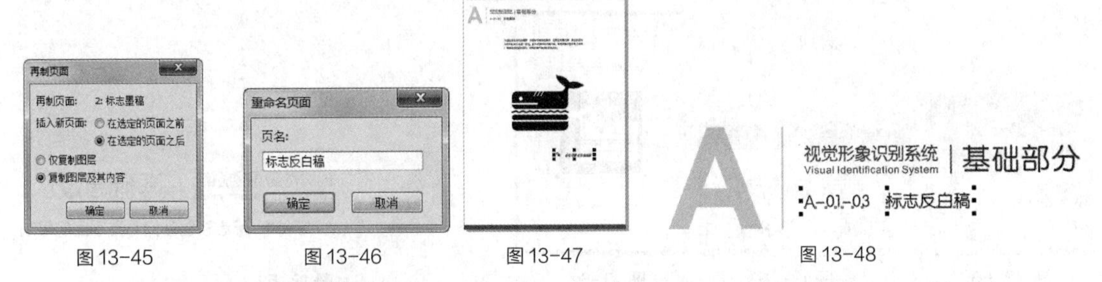

图13-45　图13-46　图13-47　图13-48

（3）选择“文本”工具，选取文本框内的文字并将其修改，效果如图13-49所示。

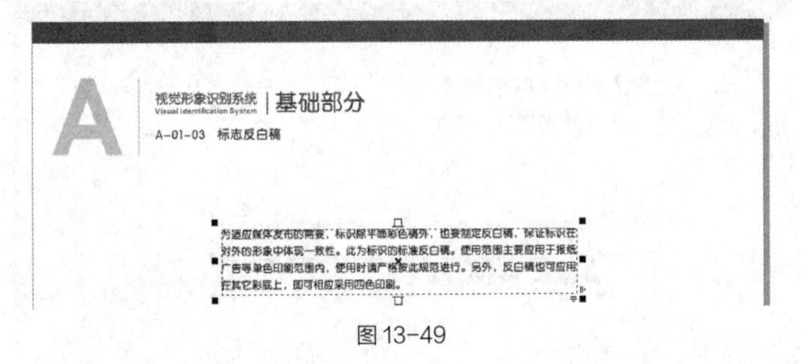

图13-49

（4）选择“选择”工具，选取标志图形，如图13-50所示，按P键，图形在页面中居中对齐，效果如图13-51所示。选择“矩形”工具，在适当的位置绘制一个矩形，如图13-52所示。

（5）保持矩形的选取状态，填充矩形为黑色，并去除矩形的轮廓线，按Shift+PageDown组合键，将矩形移至底层，效果如图13-53所示。选择“选择”工具，选取标志图形，填充图形为白色，效果如图13-54所示。标志反白稿制作完成。

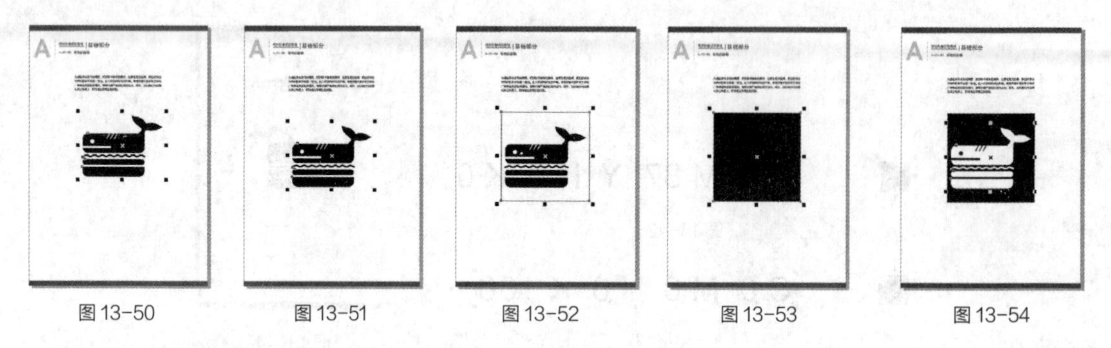

图 13-50　图 13-51　图 13-52　图 13-53　图 13-54

13.1.4　制作标志预留空间与最小比例限制

扫码观看本案例视频

（1）选择“布局 > 再制页面”命令，弹出“再制页面”对话框，点选“复制图层及其内容”单选项，其他选项的设置如图 13-55 所示，单击“确定”按钮，再制页面。选择“布局 > 重命名页面”命令，在弹出的对话框中进行设置，如图 13-56 所示，单击“确定”按钮，重命名页面。

（2）选择“选择”工具，选取不需要的图形，如图 13-57 所示，按 Delete 键，将其删除。选择“文本”工具，选取文字并将其修改，效果如图 13-58 所示。选择“文本”工具，选取文本框内的文字并将其修改，效果如图 13-59 所示。

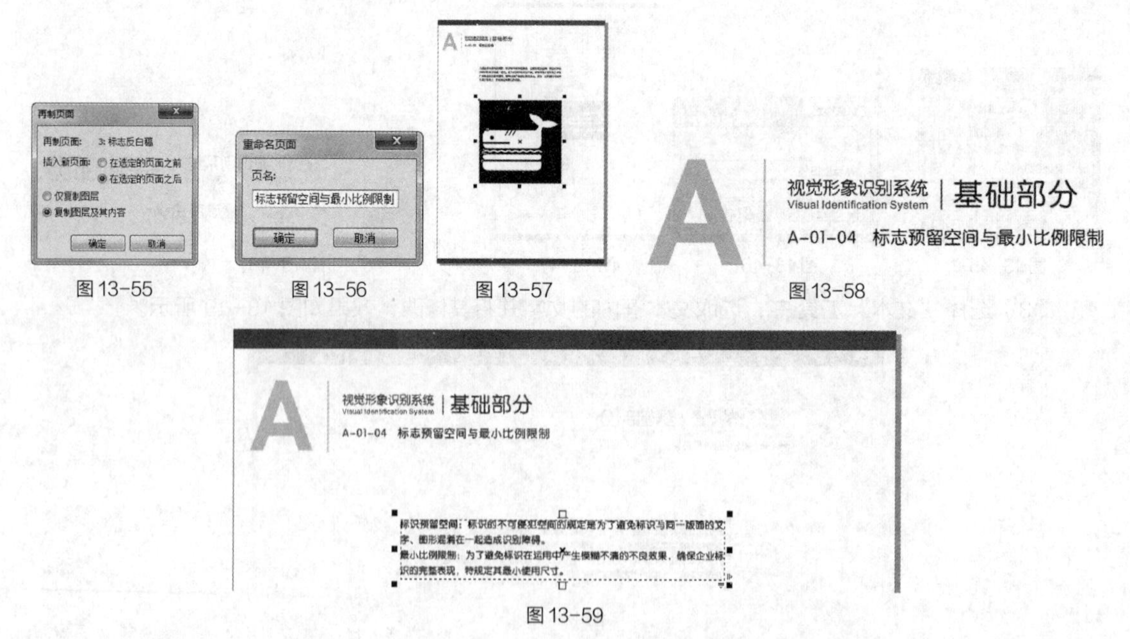

图 13-55　图 13-56　图 13-57　图 13-58

图 13-59

（3）选择“鲸鱼汉堡标志”文件，选择“选择”工具，选取标志图形，按 Ctrl+C 组合键，复制图形。返回到正在编辑的页面，按 Ctrl+V 组合键，粘贴图形。选择“选择”工具，将标志图形拖曳到适当的位置并调整其大小，效果如图 13-60 所示。

（4）选择“矩形”工具，按住 Ctrl 键的同时，在适当的位置绘制正方形，如图 13-61 所示。填充图形为白色，并去除图形的轮廓线。按 Shift+PageDown 组合键，将图形移至底层，效果如图 13-62 所示。

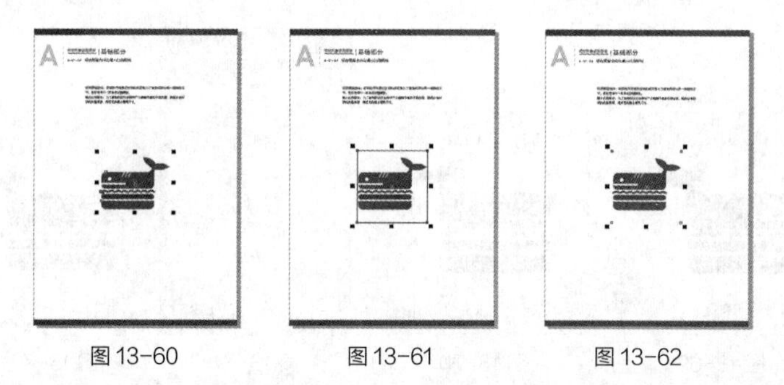

图13-60　　图13-61　　图13-62

（5）选择“选择”工具，按数字键盘上的+键，复制矩形。按住Shift键的同时，向外拖曳右上角的控制手柄到适当的位置，等比例放大图形，效果如图13-63所示。设置图形颜色的CMYK值为0、0、0、10，填充图形；设置轮廓线颜色的CMYK值为0、0、0、80，填充轮廓线，效果如图13-64所示。按Shift+PageDown组合键，将图形移至底层，效果如图13-65所示。

图13-63　　图13-64　　图13-65

（6）选择“2点线”工具，按住Shift键的同时，在适当的位置绘制直线，如图13-66所示，按F12键，弹出“轮廓笔”对话框，在“颜色”选项中设置轮廓线颜色的CMYK值为0、0、0、80，其他选项的设置如图13-67所示。单击“确定”按钮，效果如图13-68所示。

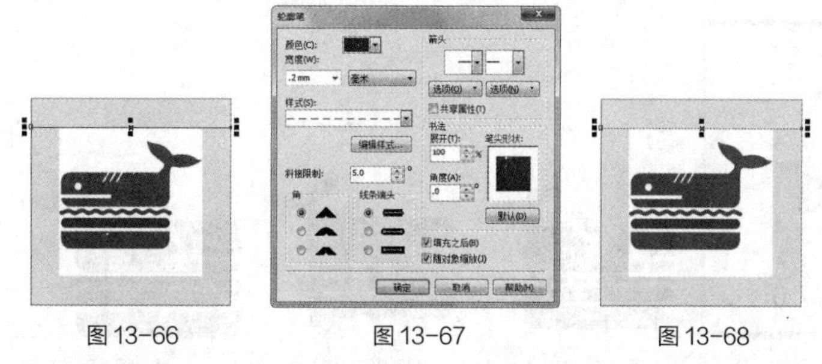

图13-66　　图13-67　　图13-68

（7）选择“选择”工具，选取虚线，按住Shift键的同时，将虚线拖曳到适当的位置，并单击鼠标右键，复制虚线，效果如图13-69所示。按住Shift键的同时，单击上方的虚线，将其同时选取，如图13-70所示。选择“排列>变换>旋转”命令，在弹出的“变换”面板中进行设置，如图13-71所示，单击“应用”按钮，效果如图13-72所示。

（8）选择“文本”工具，在适当的位置输入需要的文字，选择“选择”工具，在属性栏中选取适当的字体并设置文字大小，如图13-73所示。选取文字，将其拖曳到适当的位置，并单击鼠标右键，复制文字，效果如图13-74所示。

（9）再次复制文字，并单击属性栏中的“将文本更改为垂直方向”按钮，垂直排列文字，将其拖曳到适当的位置，效果如图13-75所示。选择“文本”工具，在适当的位置输入需要的文字，选择“选择”工具，在属性栏中选取适当的字体并设置文字大小，如图13-76所示。

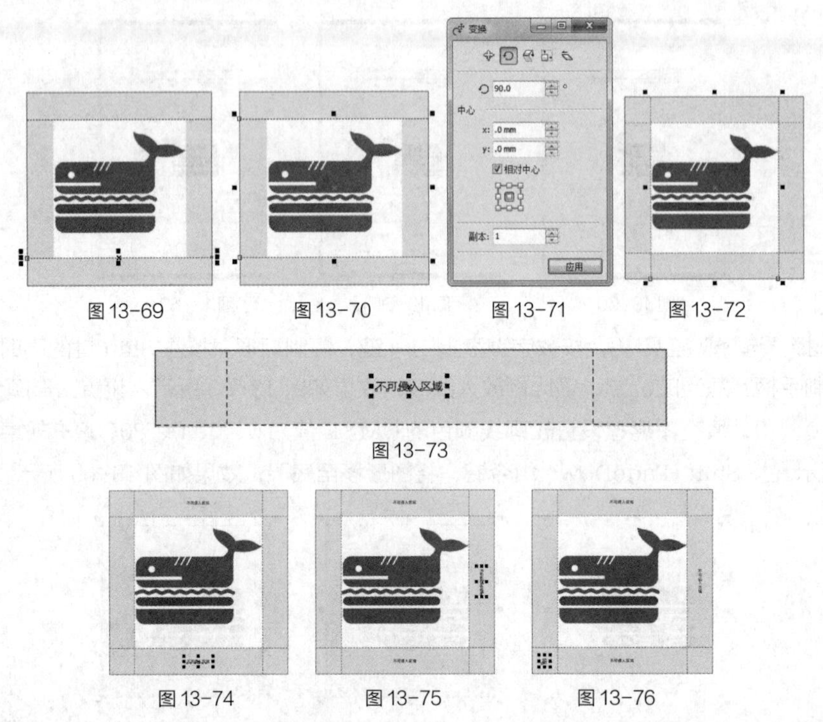

图 13-69　图 13-70　图 13-71　图 13-72

图 13-73

图 13-74　图 13-75　图 13-76

（10）选择“选择”工具，选取标志图形，将其拖曳到适当的位置，并单击鼠标右键，复制图形，调整复制的图形大小，效果如图 13-77 所示。选择“平行度量”工具，在适当的位置单击，如图 13-78 所示，按住鼠标左键将光标移动到适当的位置，如图 13-79 所示，松开鼠标，向右侧拖曳光标，如图 13-80 所示，单击鼠标，标注图形。

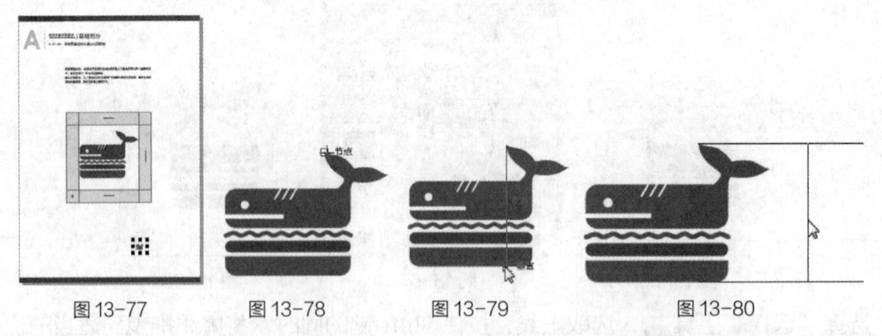

图 13-77　图 13-78　图 13-79　图 13-80

（11）保持标注的选取状态。在属性栏中单击“文本位置”按钮，在弹出的面板中选择需要的选项，如图 13-81 所示。单击“双箭头”右侧的按钮，在弹出的面板中选择需要的箭头形状，如图 13-82 所示。单击“延伸线”按钮，在弹出的面板中进行设置，如图 13-83 所示，其他选项的设置如图 13-84 所示，按 Enter 键，效果如图 13-85 所示。

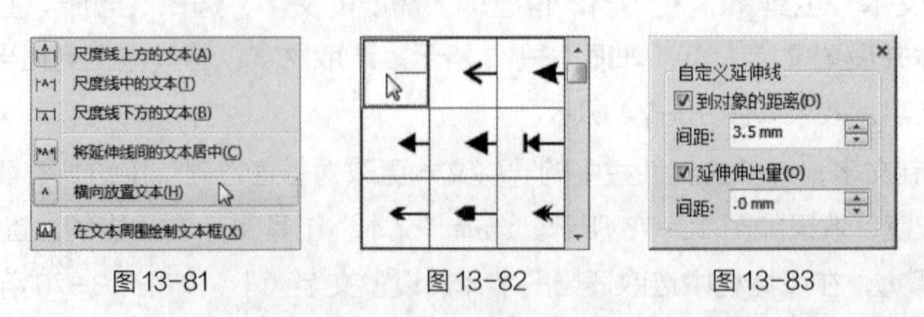

图 13-81　图 13-82　图 13-83

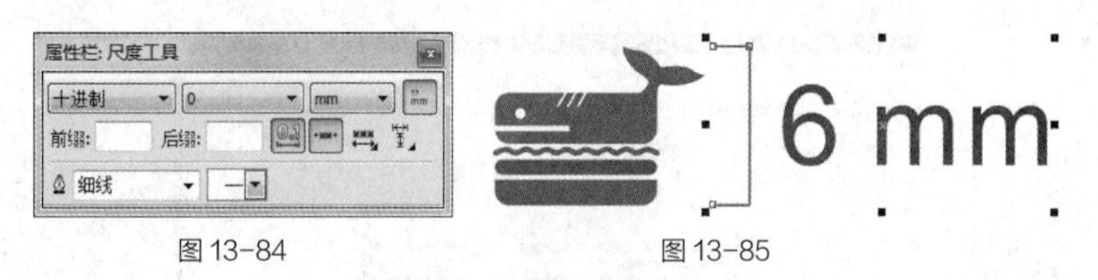

图13-84　　图13-85

（12）选择“选择”工具，选取数值，在属性栏中选取适当的字体并设置文字大小，如图13-86所示。填充文字为黑色，效果如图13-87所示。选取标注线，填充轮廓线颜色为黑色，效果如图13-88所示。

图13-86　　图13-87　　图13-88

（13）选择“文本”工具，在适当的位置输入需要的文字，选择“选择”工具，在属性栏中选取适当的字体并设置文字大小，如图13-89所示。标志预留空间与最小比例限制制作完成，效果如图13-90所示。

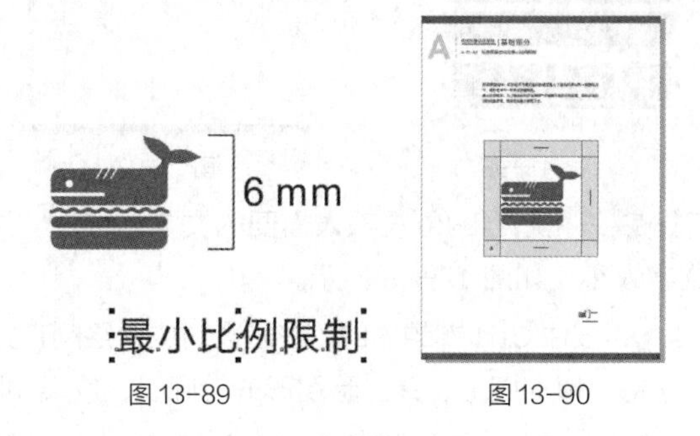

图13-89　　图13-90

13.1.5　制作企业全称中文字体

（1）选择“布局 > 再制页面”命令，弹出“再制页面”对话框，点选“复制图层及其内容”单选项，其他选项的设置如图13-91所示，单击“确定”按钮，再制页面。选择“布局 > 重命名页面”命令，在弹出的对话框中进行设置，如图13-92所示，单击“确定”按钮，重命名页面。

（2）选择“选择”工具，选取不需要的标志和文字，如图13-93所示，按Delete键，将其删除。选择“文本”工具，选取文字并将其修改，效果如图13-94所示。选择“文本”工具，选取文本框内的文字并将其修改，效果如图13-95所示。

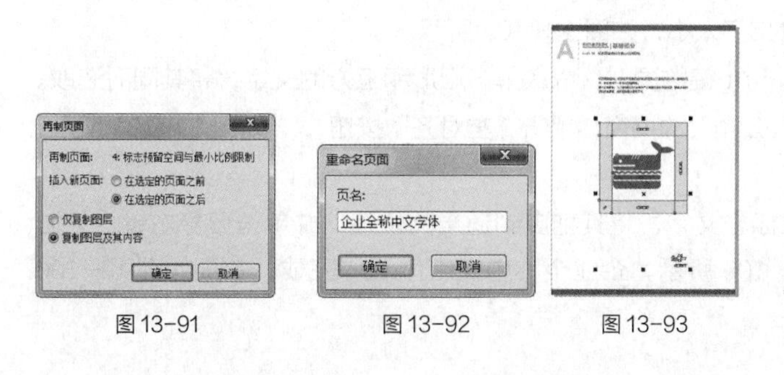

A 视觉形象识别系统 | 基础部分
Visual Identification System
A-02-01　企业全称中文字体

图13-91　　图13-92　　图13-93　　图13-94

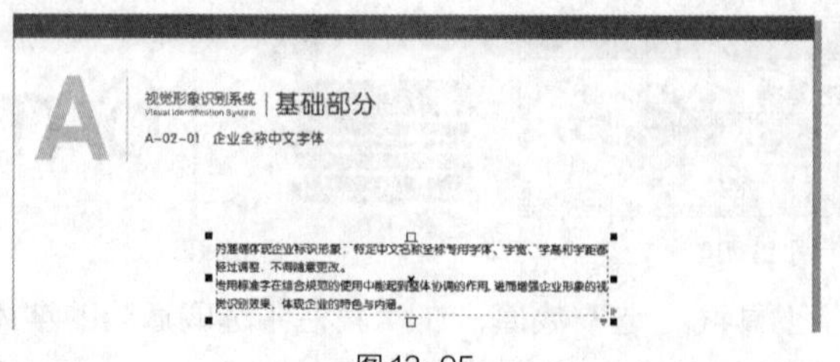

图 13-95

（3）选择“鲸鱼汉堡标志”文件，选择“选择”工具，选取标志文字，如图 13-96 所示。按 Ctrl+C 组合键，复制文字。返回到正在编辑的页面，按 Ctrl+V 组合键，粘贴文字。选择“选择”工具，将其拖曳到适当的位置并调整其大小，如图 13-97 所示。

图 13-96　　图 13-97

（4）选择“文本”工具字，在适当的位置输入需要的文字，选择“选择”工具，在属性栏中选取适当的字体并设置文字大小，如图 13-98 所示。

（5）选择“矩形”工具，按住 Ctrl 键的同时，在适当的位置绘制正方形。在“CMYK 调色板”中的“红”色块上单击鼠标左键，填充图形，并去除图形的轮廓线，效果如图 13-99 所示。选择“文本”工具字，在矩形的右侧输入需要的文字，选择“选择”工具，在属性栏中选取适当的字体并设置文字大小，如图 13-100 所示。

全称中文字体
鲸鱼汉堡

图 13-98

全称中文字体
鲸鱼汉堡

图 13-99

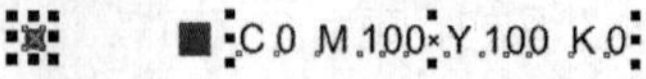

C 0 M 100 Y 100 K 0

图 13-100

（6）选择“矩形”工具，在适当的位置绘制矩形，填充图形为黑色，并去除图形的轮廓线，效果如图 13-101 所示。选择“文本”工具字，在适当的位置输入需要的文字，选择“选择”工具，在属性栏中选取适当的字体并设置文字大小，如图 13-102 所示。

（7）选择“选择”工具，按住 Shift 键的同时，依次单击矩形和上方的文字，将其同时选取。按 Ctrl+Shift+A 组合键，弹出“对齐与分布”泊坞窗，单击“左对齐”按钮，如图 13-103 所示，对齐效果如图 13-104 所示。

（8）选择“选择”工具，选取标志文字，将其拖曳到适当的位置，并单击鼠标右键，复制文字，填充文字为白色，效果如图 13-105 所示。企业全称中文字体制作完成，效果如图 13-106 所示。

图 13-101

图 13-102

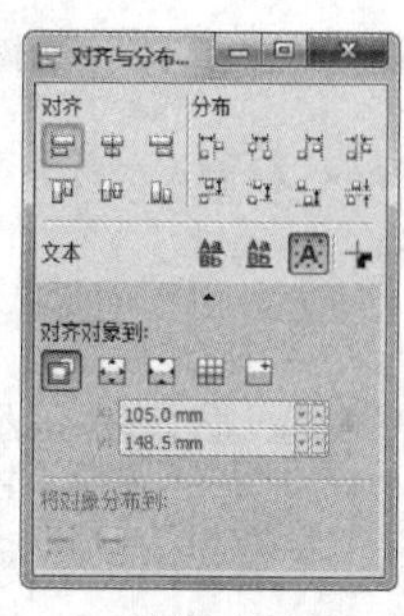

图 13-103

图 13-104

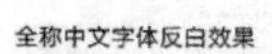

图 13-105

图 13-106

13.1.6 制作企业标准色

扫码观看
本案例视频

（1）选择“布局 > 再制页面”命令，弹出“再制页面”对话框，点选“复制图层及其内容”单选项，其他选项的设置如图 13-107 所示，单击“确定”按钮，再制页面。选择“布局 > 重命名页面”命令，在弹出的对话框中进行设置，如图 13-108 所示，单击“确定”按钮，重命名页面。

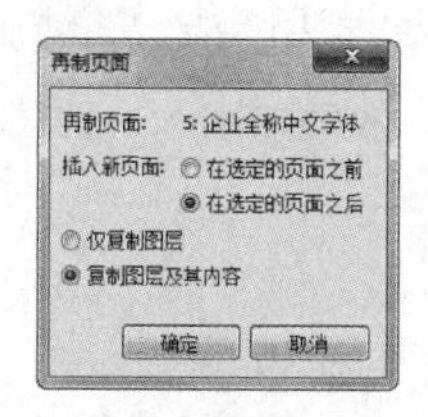

图 13-107

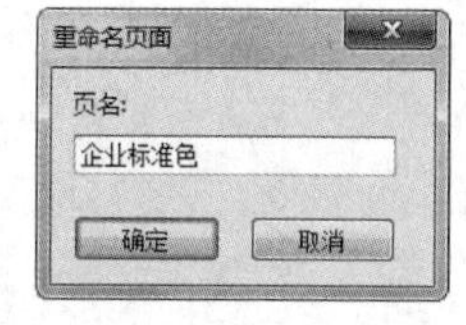

图 13-108

（2）选择“选择”工具，选取不需要的标志和文字，如图 13-109 所示，按 Delete 键，将其删除。选择“文本”工具字，选取文字并将其修改，效果如图 13-110 所示。选择“文本”工具字，选取文本框内的文字并将其修改，效果如图 13-111 所示。

图 13-109

图 13-110

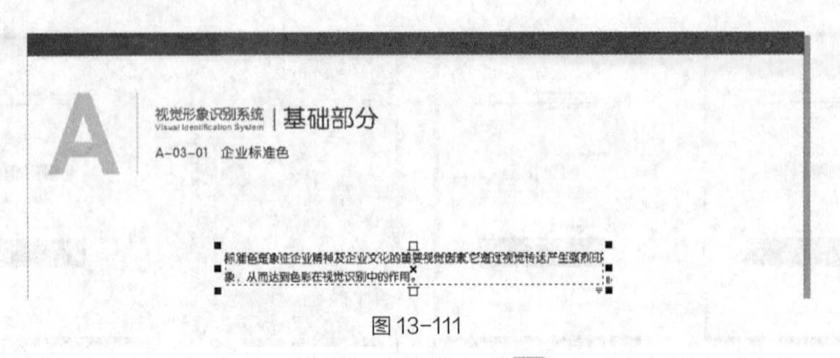

图 13-111

（3）选择“鲸鱼汉堡标志”文件，选择“选择”工具，选取标志和文字，如图 13-112 所示。按 Ctrl+C 组合键，复制标志和文字。返回到正在编辑的页面，按 Ctrl+V 组合键，粘贴标志和文字。选择“选择”工具，将其拖曳到适当的位置并调整其大小，如图 13-113 所示。

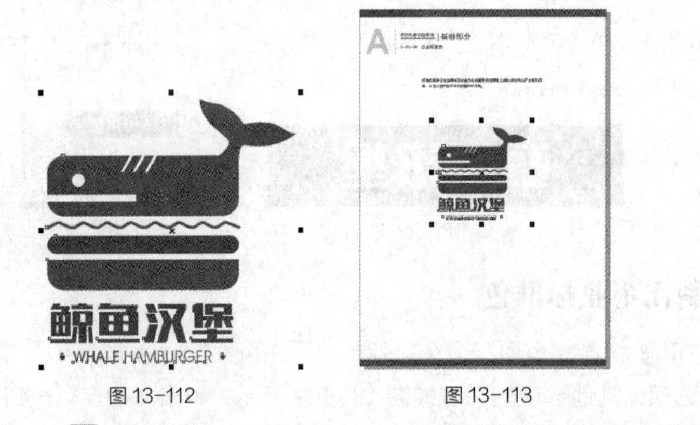

图 13-112　　图 13-113

（4）选择“矩形”工具，在适当的位置绘制矩形。设置图形颜色的CMYK 值为 0、87、100、0，填充图形，并去除图形的轮廓线，效果如图 13-114 所示。选择“选择”工具，按数字键盘上的 + 键，复制矩形，向下拖曳上方中间的控制手柄到适当的位置，效果如图 13-115 所示。设置图形颜色的 CMYK 值为 0、100、100、0，填充图形，效果如图 13-116 所示。

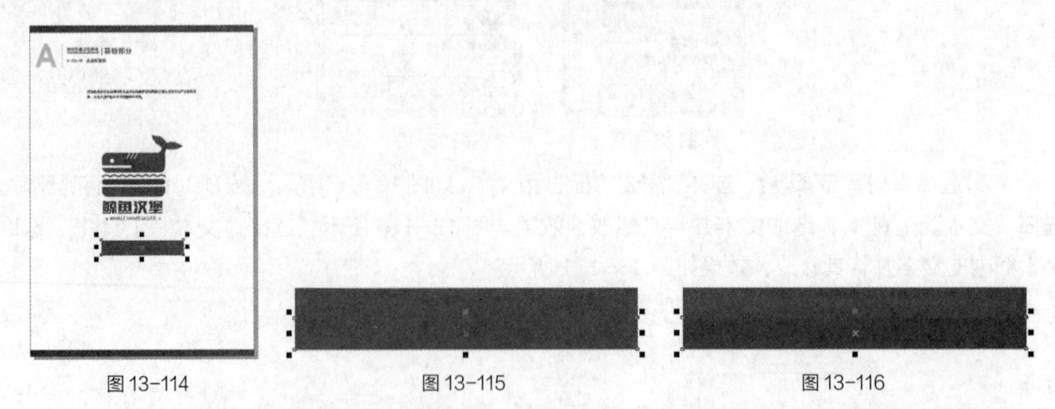

图 13-114　　图 13-115　　图 13-116

（5）选择“文本”工具，在矩形上输入需要的文字，选择“选择”工具，在属性栏中选取适当的字体并设置文字大小，填充文字为白色，效果如图 13-117 所示。选择“文本属性”面板，选项的设置如图 13-118 所示，按 Enter 键，效果如图 13-119 所示。企业标准色制作完成，效果如图 13-120 所示。

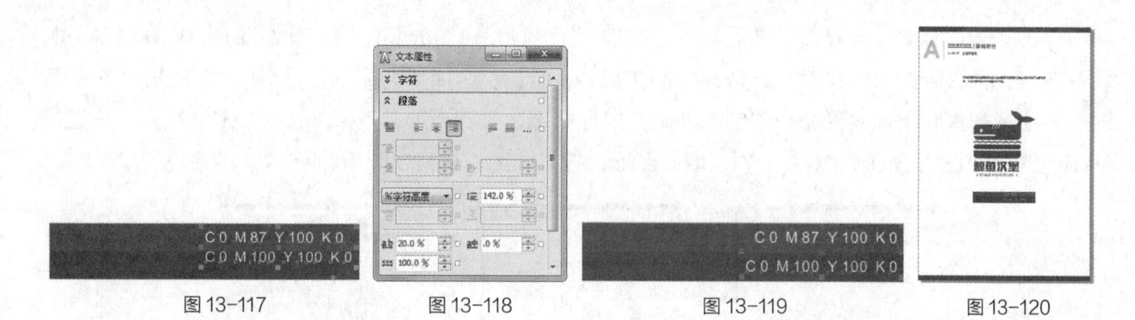

图13-117　图13-118　图13-119　图13-120

13.1.7　制作企业辅助色

（1）选择“布局 > 再制页面”命令，弹出“再制页面”对话框，点选“复制图层及其内容”单选项，其他选项的设置如图13-121所示，单击“确定”按钮，再制页面。选择“布局 > 重命名页面”命令，在弹出的对话框中进行设置，如图13-122所示，单击“确定”按钮，重命名页面。

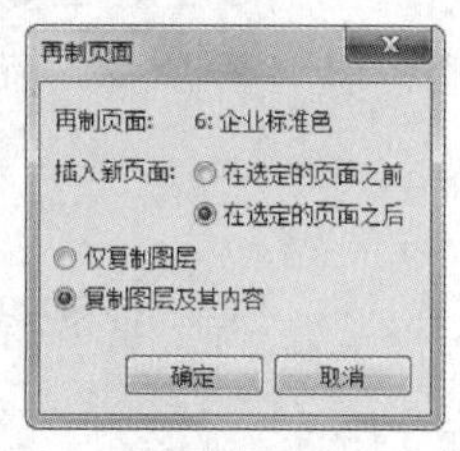

图13-121

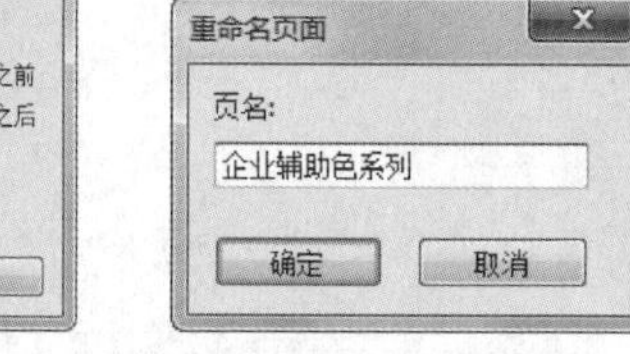

图13-122

（2）选择“选择”工具，选取不需要的标志和文字，如图13-123所示，按Delete键，将其删除。选择“文本”工具字，选取文字并将其修改，效果如图13-124所示。选择“文本”工具字，选取文本框内的文字并将其修改，效果如图13-125所示。

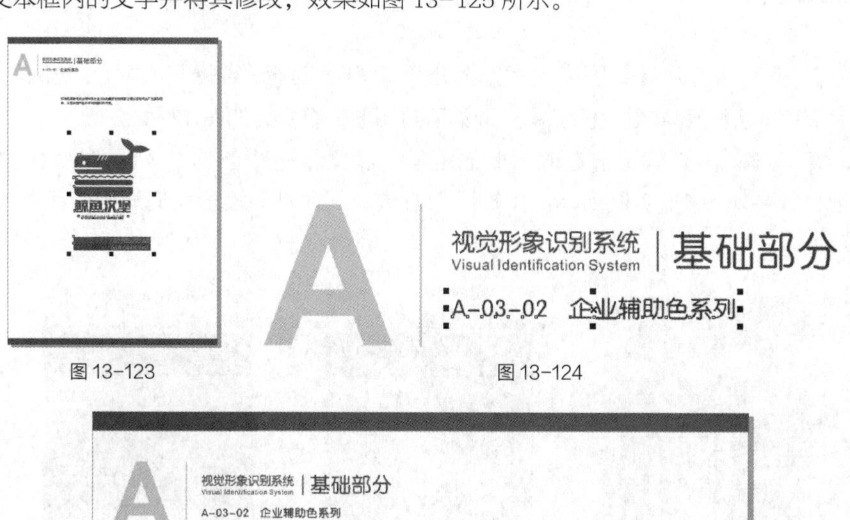

图13-123　图13-124

图13-125

（3）选择“矩形”工具，在适当的位置绘制矩形。设置图形颜色的CMYK值为0、0、100、0，填充图形，并去除图形的轮廓线，效果如图13-126所示。选择“选择”工具，按住Shift键的同时，将矩形垂直向下拖曳到适当的位置并单击鼠标右键，复制矩形，效果如图13-127所示。设置矩形颜色的CMYK值为0、0、0、30，填充图形，效果如图13-128所示。

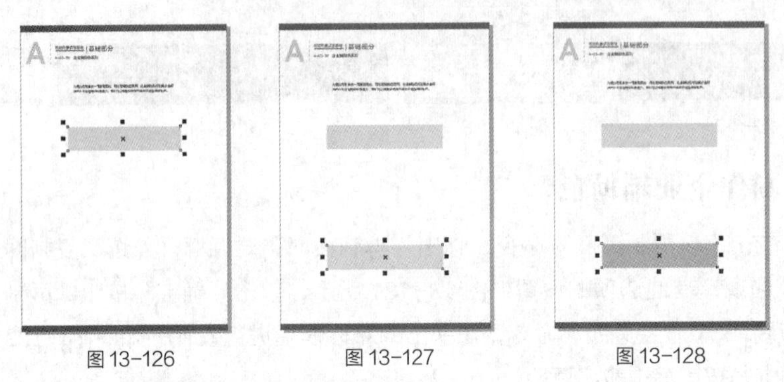

图13-126　　图13-127　　图13-128

（4）选择“调和”工具，在上方矩形上单击并按住鼠标左键拖曳到下方的图形上，松开鼠标，调整效果如图13-129所示。在属性栏中的设置如图13-130所示，按Enter键，调和效果如图13-131所示。

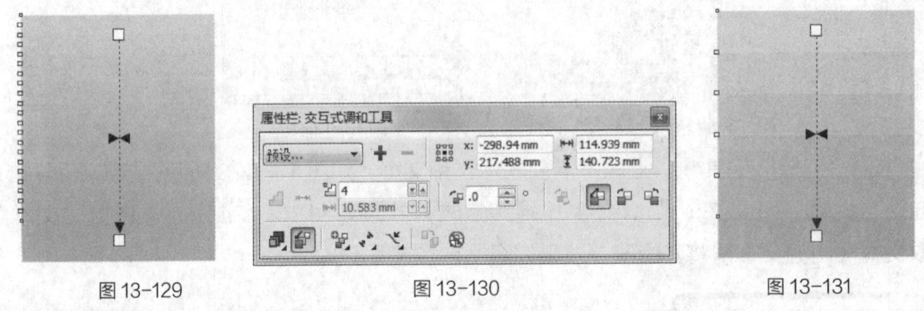

图13-129　　图13-130　　图13-131

（5）选择“排列 > 拆分调和群组”命令，拆分调和图形。选择“选择”工具，选取需要的图形，单击属性栏中的“取消全部群组”按钮，取消所有图形的组合，如图13-132所示。

（6）选择“选择”工具，选取需要的矩形，设置填充颜色的CMYK值为0、100、60、0，填充图形，效果如图13-133所示。用相同的方法分别为其他矩形填充适当的颜色，效果如图13-134所示。

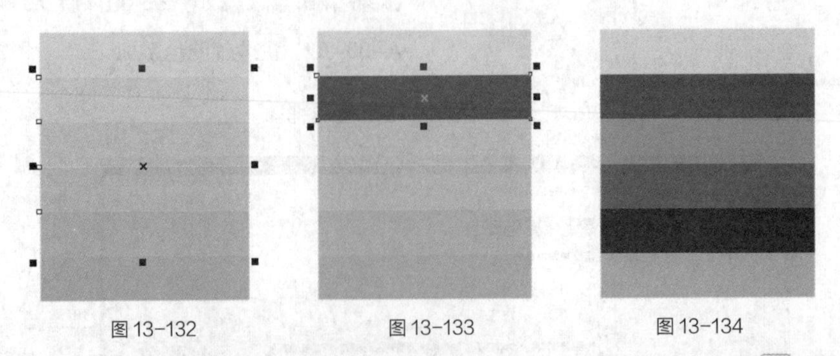

图13-132　　图13-133　　图13-134

（7）选择“文本”工具，在矩形上输入需要的文字，选择“选择”工具，在属性栏中选取适当的字体并设置文字大小，填充文字为白色，效果如图13-135所示。用相同的方法在其他色块上输入色值，如图 13-136 所示。企业辅助色制作完成，效果如图 13-137 所示。

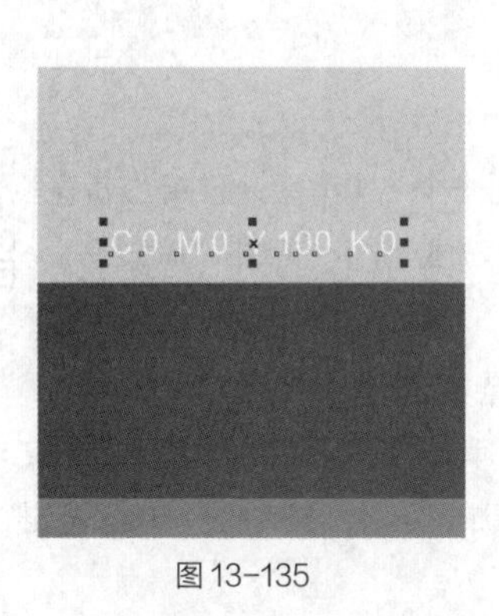

图 13-135

图 13-136

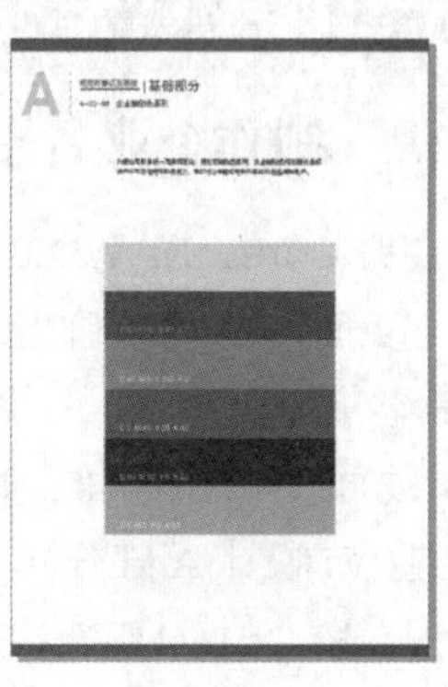

图 13-137

13.2 企业 VI 设计 B 部分

扫码观看
扩展案例

案例学习目标

在 CorelDRAW 中，学习使用绘图工具、文本工具和标注工具制作 VI 设计 B 部分。

案例知识要点

在 CorelDRAW 中，使用平行度量工具标注名片、信纸和信封，使用矩形工具、2 点线工具和文本工具制作名片、信纸、信封、传真纸和胸卡，使用矩形工具、椭圆形工具、合并命令和填充工具制作胸卡挂环。

效果所在位置

云盘 /Ch13/ 效果 / 企业 VI 设计 B 部分 /VI 设计 B 部分 .cdr，如图 13-138 所示。

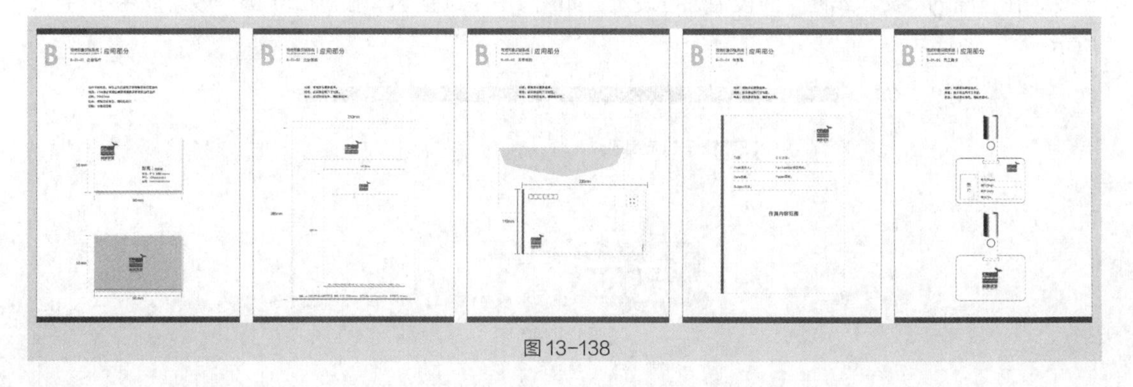

图 13-138

CorelDRAW 应用

13.2.1 制作企业名片

（1）打开 CorelDRAW X6 软件，按 Ctrl+N 组合键，新建一个 A4 页面。选择“布局 > 重命名页面”命令，在弹出的对话框中进行设置，如图 13-139 所示，单击“确定”按钮，重命名页面。

（2）按 Ctrl+O 组合键，弹出“打开绘图”对话框，选择云盘中的“Ch13 > 效果 > 企业 VI 设计 A 部分 > VI 设计 A 部分 .cdr”文件，单击“打开”按钮，打开文件。选取需要的图形，按 Ctrl+C 组合键，复制图形。返回到正在编辑的页面，按 Ctrl+V 组合键，粘贴图形，效果如图 13-140 所示。

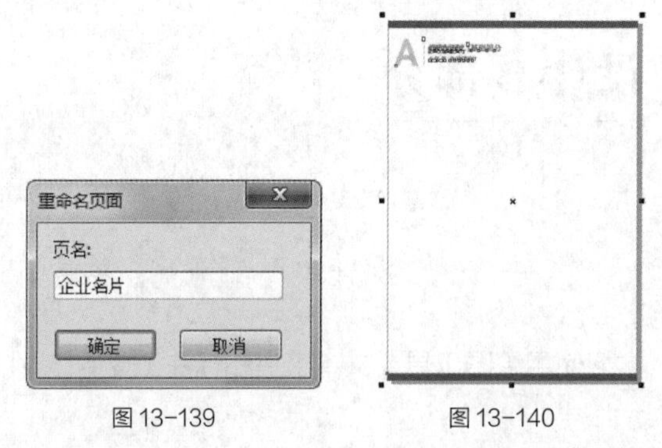

图 13-139　　图 13-140

（3）选择“文本”工具，选取文字并将其修改，效果如图 13-141 所示。用相同的方法修改右侧的文字，效果如图 13-142 所示。

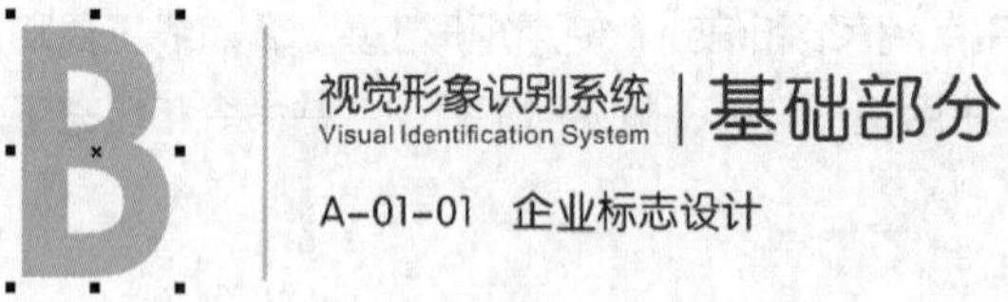

图 13-141

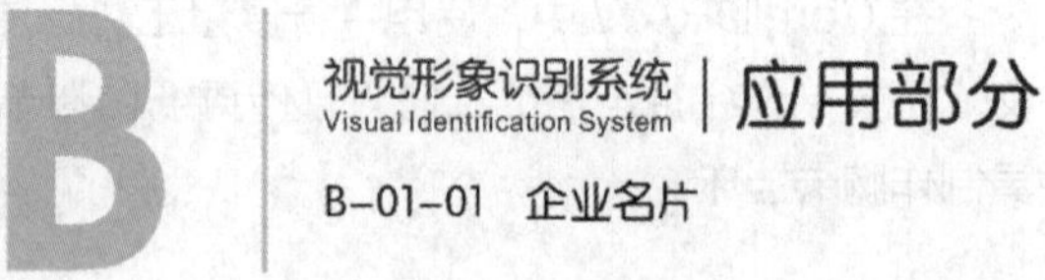

图 13-142

（4）选择“文本”工具，在矩形下方拖曳文本框并输入需要的文字。选择“选择”工具，在属性栏中选取适当的字体并设置文字大小，效果如图 13-143 所示。选择“文本 > 文本属性”命令，在弹出的“文本属性”面板中进行设置，如图 13-144 所示，按 Enter 键，效果如图 13-145 所示。

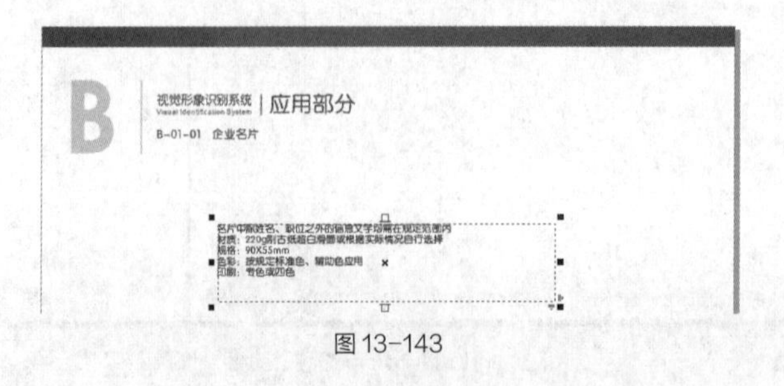

图 13-143

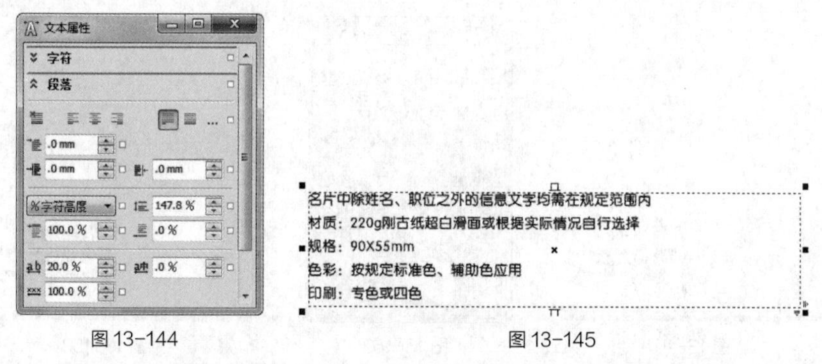

图 13-144　　图 13-145

（5）选择“矩形”工具，在属性栏中设置宽度和高度，如图 13-146 所示，在适当的位置绘制矩形，如图 13-147 所示。填充图形为白色，并设置轮廓线颜色的 CMYK 值为 0、0、0、10，填充图形轮廓线，效果如图 13-148 所示。

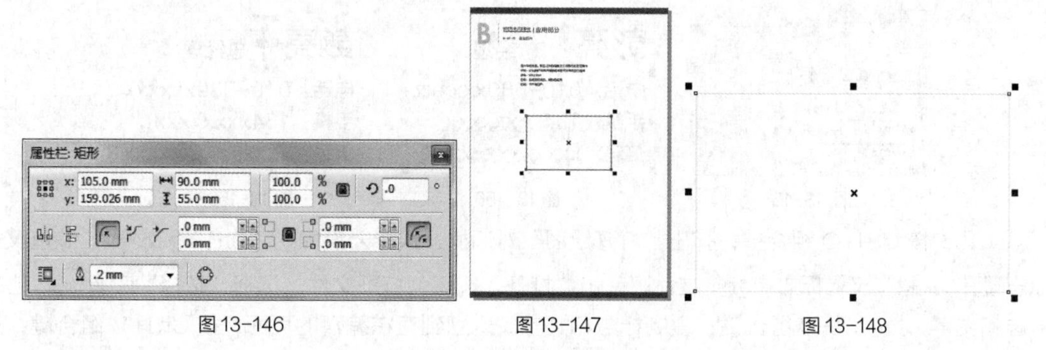

图 13-146　　图 13-147　　图 13-148

（6）选择“选择”工具，按数字键盘上的 + 键，复制矩形，向下拖曳上方中间的控制手柄到适当的位置，调整其大小，效果如图 13-149 所示。设置图形颜色的 CMYK 值为 0、0、0、40，填充图形，并去除图形的轮廓线，效果如图 13-150 所示。

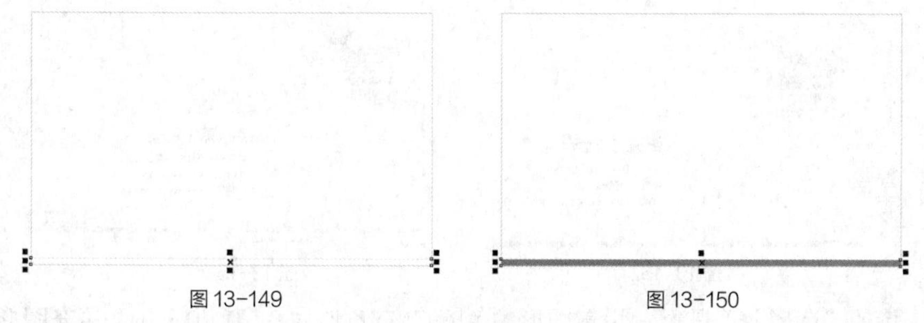

图 13-149　　图 13-150

（7）选择“文本”工具，在适当的位置分别输入需要的文字，选择“选择”工具，在属性栏中分别选取适当的字体并设置文字大小，如图 13-151 所示。按住 Shift 键的同时，选取需要的文字，按 Ctrl+Shift+A 组合键，弹出“对齐与分布”泊坞窗，单击“左对齐”按钮，如图 13-152 所示，对齐效果如图 13-153 所示。

（8）选择“选择”工具，选取需要的文字。选择“文本属性”面板，选项的设置如图 13-154 所示，按 Enter 键，效果如图 13-155 所示。

（9）选择“2 点线”工具，按住 Shift 键的同时，在适当的位置绘制一条竖线，效果如图 13-156 所示。

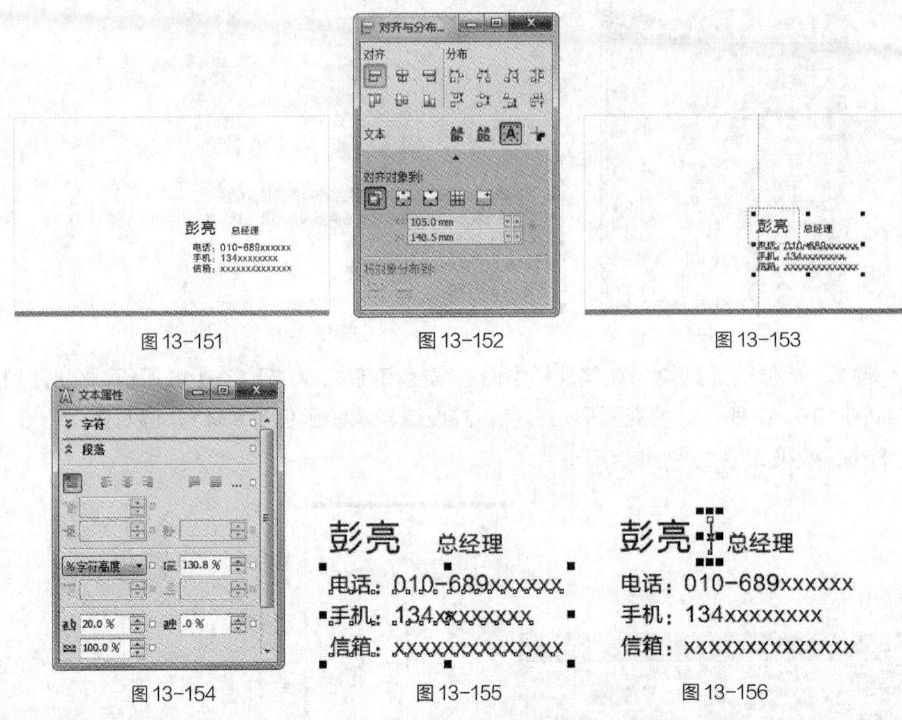

图13-151　图13-152　图13-153

图13-154　图13-155　图13-156

（10）按Ctrl+O组合键，弹出“打开绘图”对话框，选择云盘中的“Ch13 > 效果 > 鲸鱼汉堡标志设计 > 鲸鱼汉堡标志.cdr”文件，单击“打开”按钮，打开文件。选择“选择”工具，选取标志和文字。按Ctrl+C组合键，复制标志和文字。返回到正在编辑的页面，按Ctrl+V组合键，粘贴标志和文字。

（11）选择“选择”工具，将其拖曳到适当的位置并调整其大小，效果如图13-157所示。选取背景矩形，将其拖曳到适当的位置并单击鼠标右键，复制矩形，效果如图13-158所示。

图13-157　图13-158

（12）选择“选择”工具，设置图形颜色的CMYK值为0、0、0、10，填充图形，效果如图13-159所示。按Ctrl+PageDown组合键，后移图形，效果如图13-160所示。

图13-159　图13-160

（13）选择“平行度量”工具，在适当的位置单击，如图 13-161 所示，按住鼠标左键将光标移动到适当的位置，如图 13-162 所示，松开鼠标，向下拖曳光标，单击鼠标标注图形，如图 13-163 所示。保持标注的选取状态。在属性栏中单击“文本位置”按钮，在弹出的面板中选择需要的选项，如图 13-164 所示。

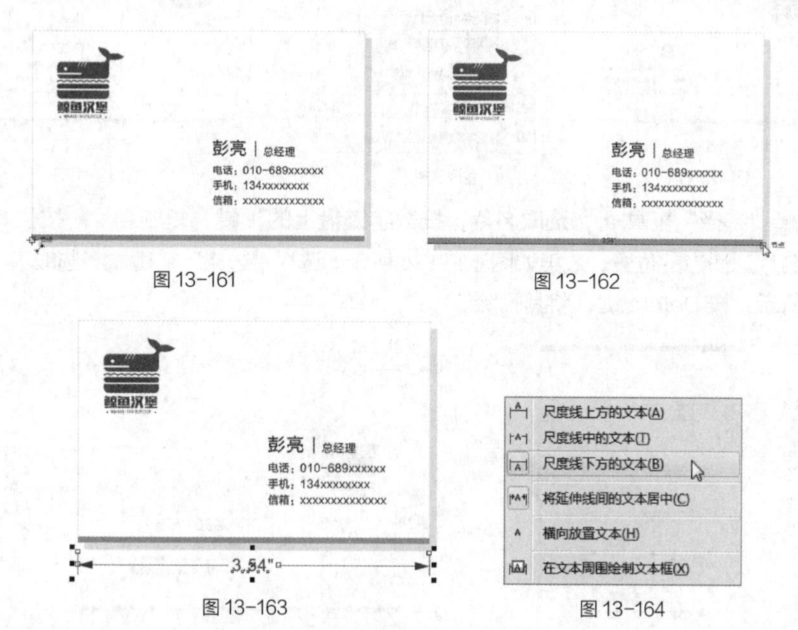

图 13-161　　图 13-162

图 13-163　　图 13-164

（14）单击“延伸线选项”按钮，在弹出的面板中进行设置，如图 13-165 所示。单击“双箭头”右侧的按钮，在弹出的面板中选择需要的箭头形状，如图 13-166 所示。其他选项的设置如图 13-167 所示，按 Enter 键，效果如图 13-168 所示。

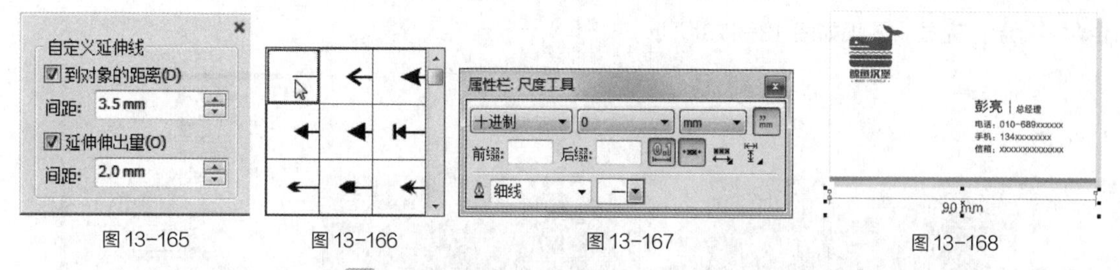

图 13-165　　图 13-166　　图 13-167　　图 13-168

（15）选择“选择”工具，选取数值，在属性栏中选取适当的字体并设置文字大小，填充文字为黑色，效果如图 13-169 所示。选取标注线，填充轮廓线颜色为黑色，效果如图 13-170 所示。

图 13-169　　图 13-170

（16）用上述方法制作左侧的标注，如图 13-171 所示。选取标注，在属性栏中单击“文本位置”按钮，在弹出的面板中选择需要的选项，如图 13-172 所示，标注效果如图 13-173 所示。

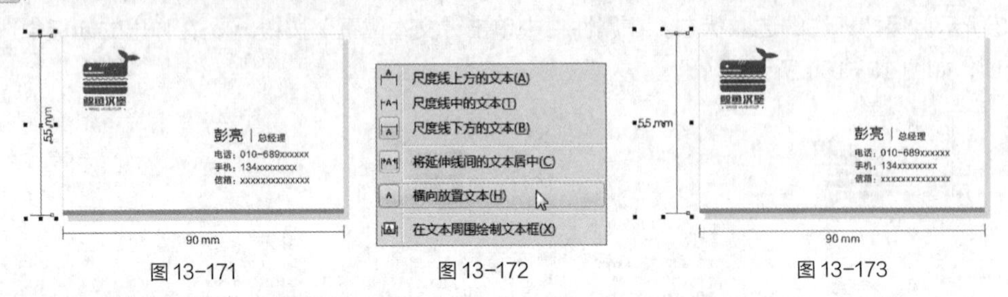

图 13-171 图 13-172 图 13-173

（17）选择“选择”工具，选取名片，按数字键盘上的 + 键，复制名片。按住 Shift 键的同时，向下拖曳名片到适当的位置，效果如图 13-174 所示。选择“选择”工具，选取不需要的文字，如图 13-175 所示，按 Delete 键，将其删除。

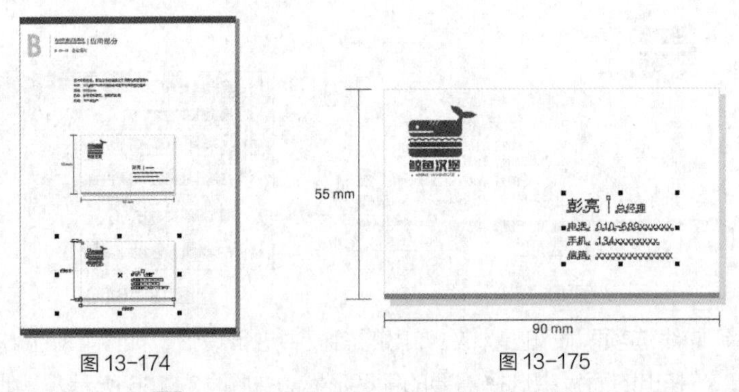

图 13-174 图 13-175

（18）选择“选择”工具，选取需要的图形，设置图形颜色的 CMYK 值为 0、0、0、20，填充图形，效果如图 13-176 所示。选取标志和文字，调整其位置和大小，效果如图 13-177 所示。企业名片制作完成，效果如图 13-178 所示。

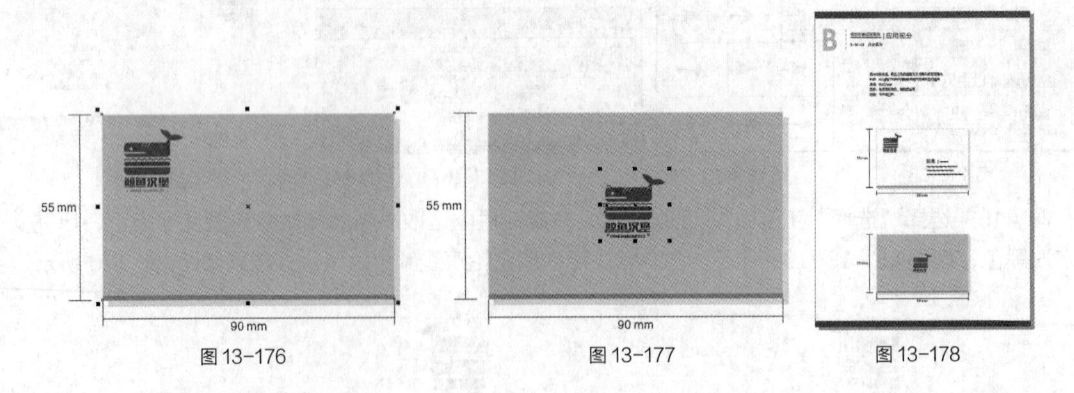

图 13-176 图 13-177 图 13-178

13.2.2 制作企业信纸

（1）选择“布局 > 再制页面”命令，弹出“再制页面”对话框，点选“复制图层及其内容”单选项，其他选项的设置如图 13-179 所示，单击“确定”按钮，再制页面。选择“布局 > 重命名页面”命令，在弹出的对话框中进行设置，如图 13-180 所示，单击“确定”按钮，重命名页面。

扫码观看
本案例视频

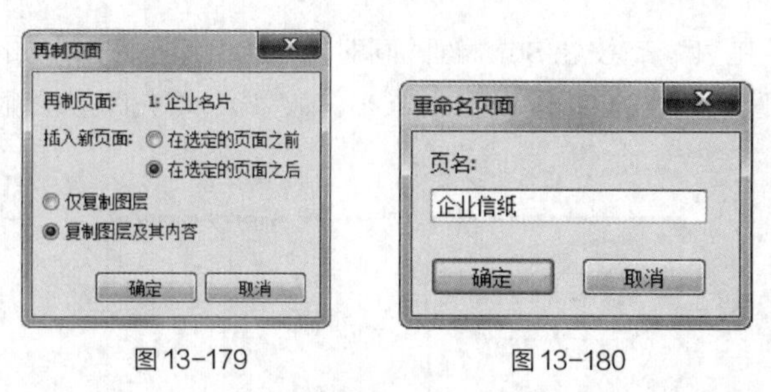

图 13-179　　图 13-180

（2）选择“选择”工具，选取不需要的图形，如图 13-181 所示，按 Delete 键，将其删除。选择“文本”工具字，选取文字并将其修改，效果如图 13-182 所示。选择“文本”工具字，选取文本框内的文字并将其修改，效果如图 13-183 所示。

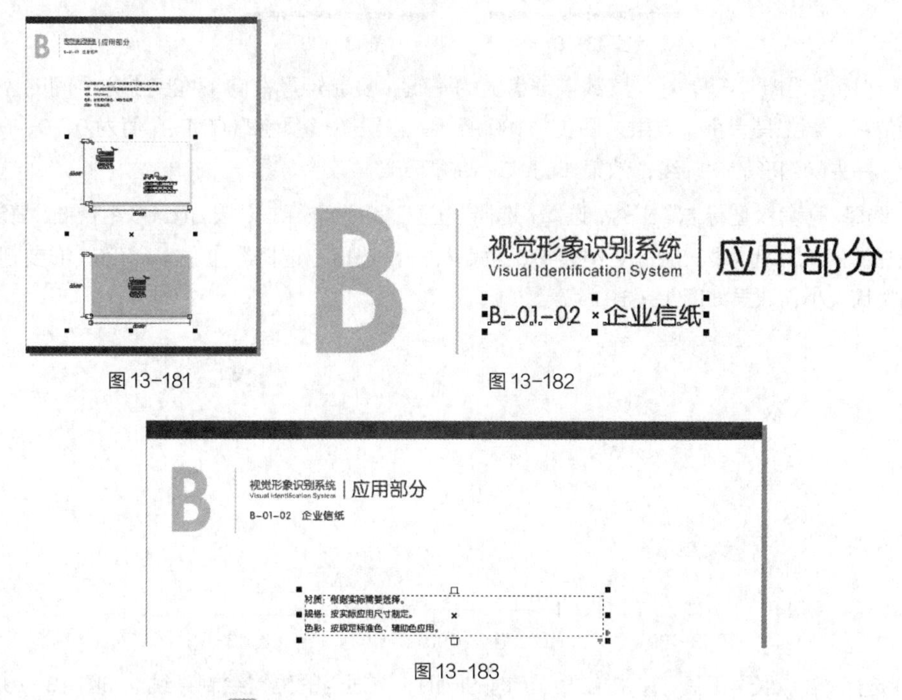

图 13-181　　图 13-182

图 13-183

（3）双击“矩形”工具，绘制一个与页面大小相等的矩形，如图 13-184 所示。在属性栏中的“对象原点”按钮上修改参考点，其他选项的设置如图 13-185 所示，按 Enter 键，效果如图 13-186 所示。

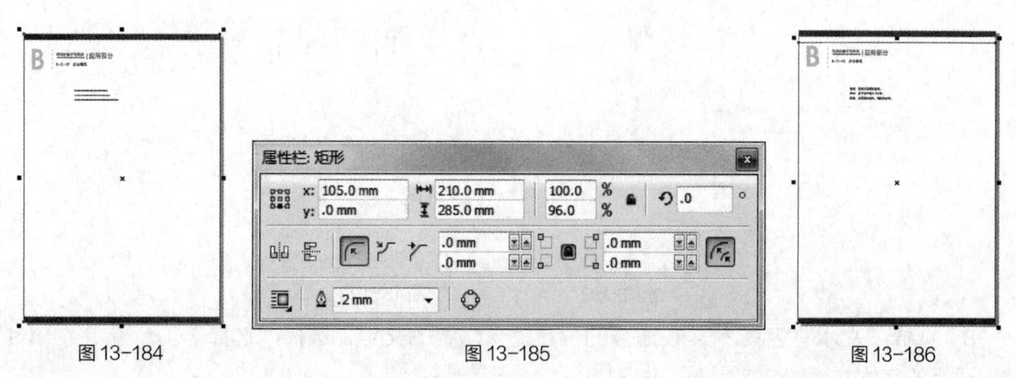

图 13-184　　图 13-185　　图 13-186

（4）选择“选择”工具，按住Shift键的同时，等比例缩小图形，如图13-187所示。填充图形为白色，并设置轮廓线颜色的CMYK值为0、0、0、10，填充图形轮廓线，效果如图13-188所示。

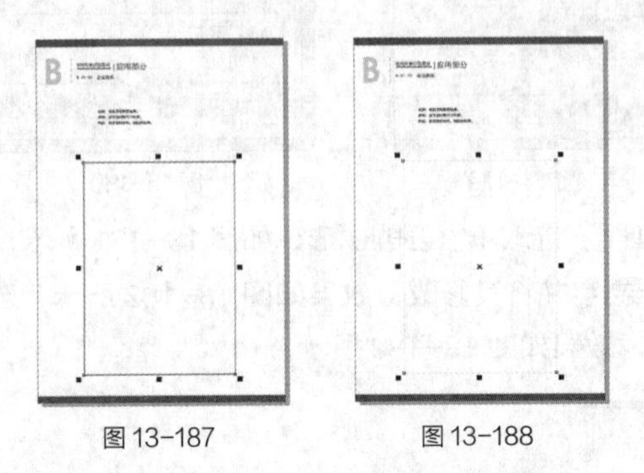

图13-187　　图13-188

（5）选择“选择”工具，按数字键盘上的+键，复制矩形，向下拖曳上方中间的控制手柄到适当的位置，调整其大小，效果如图13-189所示。设置图形颜色的CMYK值为0、0、0、40，填充图形，并去除图形的轮廓线，效果如图13-190所示。

（6）选择“鲸鱼汉堡标志”文件，选择“选择”工具，选取标志，按Ctrl+C组合键，复制标志。返回到正在编辑的页面，按Ctrl+V组合键，粘贴标志。选择“选择”工具，将其拖曳到适当的位置并调整其大小，效果如图13-191所示。

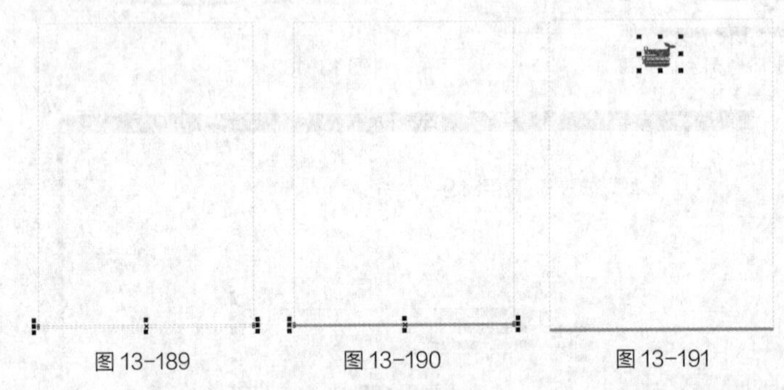

图13-189　　图13-190　　图13-191

（7）选择“2点线”工具，按住Shift键的同时，在适当的位置绘制直线，如图13-192所示。设置轮廓线颜色的CMYK值为0、0、0、40，填充直线。在属性栏中的“轮廓宽度”框 .2 mm 中设置数值为0.25mm，按Enter键，效果如图13-193所示。

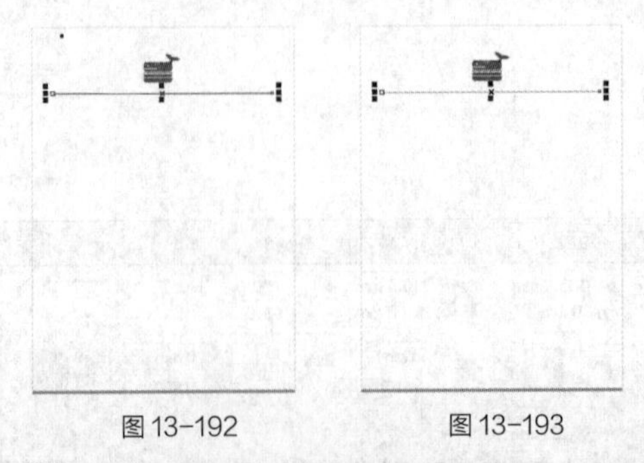

图13-192　　图13-193

（8）选择“文本”工具，在适当的位置输入需要的文字，选择“选择”工具，在属性栏中选取适当的字体并设置文字大小，如图13-194所示。

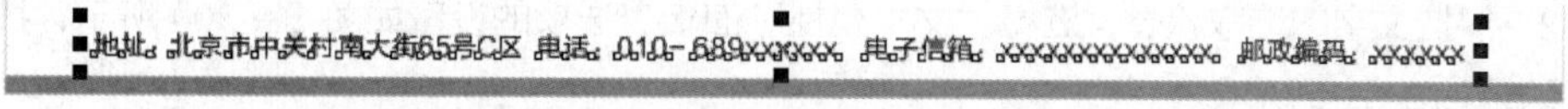

地址：北京市中关村南大街65号C区 电话：010-689xxxxxx 电子信箱：xxxxxxxxxxxxxx 邮政编码：xxxxxx

图13-194

（9）选择“平行度量”工具，在适当的位置单击，按住鼠标左键将光标移动到适当的位置，松开鼠标，向上拖曳光标并单击鼠标，标注图形，如图13-195所示。

（10）在属性栏中单击“文本位置”按钮，在弹出的面板中选择需要的选项，如图13-196所示。单击“延伸线选项”按钮，在弹出的面板中进行设置，如图13-197所示。单击“双箭头”右侧的按钮，在弹出的面板中选择需要的箭头形状，如图13-198所示。其他选项的设置如图13-199所示，按Enter键，效果如图13-200所示。

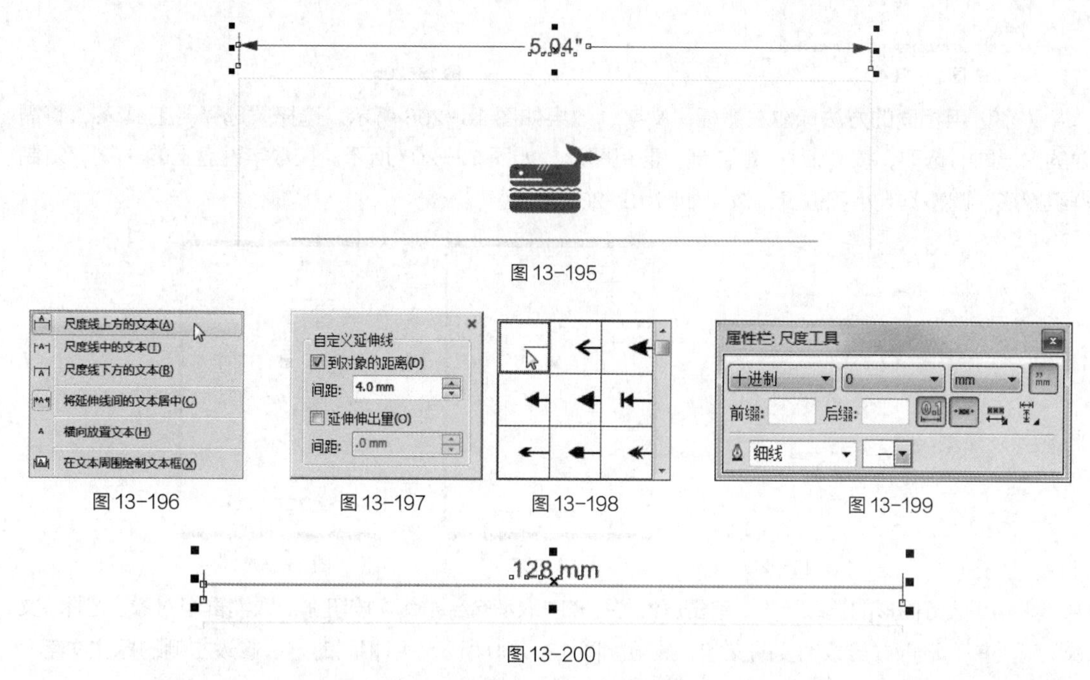

图13-195

图13-196 图13-197 图13-198 图13-199

图13-200

（11）按Ctrl+K组合键，拆分尺度。选择“选择”工具，选取标注线，填充轮廓色为黑色，效果如图13-201所示。选取数值，在属性栏中选取适当的字体并设置文字大小，填充文字为黑色，效果如图13-202所示。选择“文本”工具字，选取并修改需要的文字，效果如图13-203所示。

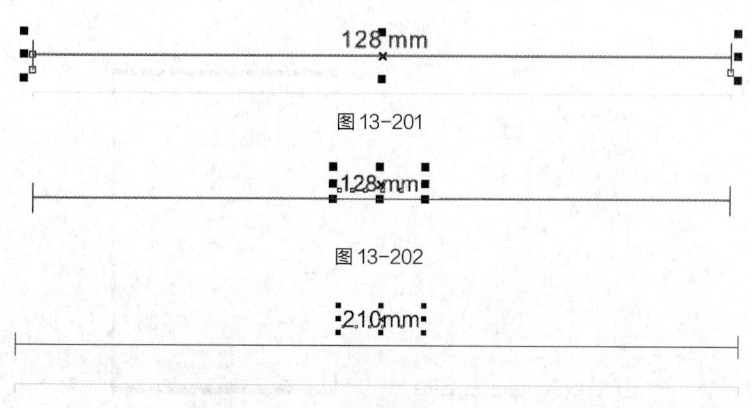

图13-201

图13-202

图13-203

（12）保持文字的选取状态，选择“文本属性”面板，选项的设置如图13-204所示，按Enter键，效果如图13-205所示。

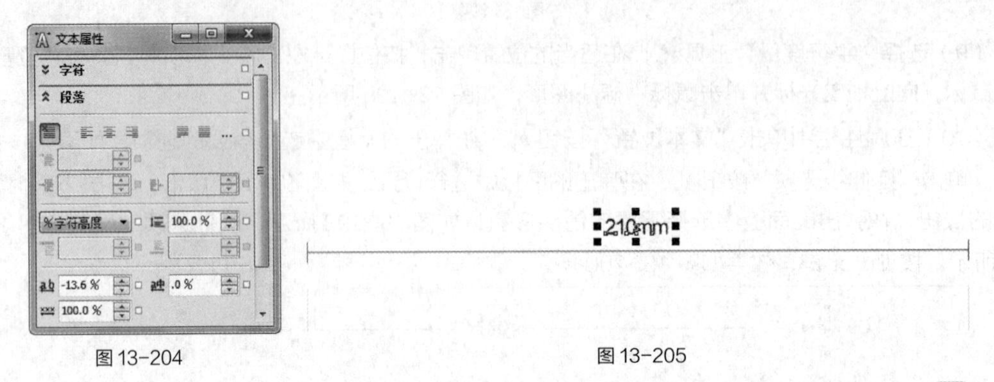

图13-204　　图13-205

（13）用相同的方法标注左侧标注文字，效果如图13-206所示。选择“选择”工具，将需要的图形同时选取，按Ctrl+G组合键，群组图形，如图13-207所示。按数字键盘上的+键，复制群组图形，调整其大小和位置，效果如图13-208所示。

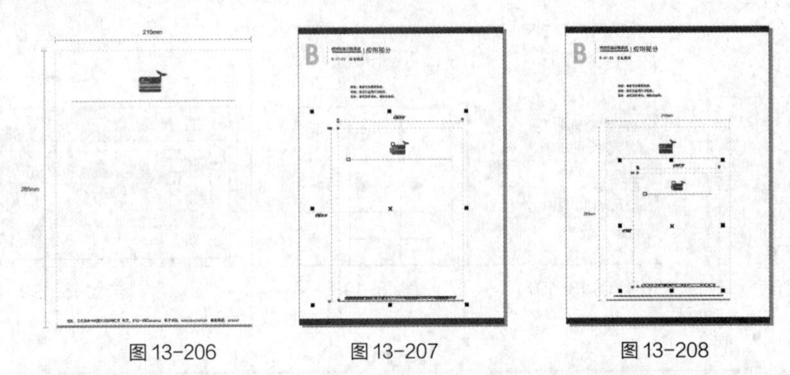

图13-206　　图13-207　　图13-208

（14）保持图形的选取状态，单击属性栏中的“取消全部群组”按钮，取消群组对象。选择“文本”工具字，选取并修改需要的文字，效果如图13-209所示。用相同的方法修改左侧的标注文字，效果如图13-210所示。企业信纸制作完成，效果如图13-211所示。

142.5mm

图13-209

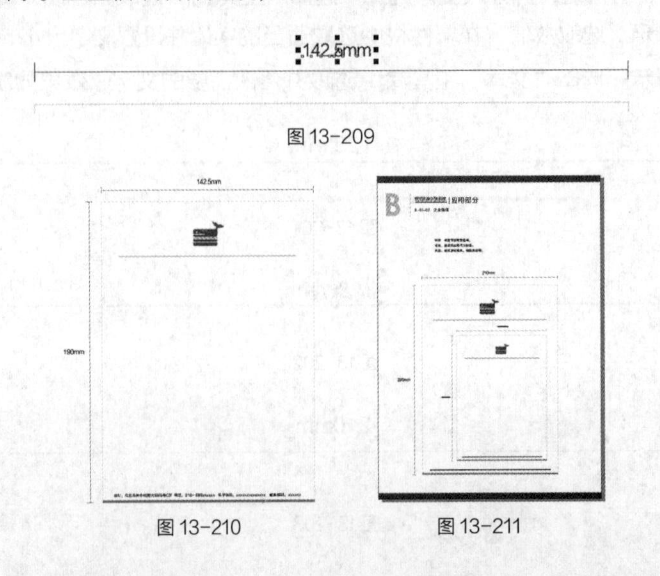

图13-210　　图13-211

13.2.3　制作五号信封

（1）选择“布局 > 再制页面”命令，弹出“再制页面”对话框，点选“复制图层及其内容”单选项，其他选项的设置如图 13-212 所示，单击“确定”按钮，再制页面。选择“布局 > 重命名页面”命令，在弹出的对话框中进行设置，如图 13-213 所示，单击“确定”按钮，重命名页面。

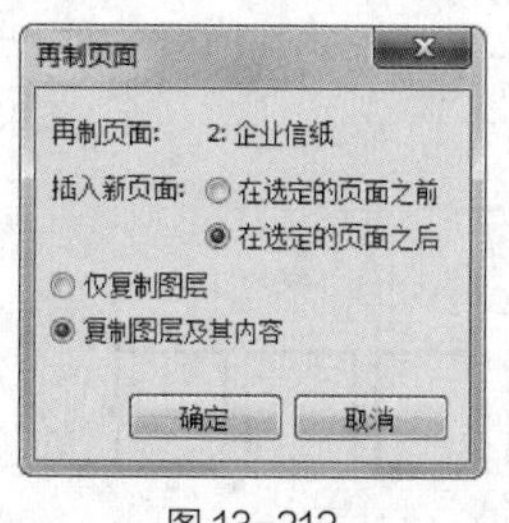

图 13-212

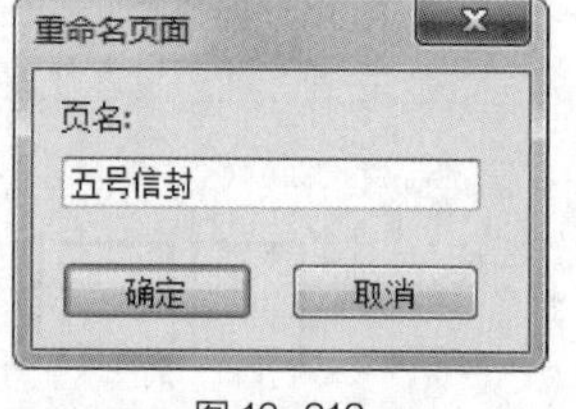

图 13-213

（2）选择“选择”工具，选取不需要的图形，如图 13-214 所示，按 Delete 键，将其删除。选择“文本”工具，选取文字并将其修改，效果如图 13-215 所示。

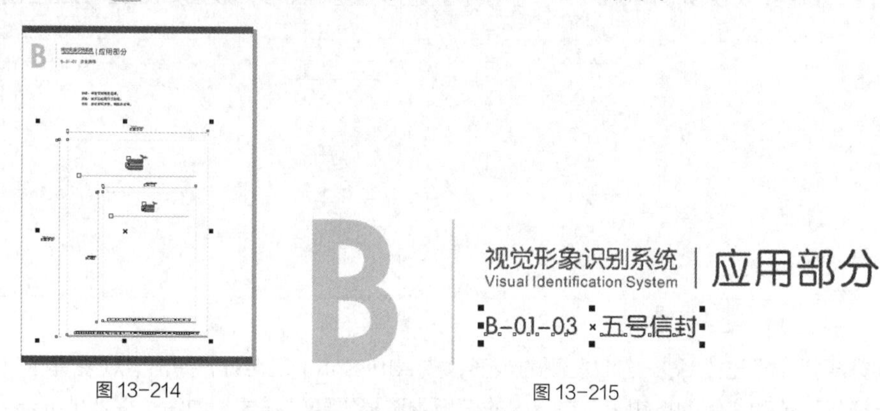

图 13-214　　图 13-215

（3）选择“矩形”工具，在适当的位置绘制矩形，如图 13-216 所示。填充图形为白色，并设置轮廓线颜色的 CMYK 值为 0、0、0、20，填充图形轮廓线，效果如图 13-217 所示。

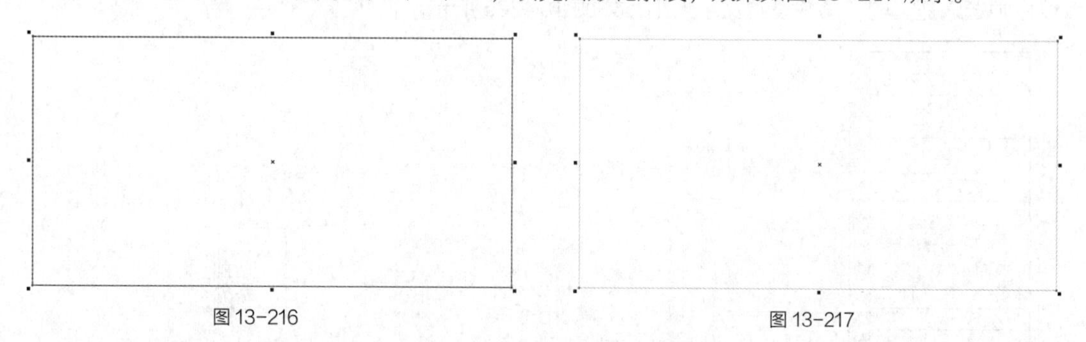
图 13-216　　图 13-217

（4）选择“矩形”工具，在适当的位置绘制矩形。设置轮廓线颜色的 CMYK 值为 0、100、100、0，填充图形轮廓线，效果如图 13-218 所示。选择“选择”工具，按住 Shift 键的同时，水平向右拖曳矩形到适当的位置并单击鼠标右键，复制图形，效果如图 13-219 所示。按住 Ctrl 键的同时，连续点按 D 键，再复制出多个矩形，效果如图 13-220 所示。

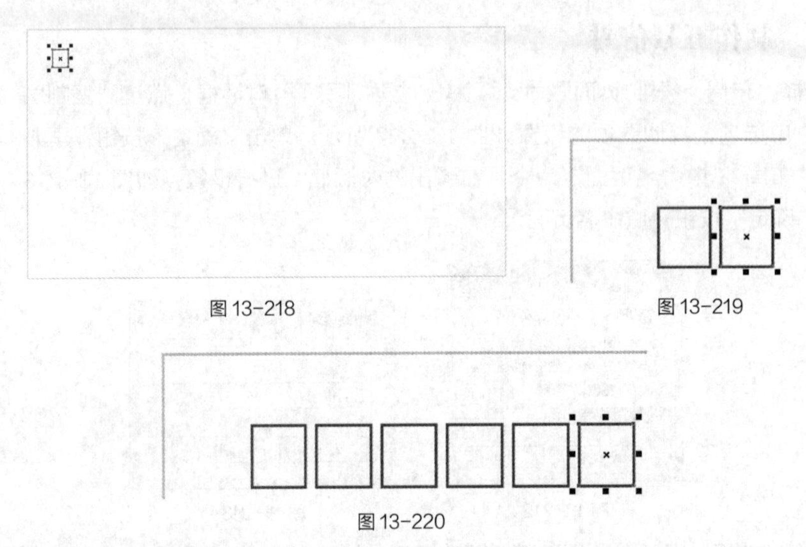

图 13-218　　图 13-219

图 13-220

（5）选择“矩形”工具，在适当的位置绘制矩形，设置轮廓线颜色的 CMYK 值为 0、0、0、20，填充图形轮廓线，效果如图 13-221 所示。用上述方法复制图形，效果如图 13-222 所示。

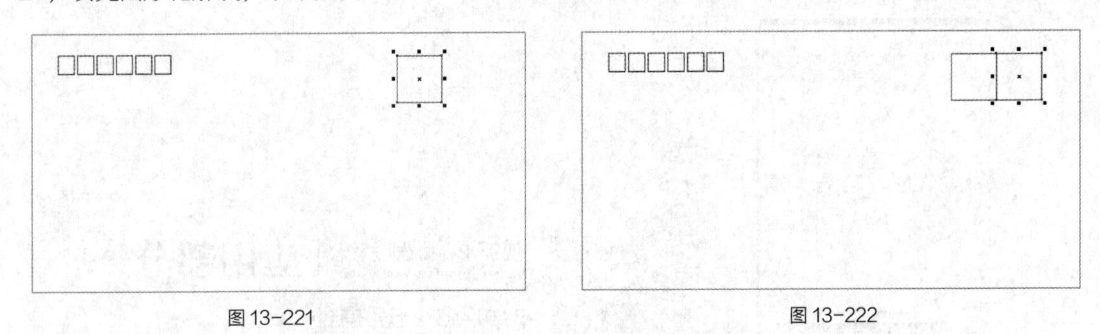

图 13-221　　图 13-222

（6）选择“选择”工具，选取左侧的矩形，按 Alt+Enter 组合键，弹出“对象属性”泊坞窗，单击“线条样式”选项右侧的按钮，在弹出的面板中选择需要的样式，如图 13-223 所示，效果如图 13-224 所示。选择“文本”工具，在适当的位置输入需要的文字，选择“选择”工具，在属性栏中选取适当的字体并设置文字大小，如图 13-225 所示。

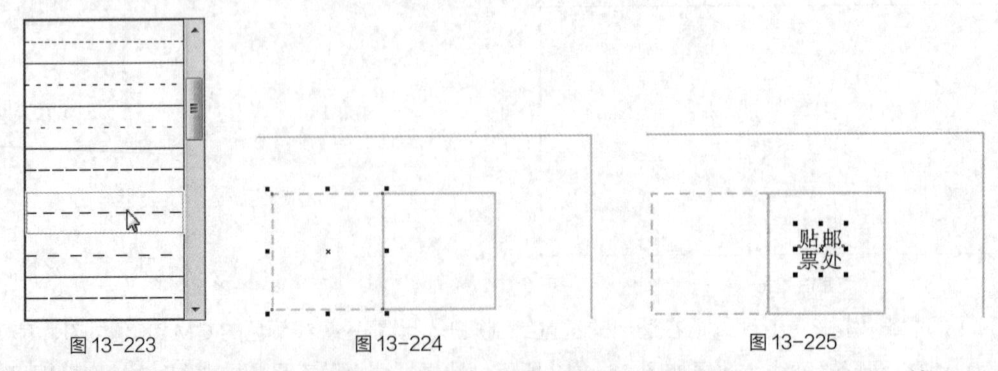

图 13-223　　图 13-224　　图 13-225

（7）保持文字的选取状态，选择“文本属性”面板，选项的设置如图 13-226 所示，按 Enter 键，效果如图 13-227 所示。

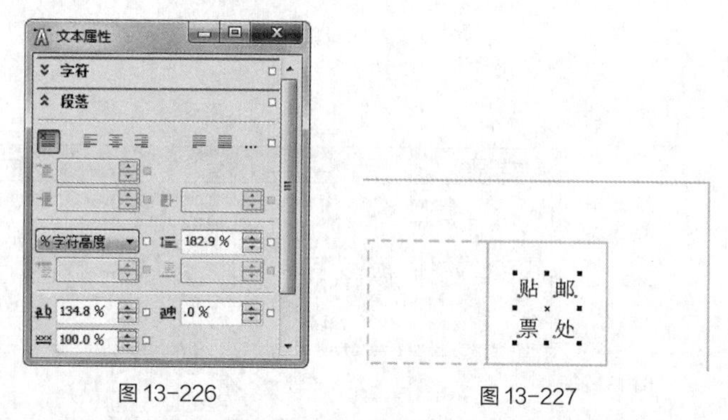

图13-226　　图13-227

（8）选择“矩形”工具，在左侧绘制一个矩形，设置图形颜色的CMYK值为0、87、100、0，填充图形，并去除图形的轮廓线，效果如图13-228所示。

（9）选择“选择”工具，按数字键盘上的+键，复制矩形。向下拖曳复制矩形中间的控制手柄到适当的位置，调整其大小。在“CMYK调色板”中的“红”色块上单击鼠标左键，填充图形，效果如图13-229所示。

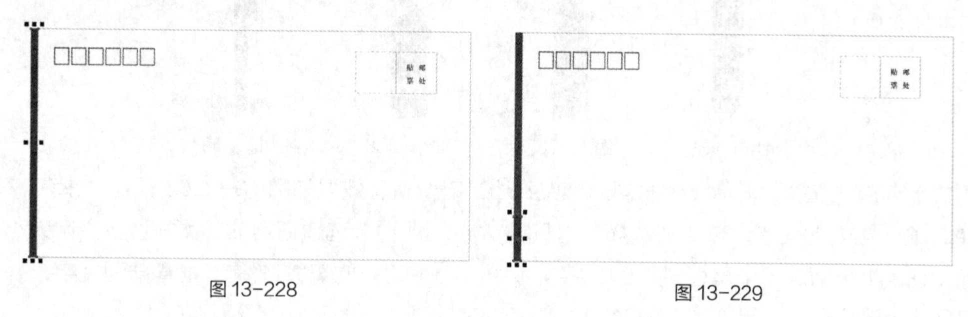

图13-228　　图13-229

（10）选择“鲸鱼汉堡标志”文件，选择“选择”工具，选取标志和文字，按Ctrl+C组合键，复制标志和文字。返回到正在编辑的页面，按Ctrl+V组合键，粘贴标志和文字。

（11）选择“选择”工具，将标志和文字拖曳到适当的位置并调整其大小，效果如图13-230所示。选择“矩形”工具，在适当的位置绘制矩形，设置轮廓线颜色的CMYK值为0、0、0、20，填充图形轮廓线，效果如图13-231所示。

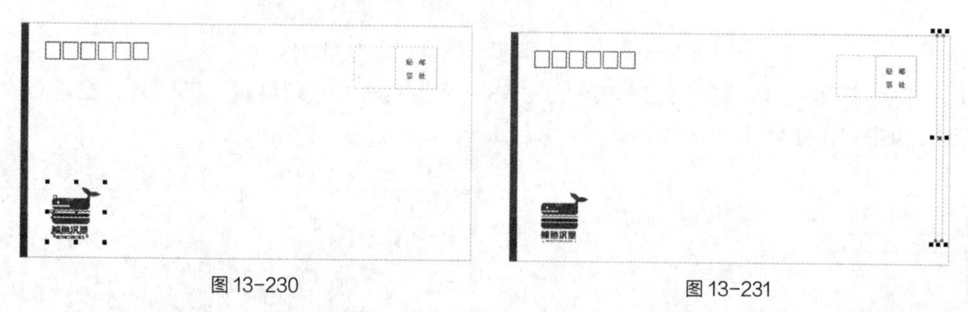

图13-230　　图13-231

（12）选择“选择”工具，选取矩形，在“对象属性”泊坞窗中，单击“线条样式”选项右侧的按钮，在弹出的面板中选择需要的样式，如图13-232所示，效果如图13-233所示。

（13）选择“矩形”工具，绘制一个矩形，在属性栏中的“圆角半径”框中进行设置，如图13-234所示。设置轮廓线颜色的CMYK值为0、0、0、20，填充图形轮廓线，效果如图13-235所示。

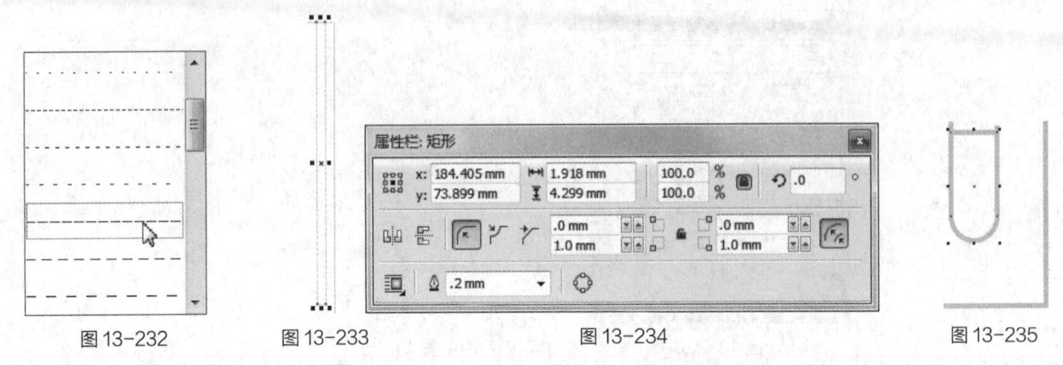

图 13-232　　图 13-233　　图 13-234　　图 13-235

（14）选择“矩形”工具□，绘制一个矩形，颜色填充为黑色，并去除图形的轮廓线，效果如图 13-236 所示。按 Ctrl+Q 组合键，将图形转换为曲线。选择“形状”工具，将左上角的节点拖曳到适当的位置，效果如图 13-237 所示。在适当的位置双击鼠标添加节点，如图 13-238 所示。按住 Shift 键的同时，单击左下角的节点，将其同时选取，拖曳到适当的位置，效果如图 13-239 所示。

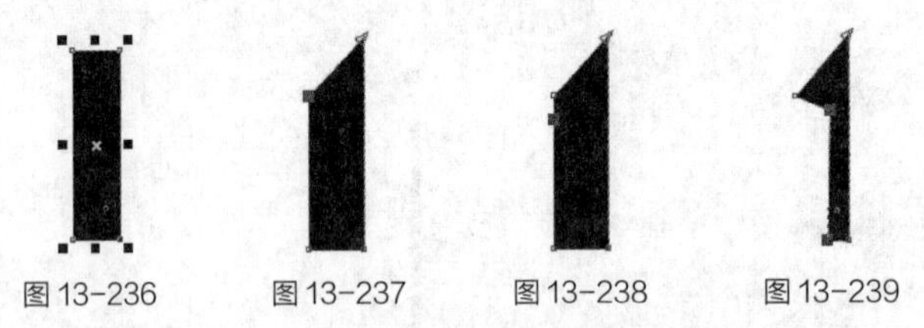

图 13-236　　图 13-237　　图 13-238　　图 13-239

（15）选择“选择”工具，将图形拖曳到适当的位置，效果如图 13-240 所示。选择“文本”工具字，输入需要的文字。选择“选择”工具，在属性栏中选取适当的字体并设置文字大小，效果如图 13-241 所示。单击属性栏中的“将文本更改为垂直方向”按钮，垂直排列文字，并将文字拖曳到适当的位置，效果如图 13-242 所示。

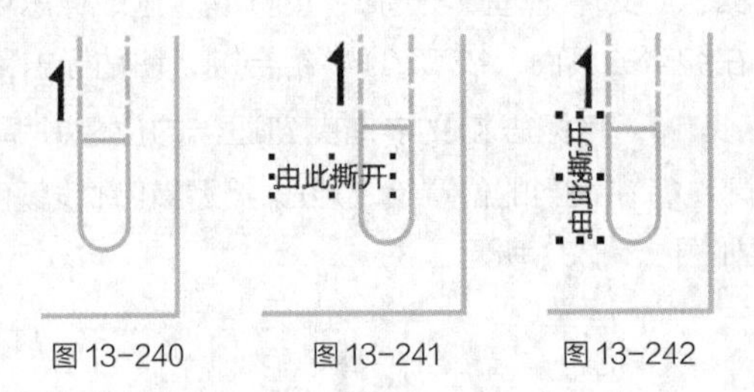

图 13-240　　图 13-241　　图 13-242

（16）信封正面绘制完成，效果如图 13-243 所示。选择“平行度量”工具，在适当的位置进行标注，如图 13-244 所示。

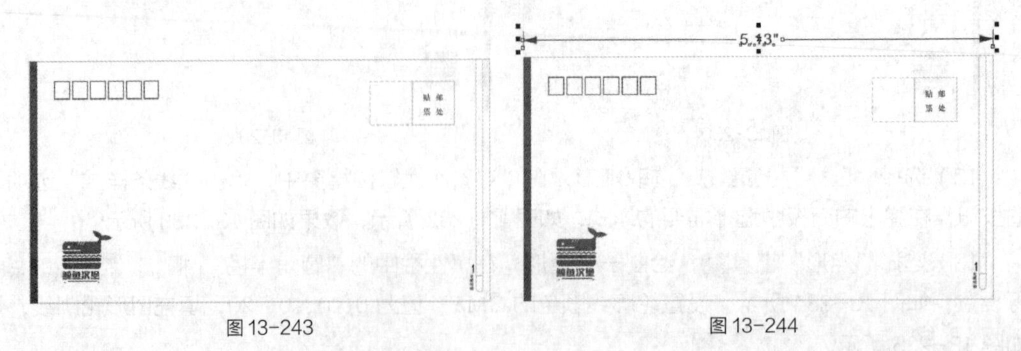

图 13-243　　图 13-244

（17）在属性栏中单击“文本位置”按钮，在弹出的面板中选择需要的选项，如图13-245所示。单击“延伸线”按钮，在弹出的面板中进行设置，如图13-246所示。单击“双箭头”右侧的按钮，在弹出的面板中选择需要的箭头形状，如图13-247所示，效果如图13-248所示。

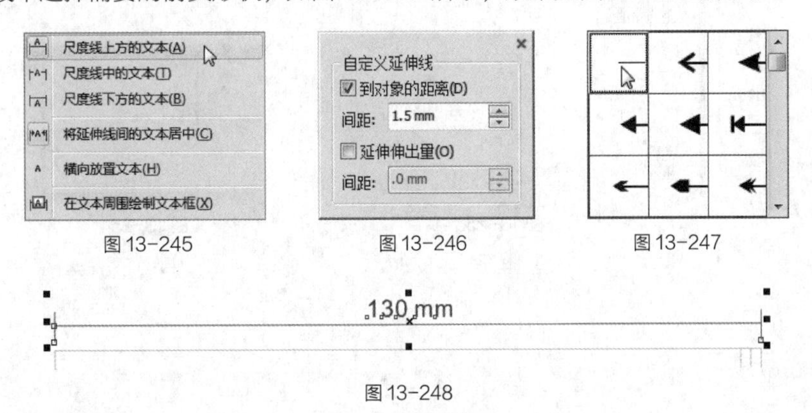

图13-245　图13-246　图13-247

图13-248

（18）选择“选择”工具，选取标注线，填充其轮廓色为黑色，效果如图13-249所示。选取数值，在属性栏中选取适当的字体并设置文字大小，填充为黑色。选择“文本”工具，选取并修改需要的文字，效果如图13-250所示。

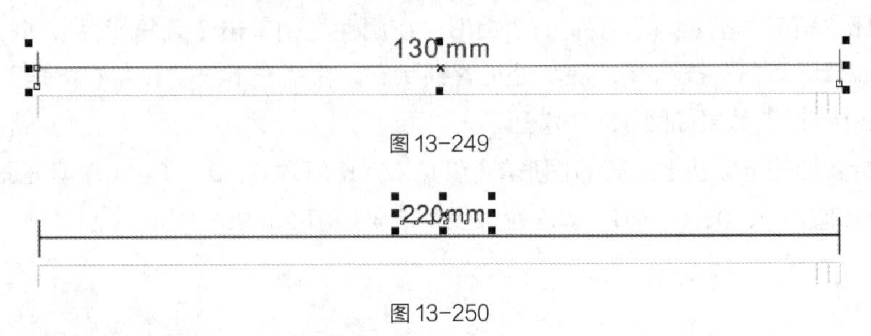

图13-249

图13-250

（19）保持文字的选取状态，选择“文本属性”面板，选项的设置如图13-251所示，按Enter键，效果如图13-252所示。

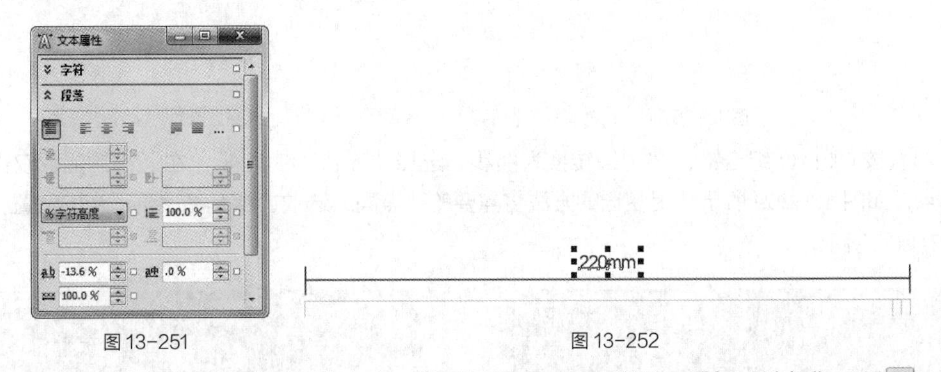

图13-251　图13-252

（20）用上述方法标注左侧标注文字，效果如图13-253所示。选择“选择”工具，用圈选的方法将需要的图形选取，拖曳到适当的位置，效果如图13-254所示。

（21）选择“选择”工具，选取矩形，按数字键盘上的+键，复制矩形，将其拖曳到适当的位置，效果如图13-255所示。按数字键盘上的+键，再次复制矩形，向上拖曳下方中间的控制手柄到适当的位置，效果如图13-256所示。

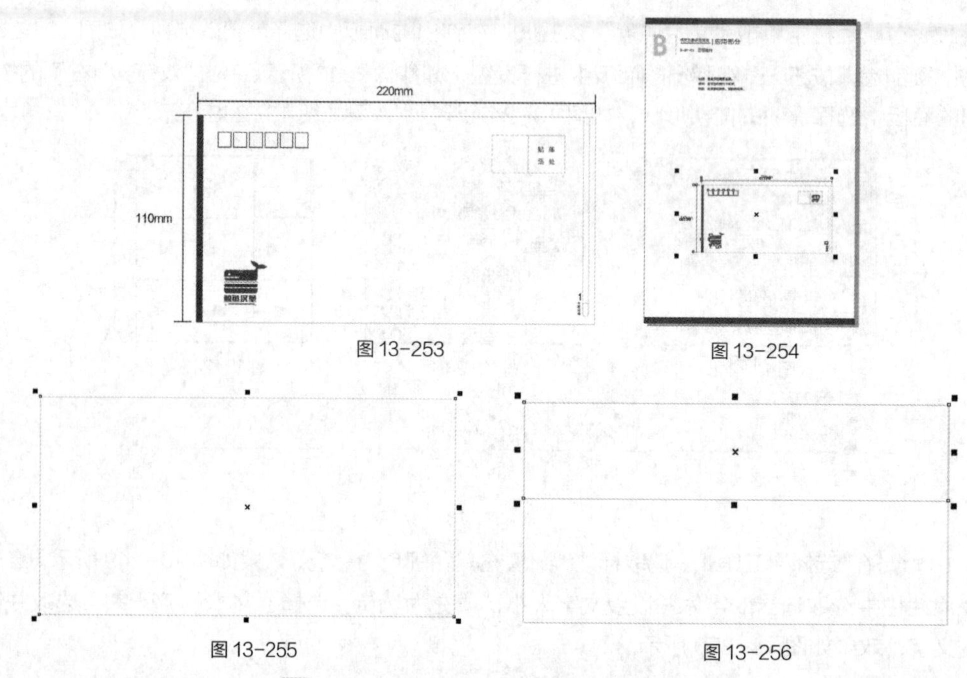

图 13-253　　图 13-254

图 13-255　　图 13-256

（22）选择“矩形”工具，绘制一个矩形，在属性栏中单击“圆角半径”框中间的“同时编辑所有角”按钮，使其处于解锁状态。在“左下角”和“右下角”框中设置数值为5mm，按Enter键，效果如图 13-257 所示。

（23）保持图形的选取状态，设置图形颜色的CMYK值为0、0、0、10，填充图形，设置轮廓线颜色的CMYK值为0、0、0、20，填充轮廓线，效果如图 13-258 所示。

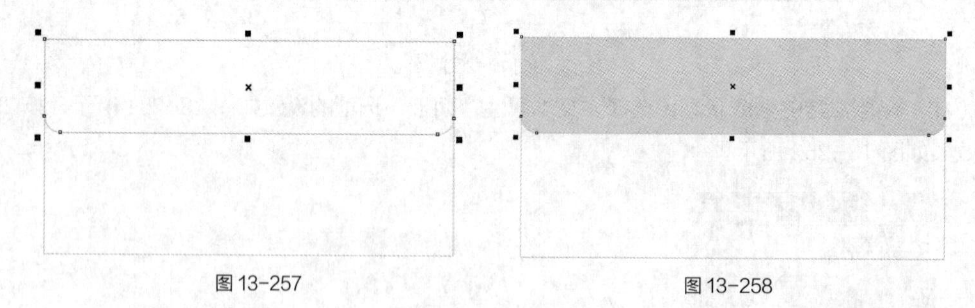

图 13-257　　图 13-258

（24）按Ctrl+Q组合键，将边缘转换为曲线。选择“形状”工具，在适当的位置双击鼠标添加节点，如图 13-259 所示。用圈选的方法将需要的节点同时选取，将其拖曳到适当的位置，效果如图 13-260 所示。

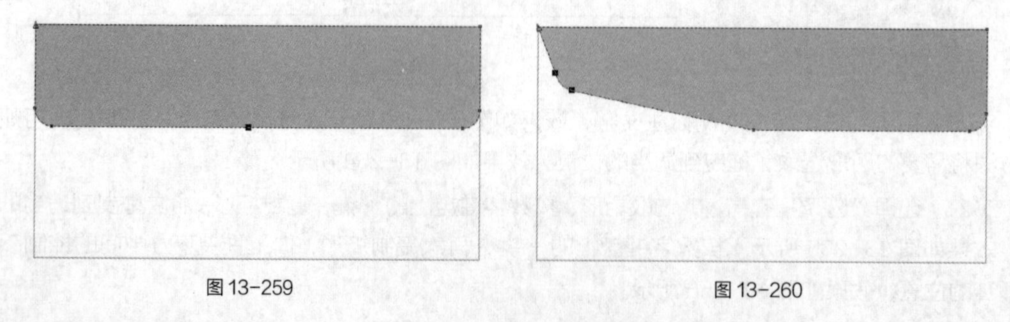

图 13-259　　图 13-260

（25）用上述方法将右侧的节点拖曳到适当的位置，效果如图 13-261 所示。选取下方的节点，单击属性栏中的“转换为曲线”按钮，将其转换为曲线点。选取左侧最下方的节点，单击属性栏中的“转换为曲线”按钮，将其转换为曲线点，效果如图 13-262 所示。

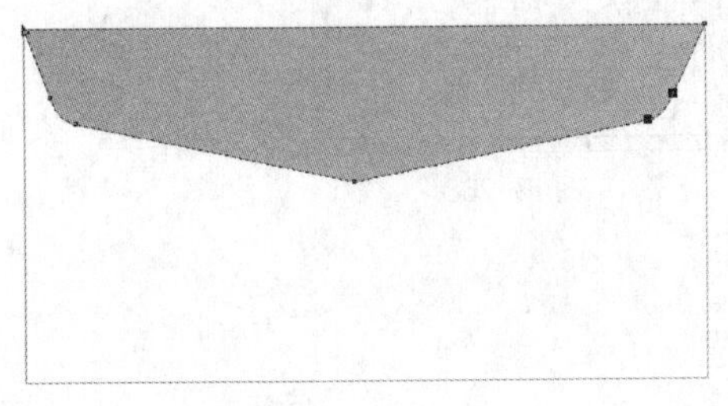

图 13-261

图 13-262

（26）选择“形状”工具，拖曳需要的控制点到适当的位置，效果如图 13-263 所示。用相同的方法将其他控制点拖曳到适当的位置，效果如图 13-264 所示。

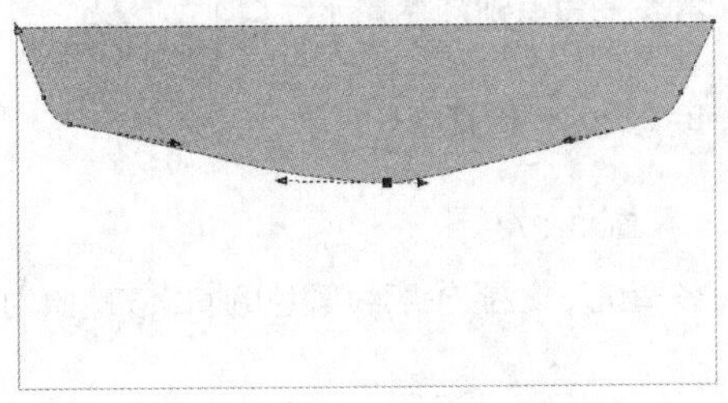

图 13-263

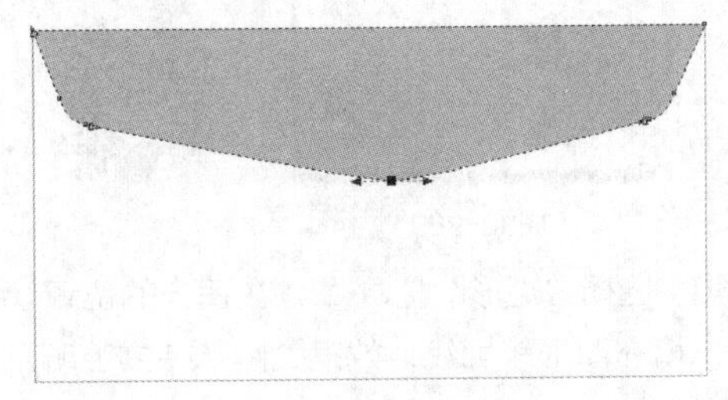

图 13-264

（27）选择“选择”工具，用圈选的方法将信封背面拖曳到适当的位置，如图 13-265 所示，按 Shift+PageDown 组合键，将图层置于底层。五号信封制作完成，效果如图 13-266 所示。

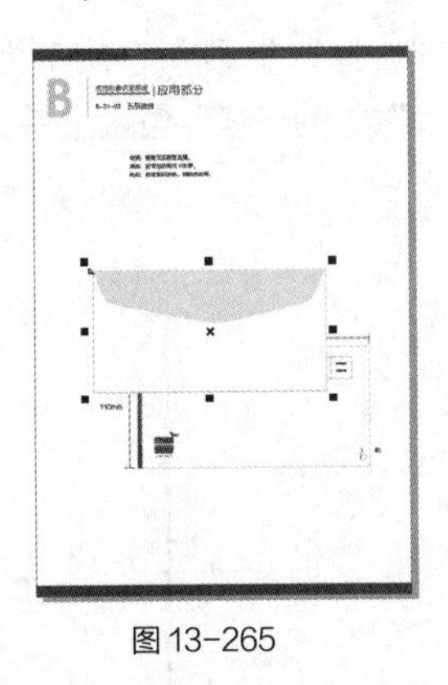

图 13-265

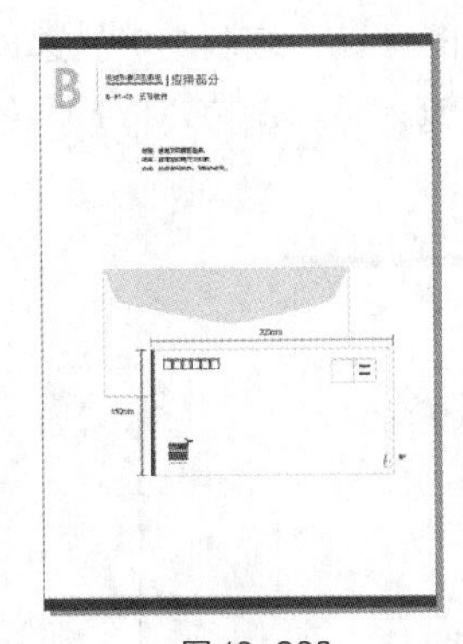

图 13-266

13.2.4　制作传真纸

扫码观看
本案例视频

（1）选择“布局 > 再制页面”命令，弹出“再制页面”对话框，点选“复制图层及其内容”单选项，其他选项的设置如图 13-267 所示，单击“确定”按钮，再制页面。选择“布局 > 重命名页面”命令，在弹出的对话框中进行设置，如图 13-268 所示，单击“确定”按钮，重命名页面。

（2）选择“选择”工具，选取不需要的图形，如图 13-269 所示，按 Delete 键，将其删除。选择“文本”工具字，选取文字并将其修改，效果如图 13-270 所示。

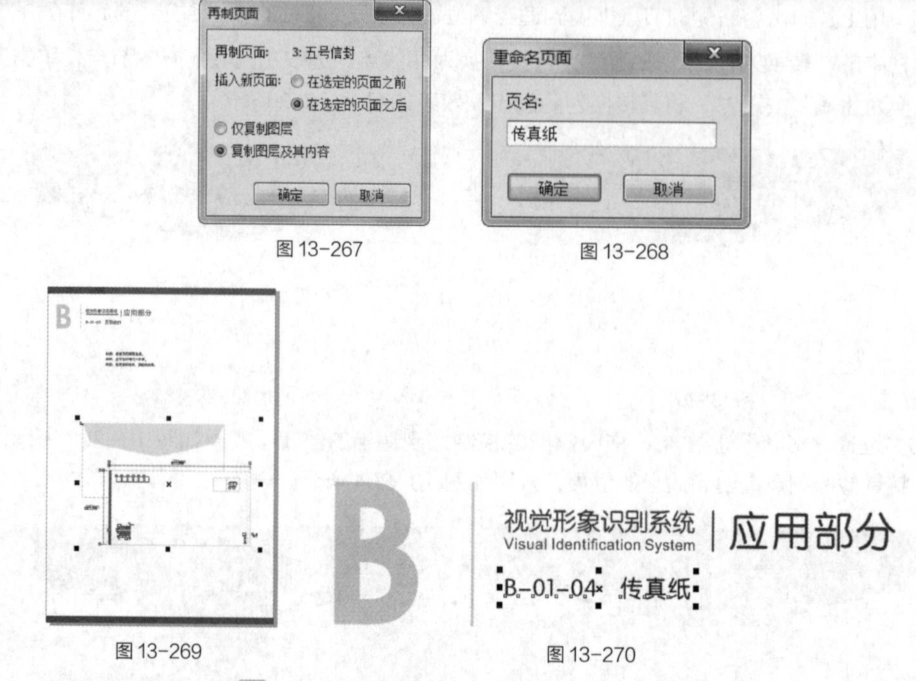

图 13-267　　图 13-268

图 13-269　　图 13-270

（3）选择“矩形”工具，在适当的位置绘制一个矩形，设置轮廓线颜色的CMYK值为0、0、0、20，填充图形轮廓线，效果如图13-271所示。

（4）选择“选择”工具，按数字键盘上的+键，复制矩形。向左拖曳矩形右侧中间的控制手柄到适当的位置，调整其大小。设置图形颜色的CMYK值为0、87、100、0，填充图形，并去除图形的轮廓线，效果如图13-272所示。

（5）按数字键盘上的+键，复制矩形。选择“选择”工具，向下拖曳矩形上方中间的控制手柄到适当的位置，调整其大小。在“CMYK调色板”中的“红”色块上单击鼠标左键，填充图形，效果如图13-273所示。

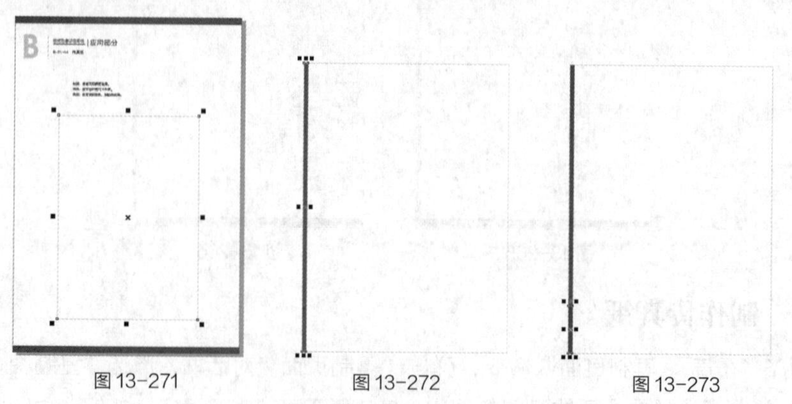

图 13-271　　图 13-272　　图 13-273

（6）选择“鲸鱼汉堡标志”文件，选择“选择”工具，选取标志和文字，按Ctrl+C组合键，复制标志和文字。返回到正在编辑的页面，按Ctrl+V组合键，粘贴标志和文字。选择“选择”工具，将其拖曳到适当的位置并调整其大小，效果如图13-274所示。

（7）选择“2点线”工具，按住Shift键的同时，在适当的位置绘制直线。设置轮廓线颜色的CMYK值为0、0、0、20，填充直线，效果如图13-275所示。选择“选择”工具，按住Shift键的同时，将直线垂直向下拖曳到适当的位置并单击鼠标右键，复制直线，效果如图13-276所示。按住Ctrl键的同时，连续点按D键，再复制出多条直线，效果如图13-277所示。

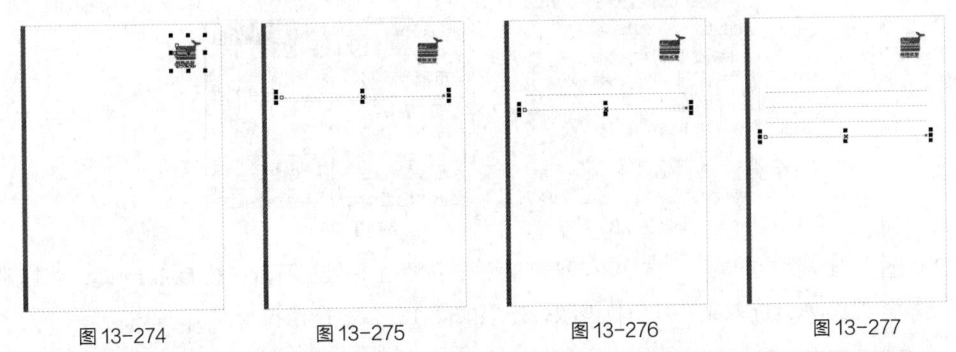

图13-274　图13-275　图13-276　图13-277

（8）选择“文本”工具，分别输入需要的文字。选择“选择”工具，在属性栏中分别选取适当的字体并设置文字大小，效果如图13-278所示。用圈选的方法将两组文字同时选取，在“对齐与分布”泊坞窗中，单击“底端对齐”按钮，对齐效果如图13-279所示。

图13-278　图13-279

（9）用相同的方法输入下方的文字，效果如图13-280所示。选择“文本”工具，在适当的位置输入需要的文字。选择“选择”工具，在属性栏中选取适当的字体并设置文字大小，效果如图13-281所示。传真纸制作完成，效果如图13-282所示。

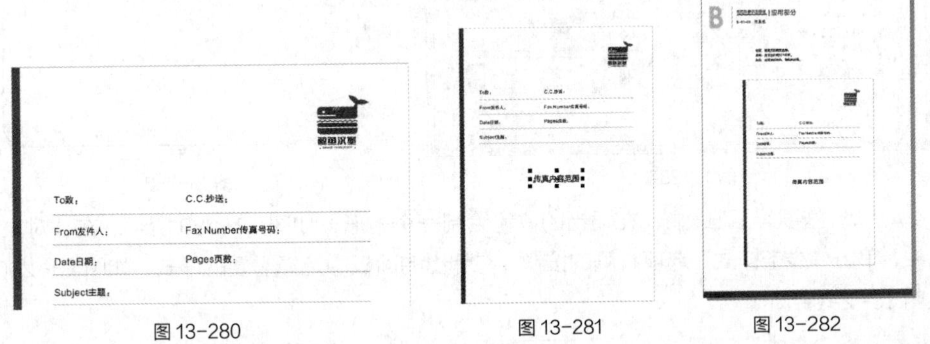

图13-280　图13-281　图13-282

13.2.5　制作员工胸卡

扫码观看本案例视频

（1）选择“布局＞再制页面”命令，弹出“再制页面”对话框，点选“复制图层及其内容”单选项，其他选项的设置如图13-283所示，单击“确定”按钮，再制页面。选择“布局 > 重命名页面”命令，在弹出的对话框中进行设置，如图 13-284 所示，单击“确定”按钮，重命名页面。

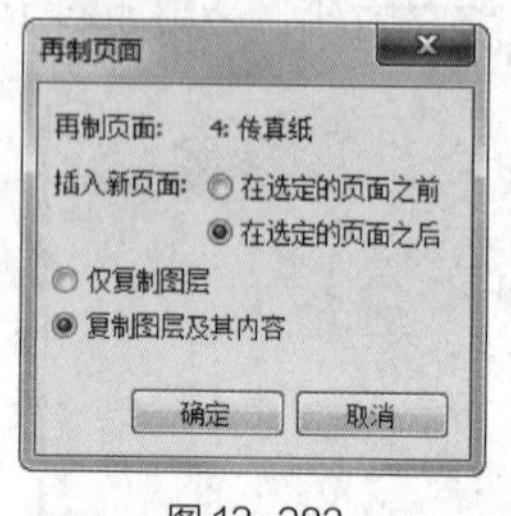

图 13-283

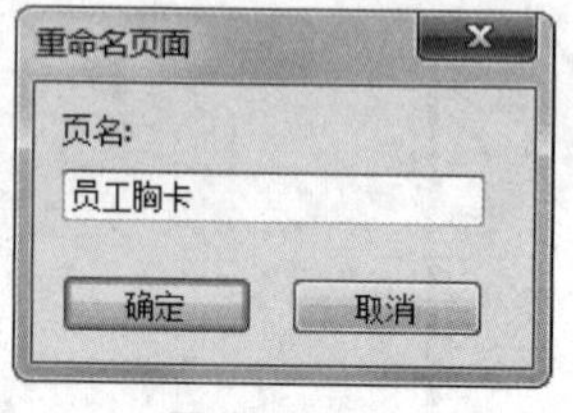

图 13-284

（2）选择“选择”工具，选取不需要的图形，如图 13-285 所示，按 Delete 键，将其删除。选择“文本”工具字，选取文字并将其修改，效果如图 13-286 所示。

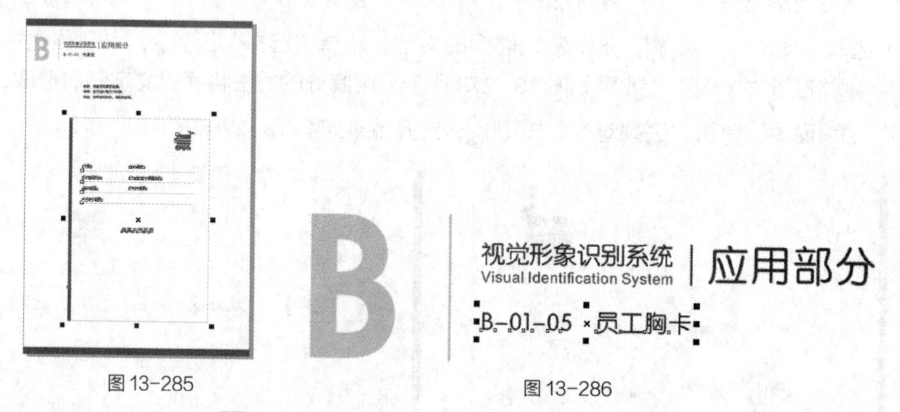

图 13-285

图 13-286

（3）选择“矩形”工具，绘制一个矩形，在属性栏中的“圆角半径”框中进行设置，如图 13-287 所示，效果如图 13-288 所示。

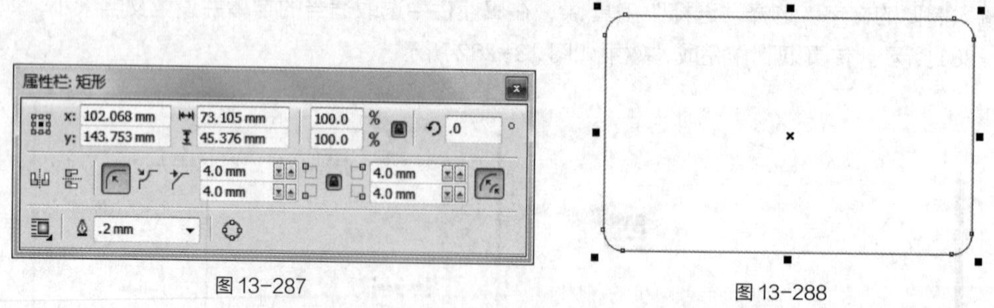

图 13-287

图 13-288

（4）选择“矩形”工具，在适当的位置绘制一个矩形，如图 13-289 所示。在“对象属性”泊坞窗中，单击“线条样式”选项右侧的按钮，在弹出的面板中选择需要的样式，如图 13-290 所示，效果如图 13-291 所示。

（5）选择“文本”工具字，输入需要的文字。选择“选择”工具，在属性栏中选取适当的字体并设置文字大小，效果如图 13-292 所示。单击属性栏中的“将文本更改为垂直方向”按钮，垂直排列文字，并将其拖曳到适当的位置，效果如图 13-293 所示。选择“文本属性”面板，选项的设置如图 13-294 所示，效果如图 13-295 所示。

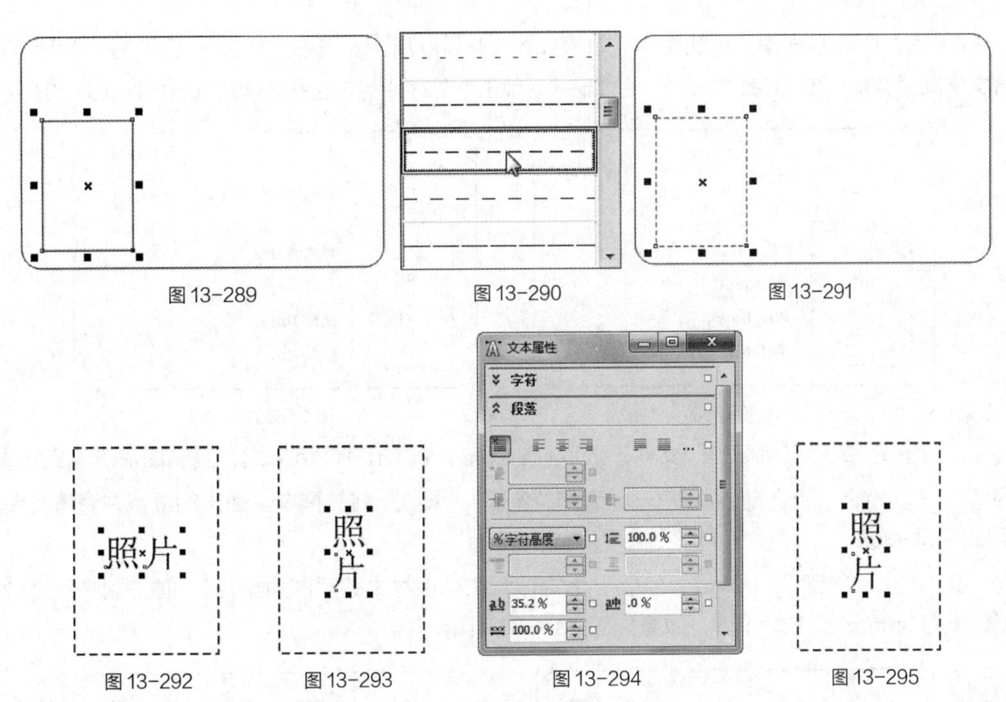

图 13-289　图 13-290　图 13-291

图 13-292　图 13-293　图 13-294　图 13-295

（6）选择“2 点线”工具，按住 Shift 键的同时，在适当的位置绘制直线。设置轮廓线颜色的 CMYK 值为 0、0、0、20，填充直线，效果如图 13-296 所示。选择“选择”工具，按住 Shift 键的同时，将直线垂直向下拖曳到适当的位置并单击鼠标右键，复制直线，效果如图 13-297 所示。

（7）按住 Ctrl 键的同时，连续点按 D 键，再复制出多条直线，效果如图 13-298 所示。选择“文本”工具字，输入需要的文字。选择“选择”工具，在属性栏中选取适当的字体并设置文字大小，效果如图 13-299 所示。

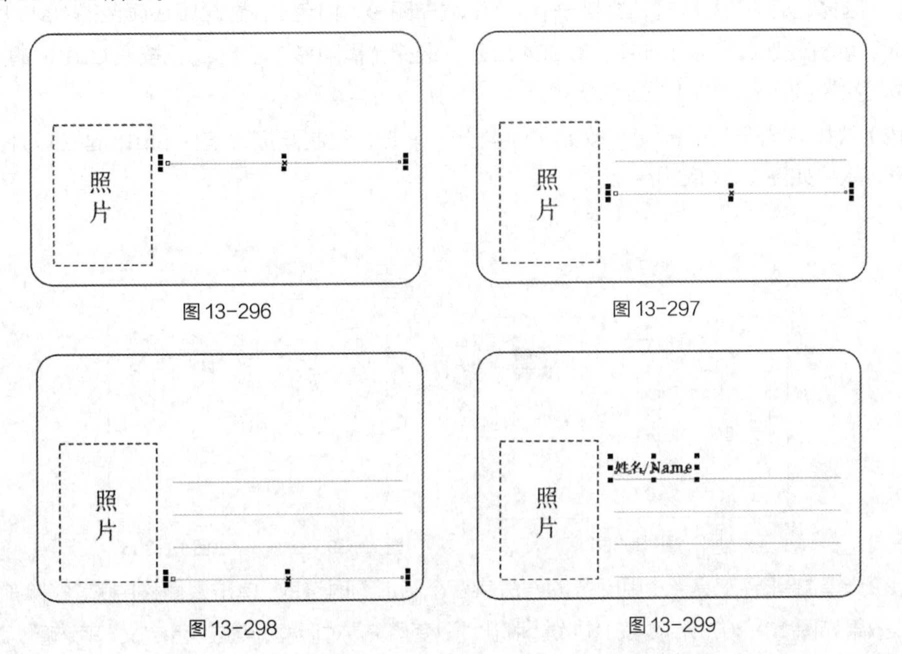

图 13-296　图 13-297

图 13-298　图 13-299

（8）用相同的方法输入其他文字，效果如图13-300所示。选择“选择”工具，用圈选的方法将文字同时选取，在“对齐与分布”泊坞窗中，单击“左对齐”按钮，对齐效果如图13-301所示。

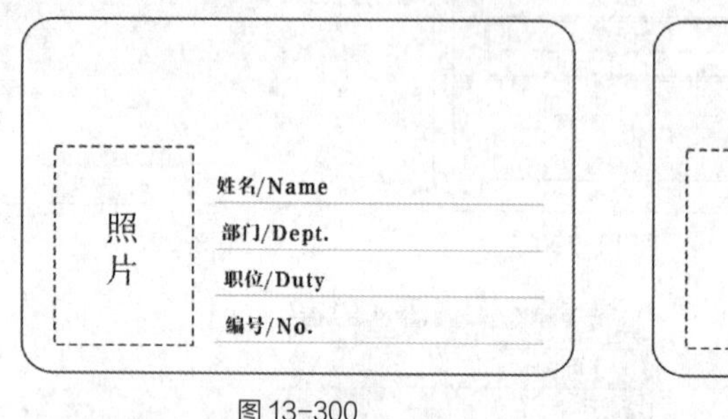

图13-300

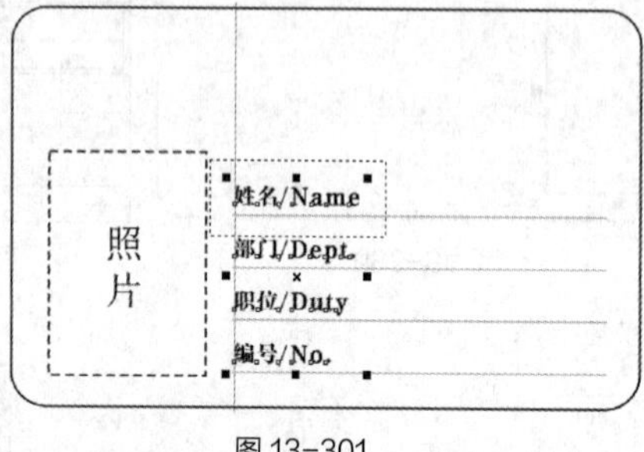

图13-301

（9）选择“鲸鱼汉堡标志”文件，选取标志图形，按Ctrl+C组合键，复制图形。返回正在编辑的页面，按Ctrl+V组合键，粘贴图形。选择“选择”工具，将其拖曳到适当的位置并调整其大小，效果如图13-302所示。

（10）选择“矩形”工具，绘制一个矩形，在属性栏中的“圆角半径”框中设置数值为3mm，按Enter键，效果如图13-303所示。

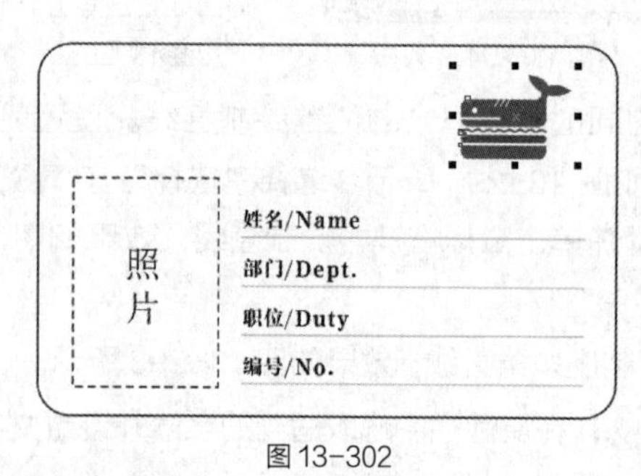

图13-302

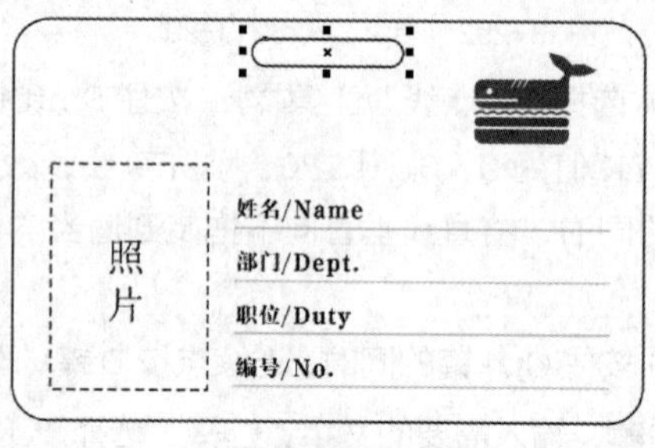

图13-303

（11）选择“矩形”工具，绘制一个矩形，填充图形为白色，设置轮廓线颜色的CMYK值为0、0、0、40，填充轮廓线，效果如图13-304所示。选择“椭圆形”工具，按住Ctrl键的同时，在适当的位置绘制圆形，如图13-305所示。

（12）选择“选择”工具，按数字键盘上的+键，复制圆形，按住Shift键的同时，等比例缩小图形，效果如图13-306所示。

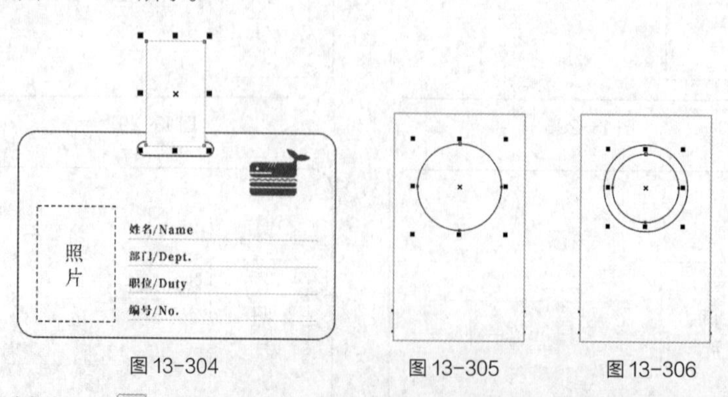

图13-304　图13-305　图13-306

（13）选择“选择”工具，用圈选的方法将两个圆形同时选取，单击属性栏中的“移除前面对象”按钮，效果如图13-307所示。按F11键，弹出“渐变填充”对话框，点选“自定义”单选项，在“位置”

选项中分别添加并输入 0、51、100 几个位置点，单击右下角的“其它”按钮，分别设置几个位置点颜色的 CMYK 值为 0（0、0、0、80）、51（0、0、0、0）、100（0、0、0、70），其他选项的设置如图 13-308 所示。单击“确定”按钮，填充图形，并去除图形的轮廓线，效果如图 13-309 所示。

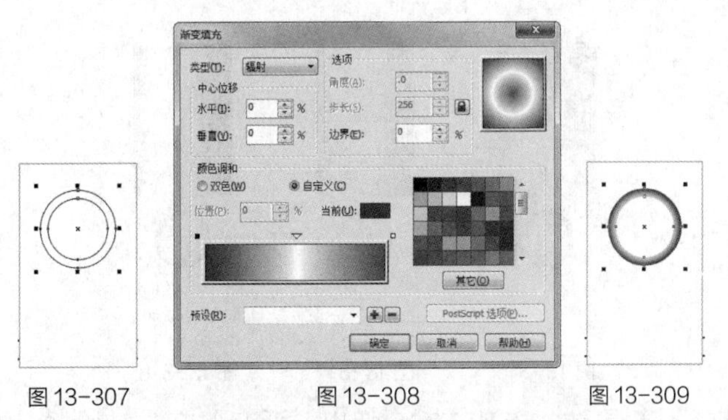

图 13-307　　图 13-308　　图 13-309

（14）选择“矩形”工具，在适当的位置绘制一个矩形，将其填充为白色，效果如图 13-310 所示。选择“椭圆形”工具，在适当的位置绘制椭圆形，如图 13-311 所示。选择“选择”工具，按住 Shift 键的同时，将其拖曳到适当的位置并单击鼠标右键，复制椭圆形，如图 13-312 所示。按住 Shift 键的同时，选取上方的矩形，单击属性栏中的“合并”按钮，合并图形，效果如图 13-313 所示。

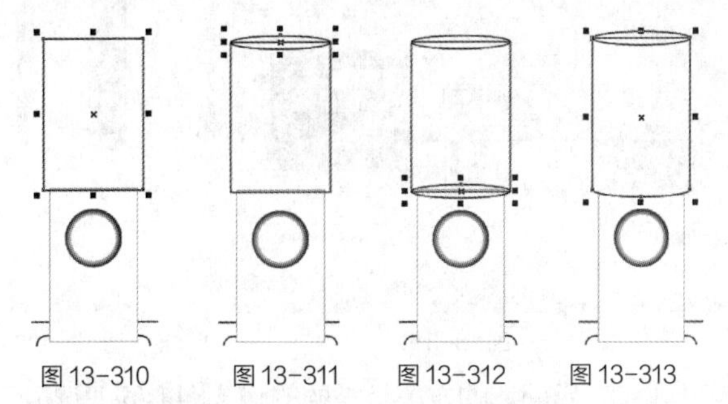

图 13-310　　图 13-311　　图 13-312　　图 13-313

（15）按 F11 键，弹出“渐变填充”对话框，点选“自定义”单选项，在“位置”选项中分别添加并输入 0、17、40、84、100 几个位置点，单击右下角的“其它”按钮，分别设置几个位置点颜色的 CMYK 值为 0（0、0、0、80）、17（73、71、71、35）、40（0、0、0、0）、84（0、0、0、0）、100（0、0、0、60），其他选项的设置如图 13-314 所示；单击“确定”按钮，填充图形，并去除图形的轮廓线，效果如图 13-315 所示。

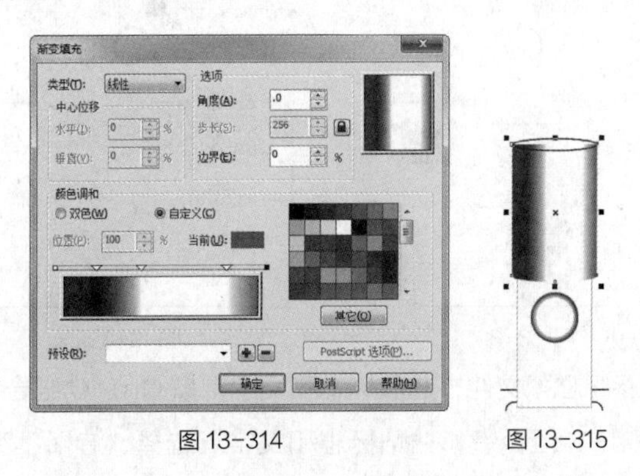

图 13-314　　图 13-315

（16）选择“选择”工具，选取上方的椭圆形，选择“属性滴管”工具，在下方的图形上单击吸取属性，如图13-316所示，光标变为填充图形，在椭圆形上单击鼠标，如图13-317所示，填充效果如图13-318所示。

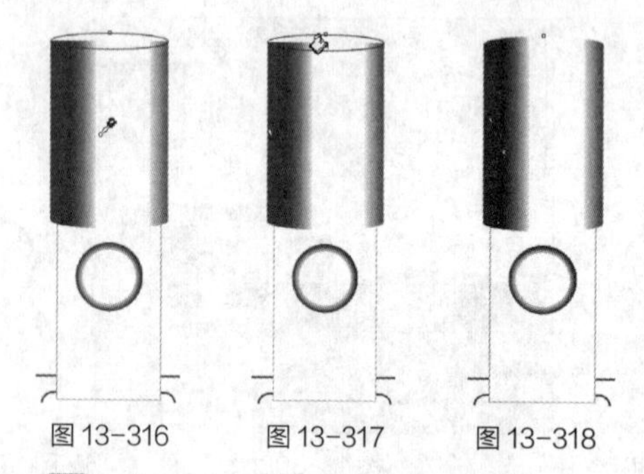
图13-316　　图13-317　　图13-318

（17）选择“选择”工具，按F11键，弹出“渐变填充”对话框，将“角度”选项设为180.0，如图13-319所示，单击“确定”按钮，效果如图13-320所示。

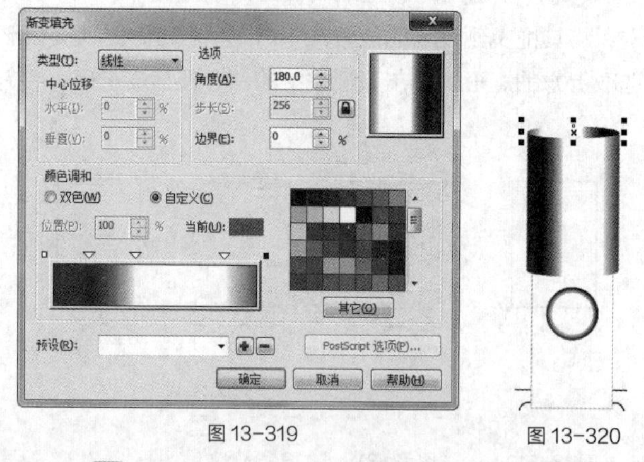

图13-319　　图13-320

（18）选择“选择”工具，用圈选的方法将需要的胸卡图形同时选取，按数字键盘上的+键，复制图形，并拖曳图形到适当的位置。选取不需要的图形和文字，如图13-321所示。按Delete键，删除不需要的图形，如图13-322所示。

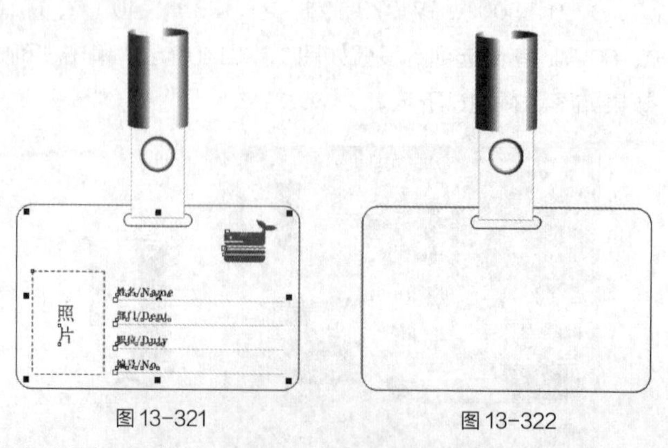
图13-321　　图13-322

（19）选择“鲸鱼汉堡标志”文件，选取标志和文字，按Ctrl+C组合键，复制标志和文字。返回正在编辑的页面，按Ctrl+V组合键，粘贴标志和文字。选择“选择”工具，将其拖曳到适当的位置并调整其大小，效果如图 13-323 所示。员工胸卡制作完成，效果如图 13-324 所示。

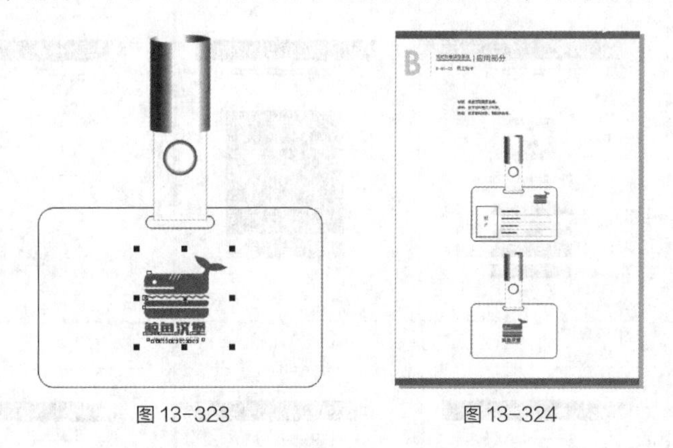

图 13-323　　图 13-324

13.3 课后习题——电影公司 VI 设计

习题知识要点

在 CorelDRAW 中，使用矩形工具、文本工具和对象属性面板制作模板，使用复制属性命令制作标注图标的填充效果，使用矩形工具、2 点线工具和对象属性面板制作预留空间框，使用标注工具标注最小比例，使用混合工具混合矩形制作辅助色底图；使用图框精确剪裁命令制作模板，使用标注工具标注名片、信纸和信封，使用矩形工具、2 点线工具和文本工具制作名片、信纸、信封、传真纸和胸卡，使用椭圆形工具、矩形工具、合并命令和填充工具制作胸卡挂环。

效果所在位置

云盘/Ch13/效果/电影公司 VI 设计/VI 设计基础部分、VI 设计应用部分.cdr，如图 13-325 所示。

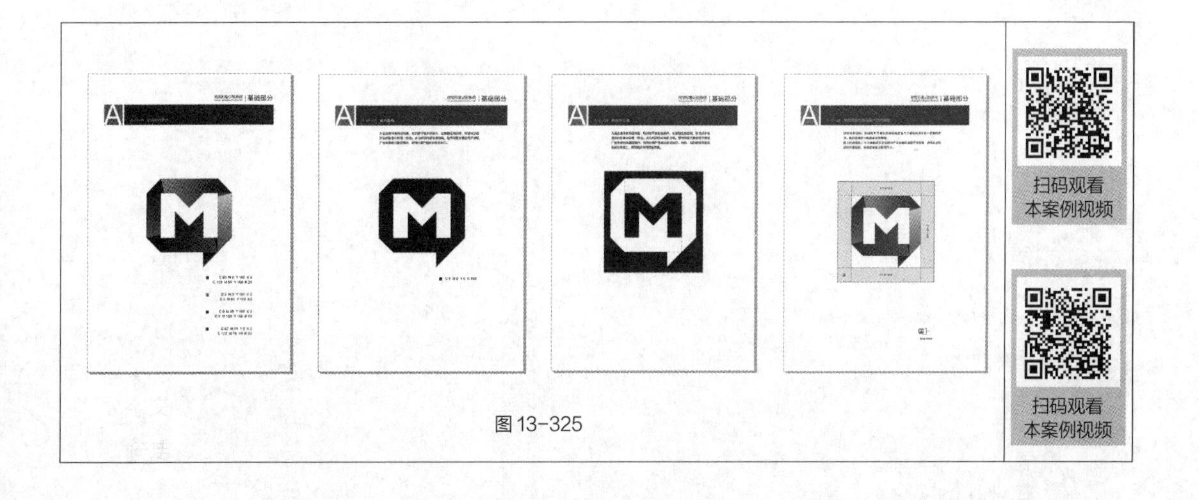

图 13-325

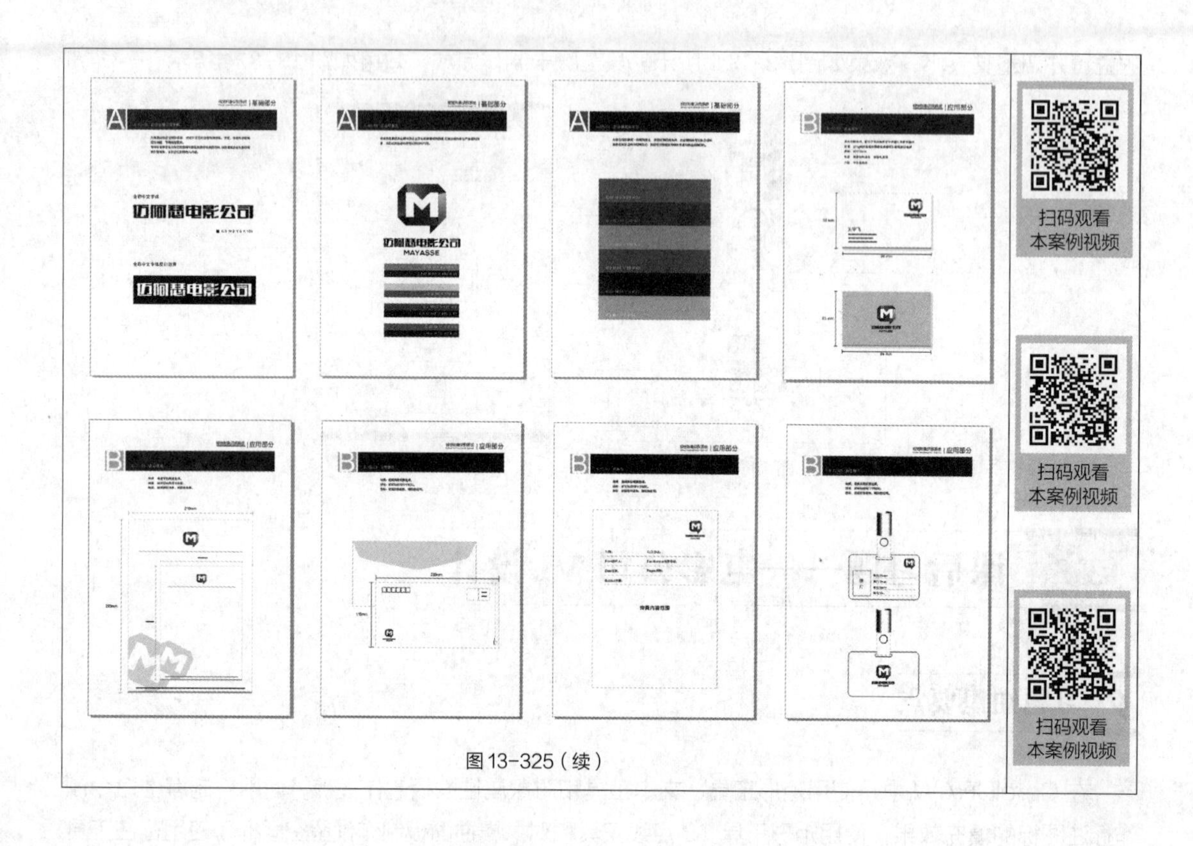

图 13-325（续）